计算机网络技术

主　编　葛　磊　蔡中民

副主编　郭改文　杨志宏　尚俊平　郭秀峰

電子工業出版社

Publishing House of Electronics Industry

北京·BEIJING

内 容 简 介

本书是电子工业出版社规划的高职高专系列教材。参编人员都具有多年的计算机网络及相关课程的教学经验或网络工程设计、施工实践经验。本书立足于培养计算机应用型人才，突出网络技术的应用特点，结合目前国内高校计算机网络教学的实际状况，融合计算机网络技术的最新发展，按照内容精选、重点突出的原则，构建了这本计算机网络项目教材，系统介绍了有关计算机网络的发展、现状及构建、维护技术。全书以项目的形式对计算机网络的基础知识、局域网相关技术、网络操作系统的使用、网络安全等内容做了比较系统的介绍，并给出了具体的项目实训要求，使读者可以将理论和技术在项目应用的实践中加以理解，突出了对高职高专院校学生实践能力的培养。

本书可作为高职高专计算机网络课程的教材，也可供从事计算机网络及相关专业领域研究或应用的科研工作者、工程技术人员参考，同时可作为有关参加网络专业资格和水平考试的人员的参考书。

图书在版编目（CIP）数据

计算机网络技术 / 葛磊，蔡中民主编. —北京：电子工业出版社，2010.7
ISBN 978-7-121-10889-1

Ⅰ. ①计… Ⅱ. ①葛… ②蔡… Ⅲ. ①计算机网络－基本知识 Ⅳ. ①TP393

中国版本图书馆 CIP 数据核字（2010）第 088704 号

策划编辑：祁玉芹
责任编辑：鄂卫华
印　　刷：北京市天竺颖华印刷厂
装　　订：三河市鑫金马印装有限公司
出版发行：电子工业出版社
　　　　　北京市海淀区万寿路 173 信箱　邮编　100036
开　　本：787×1092　1/16　印张：16.5　字数：422 千字
印　　次：2010 年 7 月第 1 次印刷
定　　价：29.80 元

凡所购买电子工业出版社图书有缺损问题，请向购买书店调换。若书店售缺，请与本社发行部联系，联系及邮购电话：（010）88254888。

质量投诉请发邮件至 zlts@phei.com.cn，盗版侵权举报请发邮件至 dbqq@phei.com.cn。

服务热线：（010）88258888。

FOREWORD 前言

计算机网络技术正在改变人们的学习、生活和工作方式，也改变了众多计算机行业的从业者对传统计算机行业的认识。国家教育部以教高[2006]16号文件的形式颁发了《关于全面提高高等职业教育教学质量的若干意见》，表明了国家要求把高等职业教育办成真正意义的职业教育的决心。高职高专教育旨在培养应用型人才，高职高专教育是以能力培养为基础的专业技术教育，高职高专院校的学生在了解必备的理论基础知识的基础上，应具备较强的实际应用和操作能力。本书根据高等职业教育的特点，合理组织理论与实践内容，构建了一本特点鲜明的项目教材，希望能从软、硬件两个方面培养学生对网络的规划、组建、操作、管理、应用和维护等实际动手能力。本书层次清楚，概念准确，深入浅出，通俗易懂，既有基本知识、基本原理，又密切联系实际。

本书共有8个项目，每个项目都在理论知识介绍的基础上给出了若干具体的实训要求，最后还附有小结和习题。项目一阐述了计算机网络基础知识，包括计算机网络的组成和功能、常见的几种网络操作系统。项目二介绍了数据通信基础知识。项目三阐述了计算机网络体系结构，包括ISO参考模型的层次结构、TCP/IP体系结构的各层功能及协议，重点突出IP地址的规划。项目四阐述了常用的局域网技术，局域网的硬件组成，集线器和交换机设备的应用场合及设备的选型与选购，着重介绍了包括快速以太网与千兆位以太网的组网方法。项目五介绍了综合布线的标准、设计要点以及综合布线的施工、验收。项目六介绍了网络互连技术，包括典型网络互连设备的连接，互连的类型与层次，重点阐述了交换机、VLAN、路由器的应用场合与基本配置方法。项目七介绍了Windows Server 2003的基本概念和基本操作及网络服务的配置、管理。文件共享和用户账户管理则是基本操作部分的主要内容，网络服务部分则重点阐述了DNS、DHCP等网络服务。项目八讨论了网络安全策略、加密技术、防火墙技术以及网络防病毒技术。8个项目中根据理论知识的要求和分布共计给出了参观网络中心、网络连接线缆的制作、Windows Server 2003的安装、小型局域网的组建、参观综合布线系统、路由器和交换机的配置管理、Windows Server 2003的使用及网络服务的设置、Windows防火墙的配置共8个实训项目，理论与实训结合。

本书由葛磊、蔡中民主编，郭改文、杨志宏、尚俊平、郭秀峰担任副主编，参与本书编写的还有陈占伟、范鲁娜、张明慧、方党生、朱冰、孙晓菊、母军臣、张艳等。另外本书在组织编写过程中，受到了多位计算机行业专家的热情鼓励和支持，对此谨表衷心的感谢。

由于作者的水平有限，加之计算机网络技术发展快速，书中错误与不妥之处在所难免，欢迎广大读者批评指正，我们也会适时修订与补充。

编　者

2010 年 5 月

CONTENTS
目录

项目一　计算机网络概述

各自独立运行又彼此互相通信的计算机和连接它们的通信设施就构成了计算机网络，计算机网络的应用已渗透到各个领域。掌握计算机网络的基础知识是对每个大学生的最低要求，同时也是我们学好本课程的基础。

项目学习目标

- 了解计算机网络的产生及发展趋势。
- 掌握计算机网络的组成、功能。
- 掌握几种典型的网络拓扑结构。
- 了解几种网络操作系统的技术特点。
- 通过实训激发学生对网络技术的学习兴趣并了解课程的学习目的。

1.1　计算机网络的产生与发展

1.1.1　计算机网络的发展简史

所谓连网，就是把计算机与计算机经过通信线路连接起来，使其彼此能相互通信，计算机网络的发展，经过了三个阶段。

1.　连网的尝试

从 20 世纪 50 年代开始，美国军方所研制的半自动地面防空系统（SAGE）便试图把各雷达站测得的数据传送到计算机进行处理。在 1958 年首先建成了纽约防区，到 1963 年共建成了 17 个防区。该项工程投入了 80 亿美元，推动了当时计算机产业的技术进步。

几乎同时，由 IBM 公司研制了全美航空订票系统（SABRAI）。到 1964 年，美国各地的旅行社就都能用它来预订航班的机票了。

严格地说，上述两个系统都只是将远程终端和主机联机的系统，只是人们联网的尝试，并没有实现计算机之间的连网。同一时期，在大学与研究机构中，为均衡计算机的负荷和共享宝贵的硬件资源，也进行着计算机间通信的试验，做了连网的种种尝试。

2.　ARPANET 的诞生

20 世纪 60 年代，在数据通信领域提出分组交换的概念，这是人们着手研究计算机间通信技术的开端。1968 年美国国防部高级研究计划署（ARPA，Advanced Research Projects Agency）资助了对分组交换的进一步研究，1969 年 12 月，在西海岸建成有四个通信节点的分组交换网，这就是最初的 ARPANET。随后，ARPANET 的规模不断扩大，很快就遍布在美国的西海岸和东海岸之间了。

ARPANET 实际上分成了两个基本的层次，底层是通信子网，上层是资源子网。初期的

ARPANET 租用专线连接专门负责分组交换的通信节点，通信节点实际上就是专用的小型计算机，线路和节点组成了底层的通信子网。大型主机通常分接到通信节点上，由通信节点支持它的通信需求。由于这些大型主机提供了网上最重要的计算资源和数据资源，故有些文献说联网的主机及其终端构成了 ARPANET 上的资源子网。这种网络分层的做法，极大地简化了整个网络的设计。

分组交换和进行网络服务分层对算机网络的发展起到了十分重要的作用。

3. 多种网络技术的并存

20 世纪 70 年代是多种网络技术并存的发展阶段，也是标准化备受关注的时期，微机和局域网的诞生是这一时期的两个重大事件。

（1） 各公司自行制定了网络的体系结构

在 20 世纪 70 年代，IBM、DEC 等计算机公司分别制订了自己计算机产品的连网方案。在公司内部以及自身的用户群中建立了一批专门性的网络，并分别确定了网络的体系结构。IBM 所生产的各种计算机，能够以系统网络体系结构（SNA）组网；DEC 生产的各种型号的计算机，则能够以 Digit 网络体系结构（DNA）组网。不同的计算机公司的硬件、软件和通信协议都各不兼容，难以互相连接。

（2） 标准化备受关注

在这个阶段，人们开始在标准化方面进行大量的工作。当时的电报电话咨询委员会（CCITT）制定了分组交换的 x.25 标准。从西欧开始，先后在世界各地建立了遵循 x.25 标准的公共数据网（PDN）。公共数据网的建立对组建远程计算机网络起到了重大作用。

同期，国际标准化组织（ISO）在当时负责信息处理与计算机方面标准制定的技术委员会（TC97）的几个子委员会的努力下，分别建立了开放系统的互连参考模型（OSI/RM）和在这一框架模型下相关的各项标准。制定这个参考模型的目的是规定计算机系统在与其他计算机系统通信时应当遵循的通信协议。这样，无论系统本身多么不同，只要在与别的系统通信时遵循相同的协议与规则，就被认为是开放系统。

（3） 局域网

局域网（LAN）诞生于 20 世纪 70 年代中期，随着微电子技术的进步，其性能价格比都在急剧提高。到了 20 世纪 80 年代，价格低廉的微型计算机的性能早已超过了早期的大型计算机，这极大地促进了计算机应用的普及。局域网则在近距离内，通过可共享的信道连接了多台计算机。这种简易、低成本又安全可靠的网络结构解决了微型计算机彼此通信的问题，使局域网上的激光打印机、大型主机、高档工作站、超级小型机和大容量的存储设备都可以被网上多台微型计算机所共享，这就使计算机应用的成本近一步降低了，因此 LAN 被各行各业普遍接受了。

几乎是在同一时期，为满足不同的需要，开发了几种不同的 LAN 技术，各种局域网的性能、价格和通信协议各不相同。当然，这也为相互连网增加了一些难度。

局域网与远程网络的互连，使局域网上每个用户都能访问远方的主机，这又反过来提出了如何使不同计算机、网络广泛互连的新课题，这种广泛互连的需求促使 Internet 崛起了。

（4） Internet 与 TCP/IP 的崛起

① Internet 的由来

20 世纪 80 年代初期，为了使不同型号的计算机和执行不同协议的网络都能彼此互连，ARPA 资助了相关的研究项目，特别是为了使互不兼容的 LAN 都能与 WAN 互连，建立了

Internet 项目组。

② TCP/IP 协议集的诞生

在 Internet 项目的研究中，人们重新改写了 ARPANET 的通信协议：为了广泛互连，制定了新的互联网数据报协议（Internet Protocol），简称 IP 协议。IP 协议定义了计算机间通信应遵守的规则、数据报（即 Internet 上面的分组）的格式以及存储转发数据报的方法。IP 协议着眼于各个网络的互连，相应的协议既解决了如何把底层不同的网络与 IP 网络相对应的问题，又对用户屏蔽了底层网络技术的细节。使底层的各种网络仅以 IP 网络的形式呈现在用户面前，并实现了不同主机上应用进程间的通信。

为了保证进程间端到端的通信能够高效、可靠，在 IP 网络之上，主机内的传输控制协议（Transmission Control Protocol）软件，构成了面向字节的、有序的报文传输通路，使不同计算机上的进程能经过异构网相互通信。以 TCP、IP 两个协议为主的一整套通信协议，被称作 TCP/IP 协议集，有时也称作 TCP/IP 协议。

Internet 项目组新研制的 TCP/IP 软件开始只在小范围内试用，到了 1982 年许多大学与公司中的研究机构全部使用 TCP/IP 软件，接入了 Internet。TCP/IP 协议为不同计算机、网络的互联打下了基础。

③ Internet 的形成与发展

1982 年美国军方决定以 TCP/IP 作为不同网络互联的基础，规定从 1983 年 1 月起，军方的各种网络都必须运行 TCP/IP 软件并彼此互连。这使 Internet 从一个实验性的原型变成了初具规模的互联网络。在随后的几年中，与 Internet 连接的主机数几乎每年都翻一番。TCP/IP 逐步成了事实上被广泛承认的工业标准。

④ NSF 的贡献

美国国家科学基金会（NSF）于 1980 年前资助了旨在使各大学计算机科学系彼此联网的项目，建立了 CS net（计算机科学网）。它以灵活的策略，采用不同的方式实现了广泛的互联。网上的资源共享和电子邮件（E-mail）促进了合作与交流。

CS net 的成功，促使 NSF 在 1985 年提出使百所大学用 TCP/IP 协议联网的计划并建立了使用 TCP/IP 协议的 NSFNET，它与 ARPANET 在费城的卡耐基梅隆大学彼此互连，成了 Internet 的组成部分。在 NSFNET 建成之前，网络的使用者只是计算机科学家、军方、大公司及与政府签约的机构；在 NSFNET 建成之后，大学各学科的师生都能使用网络了，这的确是个非常重大的转变。

为使美国在未来的发展中能始终领先，NSF 认为应当使每个科技人员都能使用网络。1987 年 NSF 决定用 T1 干线（1.544 Mbps）连接几个国家级的高性能计算中心，这个 T1 主干网于 1988 年夏天建成，实际上替代了原有的 ARPANET 主干网。在这个形势下，ARPANET 于 1990 年宣布退出运营。NSF 在建设主干网的同时，又资助各地区建设了中级网络。各地区的中级网络连接本地区的主要城市、各个大学校园网及各个公司的企业网，使它们既彼此互连，又能接到 Internet 主干上，这样就形成了主干网、中级网及校园网（企业网）三级网络彼此互连的层次结构。

从 1988 年起，Internet 就正式跨出了美国国门，首先是到了加拿大、法国和北欧，随后延伸到了地球的各个角落。

NSF 还陆续支持了许多项目，鼓励地区级（中级）网络的建设，特别是鼓励建设替代原有干线的新通信干线，资助了提升干线传输速率的种种研究试验。到 1995 年，大量由公司运行的商业性 IP 网络出现了，NSF 把 ANS 主干卖给了 American Online，迫使各中级网络利用商业性 IP 服务相互连接。在这种形势下，形成了 Internet 具有多个主干、数百个中级网络、数万个 LAN、数百万台主机和几千万用户的规模。

中级网络是独立运营的，一些中级网络内还不断试验着新的网络技术。出现了诸如 ATM、帧中继等引人瞩目的高速网络技术。

（5） G 级网络的试验研究

G 级网络（GigaBit Network）指每秒传送千兆位数据的网络，通常也包括速率大于 500 Mbps 的全双工干线。

80 年代末 90 年代初，多媒体技术有了很大进展，实时传送多媒体信息要求更高的传输速率。近年来，由于涉及多媒体信息传送的浏览器被广泛使用，干线速率的提高已经刻不容缓。从 1989 年开始，ARPA 和美国国家科学基金会 NSF 就联合资助了高速网络的试验。1991 年 12 月，美国国会通过关于国家研究教育网（NREN，National Research Education Network）的法案，要使 NREN 成为替代 NSFNET 的非商业性网络。它必须以高于 1 Gbps 的速率运行，其目标是在 2000 年前建成 3 Gbps 的国家级网络。在 NREN 名下，又资助了一批项目，这些就是 G 级网络的试验研究，这些项目是由大学和工业界共同完成的。

1.1.2 计算机网络的发展趋势

1. 网络向高速发展是一个总的趋势

不断提高计算机网络的传输速率，始终是一个追求的目标，也是计算机技术、通信技术和计算机应用发展过程中不断提出的要求。

世界上第一个分组交换网络 ARPA 网最初只有四个节点，速率为几千位每秒。1986 年成为 Internet 主干网的美国国家科学基金网 NSFNET，传输速率提高到 56 Kbps，1989 年速率又提高到 1.544 Mbps。1993 年 ANSNET 成为 Internet 的主干网，速率又提高到 45 Mbps，目前，Internet 的主干网的速率已提高到吉位每秒级别。

90 年代中期以来，网络的传输速率已开始向千兆位每秒迈进，以 ATM 为代表的网络速率为 155 Mbps 和 622 Mbps，可望达到 1.2 Gbps、2.4 Gbps；另外千兆位以太网标准的速率可达 1 Gbps。

这一切说明网络向高速化发展是一个总的趋势，以千兆位速率为标志的高速网络时代已经到来。

2. 网络向综合服务方向发展

网络专业化的主要特点是网络系统与应用模式密切相关，每一种网络都是根据不同应用的要求而设计的，并根据应用的特点不断地进行优化且改进服务质量。

随着网络技术的进步，以及新的应用模式不断涌现，特别是多媒体技术的发展，网络应用提出了新要求，那就是设计和建立与具体应用无关的网络系统，即在同一网络上可同时传输文字、数据、声音和图像，在同一网络上为各种不同性质的应用提供综合的服务，实现不同网络类型的集成。

3. 网络为不同的应用提供不同的服务质量

随着计算机技术和网络技术的发展，计算机网络应用模式也在不断深入和拓展。一些新的应用模式在带宽、延迟、抖动等方面对计算机网络提出了不同的要求。因此，为不同的应用提供不同的服务质量保证，将是计算机网络发展的又一个特征。

1.2 计算机网络的基本概念

1.2.1 计算机网络的定义

按资源共享的观点，计算机网络就是利用通信设备和线路将分布在地理位置不同的、功能独立的多个计算机系统连接起来，以功能完善的网络软件（网络通信协议及网络操作系统等）实现网络资源共享和信息传递的系统。

按照计算机网络界权威人士特南鲍姆（Andrew S Tanenbaum）的定义，计算机网络是一些相互独立的计算机互连集合体。若有两台计算机通过通信线路（包括无线通信）相互交换信息，就认为它们是互连的。而相互独立或功能独立的计算机是指网络中的一台计算机不受任何其他计算机的控制（如启动或停止）。

1.2.2 计算机网络的构成

计算机网络在逻辑功能上可以划分为两部分，一部分的主要工作是对数据信息的收集和处理，另一部分则专门负责信息的传输，ARPANET 把前者称为资源子网，后者称为通信子网，如图 1-1 所示。

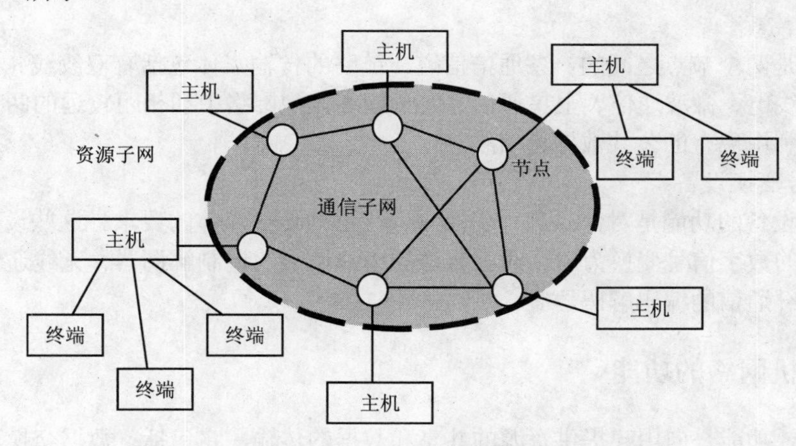

图 1-1 资源子网和通信子网

1. 资源子网

资源子网主要是对信息进行加工和处理，接受本地用户和网络用户提交的任务，最终完成信息的处理。它包括访问网络和处理数据的软硬件设施，主要有计算机、终端和终端控制器、计算机外设、有关软件和共享的数据等。

（1） 主机

网络中的主机可以是大型机、小型机或微型计算机，它们是网络中的主要资源，也是数据资源和软件资源的拥有者，一般都通过高速线路将它们和通信子网的节点相连。

（2） 终端和终端控制器

终端是直接面向用户的交互设备，可以是由键盘和显示器组成的终端，也可以是微型计算机系统；终端控制器连接一组终端，负责这些终端和主计算机的信息通信，或直接作为网络节点。

（3） 计算机外设

计算机外设主要是网络中的一些共享设备，如大型的磁碟机、高速打印机、大型绘图仪等。

2. 通信子网

通信子网主要负责计算机网络内部信息流的传递、交换和控制，以及信号的变换和通信中的有关处理工作，间接地服务于用户。它主要包括网络节点、通信链路、交换机和信号变换设备等软硬件设施。

（1） 网络节点

网络节点的作用：一是作为通信子网与资源子网的接口，负责管理和收发本地主机和网络所交换的信息，相当于通信控制处理机 CCP（在 ARPANET 中称为接口信息处理机 IMP，Interface Message Processor）；二是作为发送信息、接受信息、交换信息和转发信息的通信设备，负责接收其他网络节点传送来的信息并选择一条合适的链路发送出去，完成信息的交换和转发功能。网络节点可以分为交换节点和访问节点两种。

交换节点主要包括交换机（Switch）、网络互连时用的路由器（Router）以及负责网络中信息交换的设备等。而访问节点主要包括连接用户计算机（Host）和终端设备的接收器、收发器等通信设备。

（2） 通信链路

通信链路是两个节点之间的一条通信信道。链路的传输媒体包括有双绞线、同轴电缆、光导纤维、无线电、微波通信、卫星通信等。一般在大型网络中和相距较远的两节点之间的通信链路，都利用现有的公共数据通信线路。

（3） 信号变换设备

信号变换设备的功能是对信号进行变换以适应不同传输媒体的要求。这些设备一般有：将计算机输出的数字信号变换为电话线上传送的模拟信号的调制解调器、无线通信接收和发送器、用于光纤通信的编码解码器等。

1.2.3 计算机网络的功能

网络的主要功能是向用户提供资源的共享和数据的传输，它包括：数据交换和通信、资源共享、系统的可靠性和分布式网络处理与均衡负荷等。

1. 数据交换和通信

计算机网络中的计算机之间或计算机与终端之间，可以快速可靠地相互传递数据、程序或文件。例如：电子邮件（E-mail）可以使相隔万里的异地用户快速准确地相互通信；文件传输服务可以实现文件的实时传递，为用户复制和查找文件提供了有力的工具。

2. 资源共享

计算机网络可以实现网络资源的共享。这些资源包括硬件、软件和数据。资源共享是计算机网络组网的目标之一。

（1） 硬件共享：用户可以使用网络中任意一台计算机所附接的硬件设备。例如：同一网络中的用户共享打印机、共享硬盘空间等。

（2） 软件共享：用户可以使用远程主机的软件——包括系统软件和用户软件。既可以将相应软件调入本地计算机执行，也可以将数据送至对方主机运行并返回结果。

（3） 数据共享：网络用户可以使用其他主机和用户的数据。

3. 系统的可靠性

通过计算机网络实现备份技术可以提高计算机系统的可靠性。当某一台计算机出现故障时，可以立即由计算机网络中的另一台计算机来代替其完成所承担的任务。例如，空中交通管理、工业自动化生产线、军事防御系统、电力供应系统等都可以通过计算机网络设置，以保证实时性管理和不间断运行系统的安全性和可靠性。

4. 分布式网络处理和均衡负荷

对于大型的任务或当网络中某台计算机的任务负荷太重时，可将任务分散到网络中的其他计算机上进行，或由网络中比较空闲的计算机分担负荷，这样既可以处理大型的任务，使得一台计算机不会负担过重，又提高了计算机的实用性，起到了分布式处理和均衡负荷的作用。

1.2.4 计算机网络的类型

对计算机网络的分类有多种形式，其中主要有如下三种。

1. 按跨度分类

网络的跨度是指网络可以覆盖的范围，按照网络覆盖的范围，可以将网络分类为广域网、局域网、城域网等。

（1） 广域网（WAN，Wide Area Network）

广域网的覆盖范围通常在数十公里以上，可以覆盖整个城市、国家，甚至整个世界，具有规模大、传输延迟大的特征。广域网使用的传输设备和传输线路通常由电信部门提供，也可由其他部门提供。在我国，除电信网外，还有广电网、联通网等为用户提供远程通信服务。

广域网的主要技术特点：

① 广域网覆盖的地理范围可以是几十千米到几千千米。

② 广域网的通信子网主要使用分组交换技术，它的通信子网可以利用公用分组交换网、卫星通信网和无线分组交换网等。

③ 广域网需要适应大容量与突发的通信、综合业务服务、开放的设备接口与规范化的协议，以及完善的通信服务与网络管理的要求。

（2） 局域网（LAN，Local Area Network）

局域网也称局部区域网络，覆盖范围常在几千米以内，限于单位内部或建筑物内，常由一个单位投资组建。具有规模小、专用、传输延迟小等特征。目前我国决大多数企业都建立了自己的企业局域网。局域网只有与局域网或者广域网互连，进一步扩大应用范围，才能更好地发挥其共享资源的作用。

局域网的主要技术特点：

① 局域网覆盖有限的地理范围，一般属于一个单位。

② 提供高数据传输速率（10～1 000 Mbps）。

③ 决定局域网特性的主要技术要素为网络拓扑、传输介质与介质访问控制方法。

（3） 城域网（MAN，Metropolitan Area Network）

城域网的覆盖范围一般是一个城市，介于局域网和广域网之间。城域网使用了广域网技术进行组网。早期的城域网产品主要是 FDDI。

城域网的主要技术特点：

① 介于广域网与局域网之间的一种高速网络。

② 城域网设计的目标是要满足几十千米范围内的大量企业、公司的多个局域网互连的需求。

③ 实现大量用户之间的数据、语音、图形与视频等多种信息的传输功能。

提示： *分清广域网、局域网和城域网的技术特点是必要的。*

随着网络技术的发展和新型的网络设备的广泛应用，距离的概念逐渐淡化，局域网以及局域网互连之间的区别也逐渐模糊。同时，越来越多的企业和部门开始利用局域网以及局域网互连技术组建自己的专用网络，这种网络覆盖了整个企业和部门，范围可大可小。

2. 按网络采用的传输技术分类

按网络所使用的传输技术的不同，可以将网络分为点对点传播网和广播式传播网。

在采用点对点线路的通信子网中，每条物理线路连接一对节点，其分组传输要经过中间节点的接收、存储、转发，直至目的节点。从源节点到达目标节点可能存在多条路由，因此需要使用路由选择算法。采用点对点线路的通信子网的基本拓扑构型有星型、环型、树型和网状型。

在采用广播信道的通信子网中，一个公共的通信信道被多个网络节点所共享。采用广播信道通信子网的基本拓扑构型主要有 4 种：总线型、树型、环型、无线通信与卫星通信型。

采用路由选择和分组存储转发是点对点式网络与广播式网络的重要区别。

3. 按管理性质分类

根据对网络组建和管理部门的不同，常将计算机网络分为公用网和专用网。

（1） 公用网

由电信部门或其他提供通信服务的经营部门组建、管理和控制，网络内的传输和转接装置可供任何部门和个人使用。公用网常用于广域网络的构造，支持用户的远程通信。如我国的电信网、广电网、联通网等。

（2） 专用网

专用网通常是由用户部门组建经营的网络，不容许其他用户和部门使用。由于投资的因素，专用网常为局域网或者是通过租借电信部门的线路而组建的广域网络。如由学校组建的校园网、由企业组建的企业网等。

（3） 利用公用网组建专用网

许多部门直接租用电信部门的通信网络，并配备一台或者多台主机，向社会各界提供网络服务，这些部门构成的应用网络称为增值网络（或增值网），即在通信网络的基础上提供了增值的服务。如中国教育科研网 Cernet，全国各大银行网络等。

1.3 计算机网络的拓扑结构

1.3.1 拓扑结构的概念

计算机网络的拓扑结构是指一个网络的通信链路和节点构成的几何布局图，它是从图论演变过来的。拓扑学首先把实体抽象为与其大小、形状无关的“点”，并将连接实体的线路抽象为“线”，进而研究点、线、面之间的关系。

计算机网络拓扑是通过计算机网络中的各个节点与通信线路之间的几何关系来表示网络结构的，并反映出网络中各实体之间的结构关系。即拓扑结构主要是指构成计算机网络通信设备（节点）通过传输介质（连线）连接而成的拓扑图。因此，网络拓扑结构对整个网络设计、网络性能、系统可靠性与通信费用等都有着比较重要的影响。

网络拓扑结构主要有星型、环型、总线型，以及由这些基本结构混合而成的树型、网状拓扑结构等。

1.3.2 几种典型网络拓扑结构

目前，几种典型的拓扑结构主要是：总线型拓扑结构、星型拓扑结构、环型拓扑结构等。

1. 总线型拓扑结构

总线型拓扑结构是采用同一媒体连接所有端用户的一种工作方式。这样所有的站点都通过相应的硬件接口直接连接到传输介质（总线）上。如图 1-2 所示，任一台设备可以在不影响系统中其他设备工作的情况下与总线断开。

（1） 总线型拓扑结构的主要特点

① 所有的节点都通过网络适配器直接连接到一条作为公共传输介质的总线上，总线可以是同轴电缆、双绞线或者光纤。

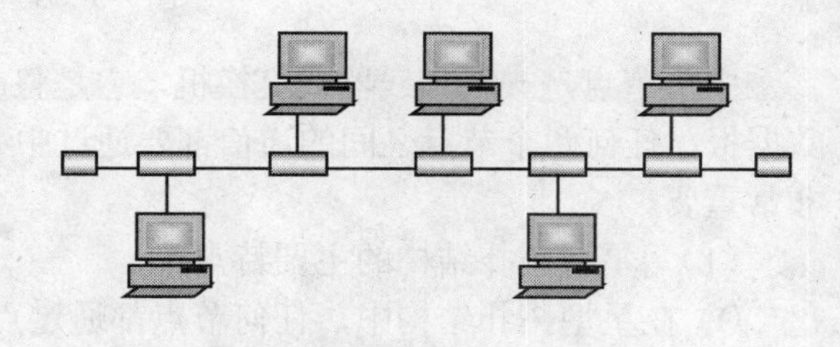

图 1-2 总线拓扑结构

② 任何一个站点发送的信号都将沿着总线（介质）广播，而且都能被其他所有站点接收，但在同一时间内，只允许一个站点发送数据。

③ 由于总线作为公共传输介质为多个节点共享，就有可能出现同一时刻有两个或两个以上节点利用总线发送数据的情况，因此会出现“冲突”，从而造成本次数据传输失败。

（2） 总线型拓扑结构的优点

① 电缆长度短，成本低且易于布线和维护。

② 用户入网灵活、站点或某个端用户失效不影响其他站点或端用户通信。

③ 结构简单。

④ 可靠性较高。

（3） 总线型拓扑结构的缺点

① 总线拓扑的网络不是集中控制的，所以故障检测需要在网上的各个站点上进行。

② 在扩展总线的干线长度时，需重新配置中继器、剪裁电缆、调整终端器等。

③ 一次仅能一个端用户发送数据，其他端用户要发送数据则必须等待获得发送权，在节点多的重负荷下，传输效率低。

④ 便于数据有序传输而制订的介质访问控制方式，在一定程度上增加了站点的硬件和软件费用。

提示：*解决站点对总线的访问控制权是总线型拓扑结构的关键技术。*

2. 星型拓扑结构

在星型拓扑结构中存在一个中心节点，星型结构中的每个节点都要用一条专用线路与中心节点连接，从而构成一条点对点连接。星型拓扑结构的基本特征是有一台设备作为中央节点（如 HUB），集结着来自其他各从属节点的连线。它属于一种集中式的从属结构。从属节点一般为计算机或网络打印机等担任，如图 1-3 所示。

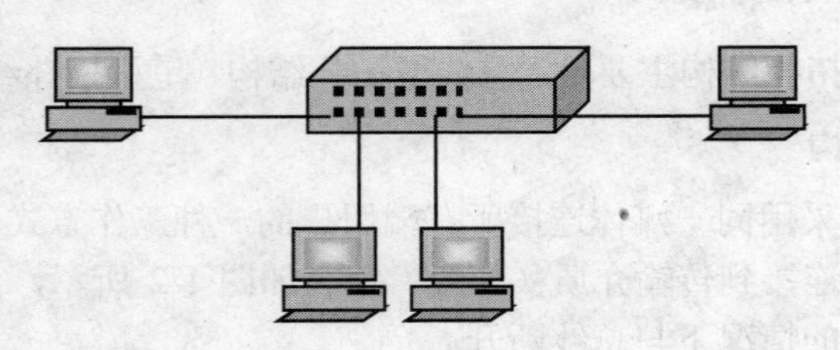

图 1-3 星型拓扑结构

中央节点是一般集线器或交换机，它是整个网络的通信控制中心，负责向目的节点传送数据报，任何两个节点之间的通信都要通过中心节点转接。所以对整个系统的通信控制技术非常重要。

（1） 星型拓扑结构的主要特点

① 在星型拓扑结构中，任何节点都通过点对点通信线路与控制全网的中心节点连接。

② 星型拓扑结构简单，易于布线，便于管理。

③ 网络的中心节点是全网可靠性的瓶颈，中心节点的故障可能造成全网瘫痪。

（2） 星型拓扑结构的优点

① 利用中央节点可方便地提供服务和重新配置网络。

② 单个连接点的故障只影响该节点，不会影响全网，容易检测和隔离故障，便于维护。

③ 任何一个连接只涉及到中央节点和一个站点，因此控制介质访问的方法很简单，从而访问控制协议也十分简单。

（3） 星型拓扑结构的缺点

① 每个站点直接与中央节点相连，需要大量电缆。

② 一旦中央节点产生故障，则全网不能工作，所以对中央节点的可靠性和冗余度要求很高。

提示： 星型拓扑结构局域网的物理拓扑结构（设备之间使用传输介质的物理连接关系）和逻辑拓扑结构（设备之间的逻辑链路连接关系）有可能不同，使用集线器连接所有的计算机时，其结构只能是一种具有星型物理连接的总线型拓扑结构；而使用交换机时，才是真正的星型拓扑结构。

3. 环型拓扑结构

顾名思义，环型拓扑结构是“环状”的，它是由连接成封闭回路的网络节点组成的，每一个节点仅与它左右相邻的节点连接。环型网络的一个典型代表是令牌环局域网或 FDDI（Fiber Distributed Data Interface，光纤分布式数据接口），环型拓扑结构如图 1-4 所示。

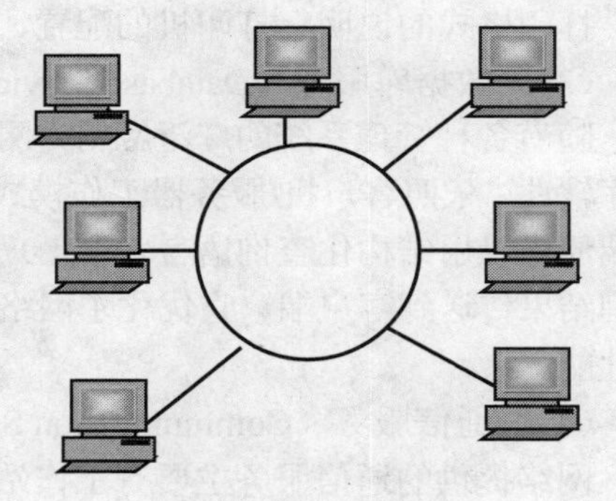

图 1-4 环型拓扑结构

（1） 环型拓扑结构的主要特点

① 在环型拓扑结构中，节点通过点对点通信线路连接成闭合环路。

② 环中数据将沿一个方向逐站传送。

③ 传输延时确定。

④ 环中每个节点与连接节点之间的通信线路都会成为网络可靠性的瓶颈，环中任何一个节点出现线路故障，都可能造成网络瘫痪。

（2） 环型拓扑结构的优点

① 由于两个节点间只有唯一的通路，因此大大简化了路径选择的控制。

② 网络中所需的电缆短，不需要接线盒，价格便宜。

③ 扩充方便，增减节点容易。

（3） 环型拓扑结构的缺点

① 由于环上传输的任何报文都必须穿过所有节点，因此，如果环的某一点断开，则环上所有端点间的通信便会终止。

② 为保证环的正常工作，需要较复杂的环维护处理，环节点的加入和撤出过程都比较复杂。

1.4 网络操作系统简介

1.4.1 网络操作系统概述

微型计算机需要 DOS 和 Windows 等操作系统，计算机网络也需要有相应的操作系统支持。网络操作系统（NOS，Network Operation System）是使网络上各计算机方便而有效地共享网络资源，为网络用户提供各种服务软件和协议的集合。因此，网络操作系统的基本任务就是屏蔽本地资源与网络资源的差异，为用户提供各种基本网络服务功能完成网络共享资源的管理，并提供网络系统的安全性服务。对于局域网来说，人们选择 LAN 产品，很大程度上是在选择网络操作系统。几乎所有的网络功能都是通过其网络操作系统来体现的，它是用户和计算机之间的接口，代表着整个网络的水平。

网络操作系统除了具备单机操作系统所需的功能外，如内存管理、CPU 管理、输入输出管理、文件管理等，还具有下列功能。

（1） 文件服务（File Service）

文件服务是最重要与最基本的网络服务功能。文件服务器以集中方式管理共享文件，网络工作站可以根据所规定的权限对文件进行读写以及其他各种操作，文件服务器为网络用户的文件安全与保密提供了必需的控制方法。

（2） 打印服务（Print Service）

打印服务也是最基本的网络服务功能之一。打印服务可以通过设置专门的打印服务器完成，或由工作站、文件服务器来担任。通过网络打印服务功能，局域网中可以安装一台或者几台网络打印机，网络用户就可以远程共享网络打印机。打印服务实现对用户打印请求的接收、打印格式的说明、打印机的配置、打印队列的管理等功能。

（3） 数据库服务（Database Service）

随着各种管理系统的广泛应用，网络数据库服务变得越来越重要了。选择适当的网络数据库软件，依照客户机/服务器工作模式，开发出客户端与服务器端数据库应用程序，这样客户端便可以用结构化查询语言（SQL）向数据库服务器发送查询请求，服务器进行查询后将查询结果传送到客户端。它优化了网络系统的协同操作模式，从而有效地改善了网络应用系统性能。

（4） 通信服务（Communication Service）

网络提供的通信服务主要有工作站与工作站之间的对等通信、工作站与网络服务器之间的通信服务等。

（5） 信息服务（Message Service）

目前，信息服务已经发展为文件、图像、数字视频与语音数据的传输服务。

（6） 分布式服务（Distributed Service）

网络操作系统为支持分布式服务功能，提出了一种新的网络资源管理机制，即分布式目录服务。分布式目录服务将分布在不同地理位置的网络中的资源，组织在一个全局性的、可复制的分布数据库中，网中多个服务器都有该数据库的副本。用户在一个工作站上注册，便可以与多个服务器连接。对于用户来说，网络系统中分布在不同位置的资源都是透明的，这样就可以用简单的方法去访问大型互联网系统。

（7） 网络管理服务（Network Management Service）

网络操作系统提供了丰富的网络管理服务工具，可以提供网络性能分析、网络状态监控、存储管理等多种管理服务。

（8） Internet/Intranet 服务（Internet/Intranet Service）

为了适应 Internet 与 Intranet 的应用，网络操作系统一般都支持 TCP/IP 协议，提供各种 Internet 服务，支持 Java 应用开发工具，使局域网服务器很容易成为 Web 服务器，全面支持 Internet 与 Intranet 访问。

目前，可供选择的网络操作系统多种多样，涉及的因素也很多，而网络操作系统是组建网络的关键因素之一。当前流行的网络操作系统有 Net Ware，Windows Server，UNIX，Linux 等。

1.4.2 Novell 公司的网络操作系统 NetWare

从 20 世纪 80 年代起，Novell 公司充分吸收 UNIX 操作系统的多用户、多任务的思想，推出了网络操作系统 NetWare。它的设计思想成熟、实用，并实施了开放系统的概念，如文件服务器概念、系统容错技术及开放系统体系结构（OSA）。

1. NetWare 的文件系统

NetWare 文件系统所有的目录与文件都建立在服务器硬盘上。由于服务器 CPU 与硬盘通道两者的操作是异步的，当 CPU 在完成其他任务的同时，必须保持硬盘的连续操作。为了做到这一点，NetWare 文件系统实现了多路硬盘处理和高速缓冲算法，加快了硬盘通道的访问速度。它采用的高效访问硬盘机制主要有：目录 Cache、目录 Hash、文件 Cache、后台写盘、电梯升降查找算法与多硬盘通道等，从而可以大大提高硬盘通道总体吞吐量，提高了文件服务器的工作效率。

在 NetWare 中，文件服务器对网络文件进行集中、高效地管理。为了能方便地组织文件的存储、查询、安全保护，NetWare 系统通过目录文件结构组织文件。用户在 NetWare 环境中共享文件资源时，所面对的是：文件服务器、卷、目录、子目录、文件的层次结构。每个文件服务器可以分成多个卷；每个卷可以分成多个目录；每个目录又可以分成多个子目录；每个子目录可以拥有自己的子目录，每个子目录可以包含多个文件。

2. NetWare 的安全保护方法

网络管理员通过设置用户权限来实现网络安全保护措施。为了能有效地管理网络，网络管理员必须为网络用户创建用户账号。用户组是用户的集合。每个组可以包括多个用户，一个用户也可以属于多个用户组。

NetWare 的网络安全机制解决了以下几个问题：限制非授权用户注册网络并访问网络文件；防止用户查看不应查看的网络文件；保护应用程序不被复制、删除、修改或被窃取；防止用户因为误操作而删除或修改不应该修改的重要文件。

基于对网络安全性的需要，NetWare 操作系统提供了 4 级安全保密机制：注册安全性、用户信任者权限、用户信任者权限屏蔽和目录与文件属性。

3. NetWare 系统的容错技术

文件服务器是 NetWare 网络中的核心设备，如果文件服务器发生故障，将会造成网络数据的丢失，甚至造成网络的瘫痪。NetWare 操作系统的系统容错技术是非常典型的，系统容错技术主要有以下 3 种。

（1） 三级容错机制

NetWare 第一级系统容错（SFT I）主要是针对硬盘表面磁介质可能出现的故障设计的，用来防止硬盘表面磁介质因频繁进行读写操作而损坏造成数据丢失。SFT I 采用双重目录与文件分配表、磁盘热修复与写后读验证等措施。NetWare 第二级系统容错（SFT II）主要是针对硬盘或硬盘通道故障设计的，用来防止硬盘或硬盘通道故障造成数据丢失。SFT II 包括硬盘镜像与硬盘双工功能。NetWare 第三级系统容错（SFT III）提供了文件服务器镜像（File Server Mirroring）功能。

（2） 事务跟踪系统

NetWare 的事务跟踪系统（TTS，Transaction Tracking System）用来防止在写数据记录的过程中因系统故障而造成数据丢失。TTS 将系统对数据库的更新过程看作是一个完整的“事务”来处理：一个“事务”要么就全部完成，要么返回到初始状态。这样便可以避免在数据库文件更新过程中，因为系统硬件、软件和电源供电等意外而造成数据不完整。

（3） UPS 监控

为了防止网络供电系统电压波动或突然中断，影响文件服务器及关键网络设备的工作，NetWare 操作系统提供了 UPS 监控功能。

随着 Windows Server 的广泛使用，NetWare 的市场份额正在逐步减少。

1.4.3 Microsoft 公司的网络操作系统

20 世纪 80 年代末期，Microsoft 公司为了与局域网市场的霸主 Novell 公司争夺世界局域网市场，推出了 LAN MANAGER 2.x 版本的网络操作系统。但由于 LAN MANAGER 自身在容错能力和支持方面比不上 NetWare，所以，并没有动摇 NetWare 在局域网市场的地位。经过努力，Microsoft 公司于 1995 年 10 月推出了 Windows NT Server 3.51 网络操作系统，Server 3.51 的可靠性、安全性及较强的网络功能赢得了许多网络用户的欢迎。同年，Microsoft 公司开发的 Windows 95 操作系统一推出就受到了大部分 PC 机用户的爱戴。因此，Windows NT 在局域网市场上已成为 NetWare 主要的竞争对手。

1996 年微软公司推出了界面和 Windows 95 基本相同而内核是 NT Server 3.51 的延续的 Windows NT 4.0 版。Windows NT 4.0 是全 32 位的操作系统，提供了多种功能强大的网络服务功能，如文件服务、打印服务、远程访问服务以及 Internet 信息服务等。

Windows NT 由 Windows NT Server 和 Windows NT Workstation 两部分构成。Windows NT Server 操作系统是以“域”为单位实现对网络资源的集中管理的。在一个域中只能有一个主域控制器，它是一台运行 Windows NT Server 的计算机，同时，它还可以备份域控制器与普通服务器。

Windows NT Server 支持网络驱动接口和传输驱动接口，允许用户同时使用不同的网络协议。Windows NT Server 通过用户描述文件，来对工作站用户的优先级、网络连接、程序组与用户注册进行管理。

Windows Server 2003 是为服务器开发的多用途网络操作系统，它可为部门工作组或中小型公司用户提供文件和打印、应用软件、Web 和通信等各种服务，其性能优越、系统可靠、使用和管理简单，是中小型局域网上的理想操作系统。

1.4.4 UNIX 网络操作系统

UNIX 操作系统已有 10 多年的发展历史，它是一种典型的 32 位多用户的网络操作系统，主要应用于超级小型机、大型机和 RISC 精简指令系统计算机上。目前，常用的版本有 AT&T 和 SCO 公司推出的 UNIX SVR 3.2，UNIX SVR 4.0 以及由 UNIVELL 推出的 UNIX SVR 4.2 等。从 UNIX SVR 3.2 开始，TCP 协议便以模块方式运行于 UNIX 操作系统上。从 4.0 版开始，TCP/IP 已经开始成为 UNIX 操作系统的核心组成部分。

UNIX 属于集中式处理的操作系统，它具有多任务、多用户、集中管理、安全保护性能好等许多显著的优点，因此，在讲究集成、通信能力的现在，它在市场上仍占有一定的份额，在 Internet 中较大型的服务器很多使用了 UNIX 操作系统。众多的 Internet 的 ISP 站点也在使用 UNIX 操作系统。

由于普通用户不易掌握 UNIX 系统，因此，在局域网上很少使用 UNIX 网络操作系统。

1.4.5 Linux 网络操作系统

1. Linux 操作系统的发展

Linux 是一种可以运行在 PC 机上的免费的 UNIX 操作系统，它是由芬兰赫尔辛基大学的学生 LINUS TORVALDS 在 1991 年开发出来的。LINUS TORVALDS 把 Linux 的源程序在 Internet 上公开，世界各地的编程爱好者自发组织起来对 Linux 进行改进并编写各种应用程序，今天 Linux 已发展成一个功能强大的操作系统，成为操作系统领域最耀眼的明星。

Linux 包含了人们期望操作系统拥有的所有特性，真正实现了多任务、虚拟内存、世界上最快的 TCP/IP 驱动程序、共享库和多用户支持。与 Windows 不同，Linux 完全在安全的模式下运行，并全面支持 32 位和 64 位多任务处理。

Linux 的商业应用项目很多。代替商品化 UNIX 和 Windows Server 作为 Internet 服务器使用是 Linux 的一项重要应用。以 Linux 和 Apache 为基础的 Internet 和 Intranet 服务器，价格低廉，性能卓越，易于维护。在美国，大多数廉价服务器以 Linux 为基础。Linux 能用作 WWW 服务器、域名服务器、防火墙、FTP 服务器、邮件服务器等。

在相同的硬件条件下，Linux 通常比 Windows Server、NetWare 和大多数 UNIX 系统的性能要卓越。至今已经有上万个 ISP、许多大学实验室和商业公司选择了 Linux，因为所有人都期望拥有在各种环境中均很可靠的服务器和网络。

提示： 作为 Internet 服务器，Linux 已广泛取代了 UNIX 系统，根据调查显示，Internet 服务器中已有近 60%采用了 Linux 系统。

2. Linux 操作系统的特点

Linux 操作系统与 Windows NT、NetWare、UNIX 操作系统最大的区别是：Linux 开放源代码。正是由于这点，它才能够引起人们广泛的注意。

与传统的操作系统相比，Linux 操作系统主要有以下几个特点。

（1） Linux 操作系统不限制应用程序可用内存的大小。

（2） Linux 操作系统具有虚拟内存的能力，可以利用硬盘来扩展内存。

（3） Linux 操作系统允许在同一时间内，运行多个程序。

（4） Linux 操作系统支持多用户，在同一时间内可以有多个用户使用主机。

（5） Linux 操作系统具有先进的网络能力，可以通过 TCP/IP 协议与其他计算机连接，通过网络进行分布式处理。

（6） Linux 操作系统符合 UNIX 标准，可以将 Linux 上完成的程序移植到 UNIX 主机上运行。

（7） Linux 操作系统是免费软件。

1.5 项目实训——参观网络中心

1.5.1 参观计算机网络实验室或机房

观察所在网络实验室或机房的网络拓扑结构，并了解该网络中的软硬件及网络设备的使用情况，分析该网络的功能和类型，并列出网络所使用的软件和硬件设备清单，画出该网络的拓扑结构图。

1.5.2 参观校园网及学校网络中心

参观所在学校的网络的某一节点（如：某一教学楼或者宿舍楼的交换或路由节点），参观所在学校的网络中心，并了解该网络中心的服务器及网络设备的使用情况。在不具备参观条件的时候也可根据校园网的拓扑结构图及设备清单进行讲解分析。

1.5.3 参观企业网及其网络中心

参观本地区某公司或企业的网络，并了解该网络的软硬件及网络设备的使用情况，分析该网络的功能和类型，并列出网络所使用的软件和硬件设备清单，画出该网络的拓扑结构图。

小结

本章主要介绍了计算机网络的现代发展趋势、计算机网络的主要功能及其分类、几种典型的网络拓扑结构以及几种计算机网络操作系统，及其各自的技术特点。

计算机网络就是利用通信设备和线路将分布在地理位置不同的、功能独立的多个计算机系统连接起来，以功能完善的网络软件（网络通信协议及网络操作系统等）实现网络资源共享和信息传递的系统。

计算机网络在逻辑功能上可以划分为资源子网和通信子网。网络的主要功能是向用户提供资源的共享和数据的传输。

几种典型的拓扑结构主要是：总线型拓扑结构、星型拓扑结构、环型拓扑结构它们各有自己的优缺点。

网络操作系统是使网络上各计算机方便而有效地共享网络资源，为网络用户提供所各种服务软件和协议的集合。当前流行的网络操作系统有 Windows Server，UNIX，Linux 等。

习题

1. 简述当前计算机网络的发展趋势。
2. 计算机网络的功能是什么？
3. 什么是通信子网和资源子网？试述这种层次结构的特点，各自的作用是什么？
4. 计算机网络可从哪些方面进行分类？计算机网络按跨度可以分为哪几类？
5. 典型的网络拓扑结构有几种，优缺点各是什么？
6. Linux 网络操作系统的特点是什么？
7. 与广域网比较，局域网有哪些特点？ 

项目二 数据通信基础

计算机网络的主要功能是为了实现信息资源的共享与交换，而信息是以数据形式来表示的，因此计算机网络首先要从基于数据通信系统之上的资源共享系统这个角度，解决好数据通信的问题。

项目学习目标

- 了解数据通信基本概念。
- 掌握数据传输方式。
- 掌握常用传输介质的特点。
- 对比有线传输与无线传输，了解它们的技术特点。
- 掌握数据交换的几种方式。
- 了解差错原因与类型，实现差错控制。

2.1 数据通信基本概念

2.1.1 数据、信息与信号

1. 数据、信息与信号

计算机网络通信的目的是为了交换信息。信息（information）蕴含在数据中，由数据经过加工或解释后得到。数据（data）是信息的载体与表示方式，数据可以是数字、字母、符号、声音、图形和图像等形式。在计算机系统中，用二进制 0、1 来表示数据。但是，当这些以二进制代码表示的数据要通过物理介质和器件进行传输时，还需要将其转变为物理信号。信号（signal）是数据在传输过程中的电磁波表示形式。

2. 模拟信号与数字信号

作为数据的电磁波表示形式，信号一般以时间为自变量，以表示数据的某个参量（如振幅、频率或相位）作为因变量。按照其因变量对时间的取值是否连续，信号可分为模拟信号和数字信号两种基本形式，如图 2-1 所示。

（1） 模拟数据反映的是连续信息，取值是连续值，如语音和图像等。

（2） 数字数据反映的是离散信息，数字数据的取值是离散形式的，并由字母、符号、数码等表示的数据。

（3） 模拟信号是在某一数值范围内可以连续取值的电信号，如图 2-1（a）所示，例如电话机送话器输出的话音信号，电视摄像管产生的图像信号，某些物理的测量结果等。

（4） 数字信号是一种离散信号，如图 2-1（b）所示，它的取值是有限的。

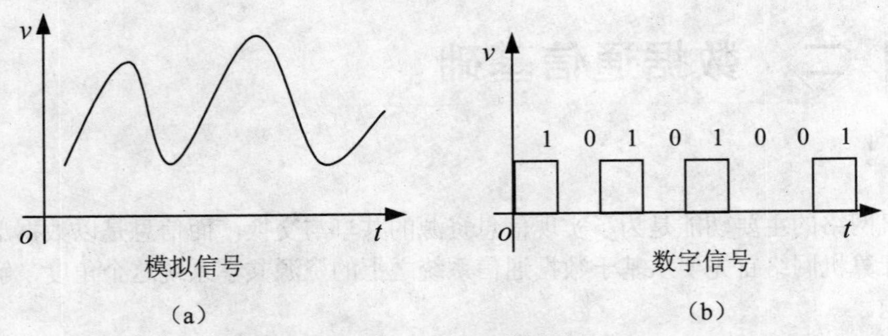

图 2-1 模拟信号和数字信号

虽然模拟信号与数字信号有着明显的差别，但它们在一定条件下是可以相互转换的。模拟信号可以通过采样、量化、编码等系列步骤转换成数字信号；数字信号则可以通过解码、平滑等处理方法转换为模拟信号。

2.1.2 数据通信

1. 数据通信系统的基本组成

目前，可以找到许多数据通信的例子，如广播系统、电视系统、CDMA网络和计算机网络等。无论基于这些系统的应用形式有何不同，它们在系统的主要构成上都具有共性。如图 2-2 所示，任何一个数据通信系统都由信源、信道和信宿三部分组成，并且在信道上存在不可忽略的噪声影响。

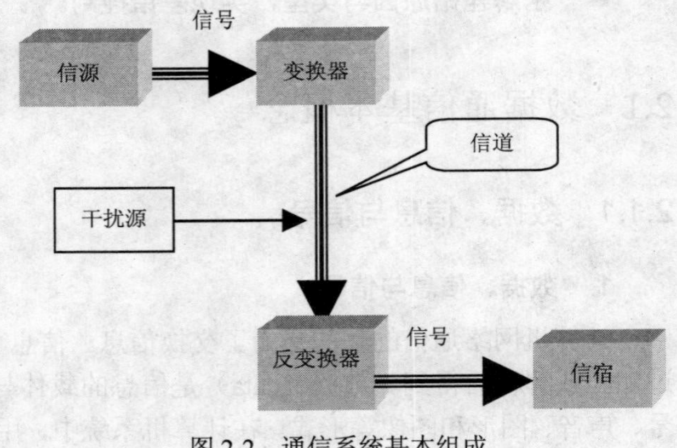

图 2-2 通信系统基本组成

（1） 信源：发送各种信息（语言、文字、图像、数据）的信息源，如人、机器、计算机等。

（2） 信宿：信息的接收者，可以是人、机器、计算机等。

（3） 信道：信号的传输载体。从形式上看，主要有有线信道和无线信道两类；从传输方式上看，信道又可分为模拟信道和数字信道两类。

（4） 变换器：将信源发出的信息变换成适合在信道上传输的信号。对应不同的信源和信道，变换器有着不同的组成和变换功能。如计算机通信中的调制解调器就是一种变换器。

（5） 反变换器：提供与变换器相反的功能，将从信道上接收的电（或光）信号变换成信宿可以接收的信息。

（6） 干扰源：通信系统中不能忽略噪声的影响，通信系统的噪声可能来自于各个部分，包括发送或接收信息的周围环境、各种设备的电子器件，信道外部的电磁场干扰等。

2. 模拟通信与数字通信

发送方将要发送的数据转换成信号，并通过物理信道传送到数据接收方的过程被称为数据通信，由于信号可以是离散变化的数字信号，也可以是连续变化的模拟信号，因此与之对应，数据通信被分为模拟数据通信和数字数据通信。模拟数据通信是指在模拟信道上以模拟信号形式来传输数据；而数字数据通信则是指利用数字信道以数字信号方式来传递数据。

通常，模拟信号是时间的函数并占有一定的频率范围，可以直接由占有相同频率范围的电磁信号表示。如声音，其声波的频率范围为 20 Hz~20 kHz。由于声音的能量大多集中在窄得多的频率范围内，所以电话通信规定，话音信号标准频率范围为 300~3 400 Hz。在此频率范围内，可以十分清晰地传输话音。电话设备的所有输入也是在此频率范围之内。模拟数据也可以用数字信号表示和传输。这时就需要有一个将模拟信号转换为数字信号的设备。如声音信号可以通过一个变换器（编码 / 译码器）进行数字化。同样，数字数据可以用数字信号直接表示，也可以通过一个变换器（称调制解调器 Modem）用模拟信号来表示。

① 模拟传输：用模拟信号进行的传输。这种传输方法与这些信号是代表模拟数据还是与数字数据无关。

② 数字传输：用数字信号进行的传输。它可以直接传输二进制数据或采用二进制编码数据，也可以传输数字化了的模拟数据，如数字化了的声音。

提示： 无论传输信号还是传输方式，都仅仅是传输数据的手段，它们并不能决定数据本身。

3. 信道和信道基本参数

（1） 信道：信号可以单向传输的途径，它以传输媒体和中继通信设施为基础。信道的类型及特点如表 2-1 所示。

表 2-1 信道的类型和特点

分 类	定 义	特 点	传输媒体
有线信道	一对导线构成一条有线信道	传输媒体为导线（双绞线或者光纤等），信号沿导线传输，能量相对集中在导线附近，因此具有较高的传输效率	架空明线、电缆和光缆等
无线信道	发送方（信源）使用高频发射机和定向天线发射信号，接收方（信宿）通过接收天线和接收机接收信号	信号相对分散，传输效率较低，安全性较差。无线信道可分为长波、中波、短波、超短波和微波等多种。卫星通信系统是一种特殊的微波中继系统	自由空间
模拟信道	支持模拟信号的传输	在信道上传输一段距离之后，信号将会有所衰减，最终导致传输失真。因此为了支持长距离的信号传输，模拟信道每隔一段距离，应当安装放大器，利用放大器使信道中的信号能量得到补充	电话线、双绞线等
数字信道	支持数字信号的传输	数字信道具有对所有频率的信号都不衰减，或者都作同等比例衰减的特点。长距离传输时，数字信号也会有所衰减，因此数字信道中常采用类似放大器功能的中继器来识别和还原数字信号	光纤等

（2） 信道的两个基本参数

信道带宽与信道容量是信道的两个基本参数，它由信道的物理特性所决定。

① 信道带宽：信道可以不失真地传输信号的频率范围。为不同应用而设计的传输媒体具有不同的信道质量，所支持的带宽也有所不同。

② 信道容量：信道在单位时间内可以传输的最大信号量，表示信道的传输能力。信道容量有时也表示为单位时间内可传输的二进制位的位数（称信道的数据传输速率，位速率），

以位每秒形式表示，简记为 bps。

③ 数据传输速率（bps）：信道在单位时间内可以传输的最大比特数。信道容量和信道带宽具有正比的关系：带宽越大，容量越大。

局域网带宽（传输速率）一般为 10 Mbps、100 Mbps、1 000 Mbps，而广域网带宽（传输速率）一般为 64 Kbps、2 Mbps、155 Mbps、2.5 Gbps 等。

④ 差错率/误码率：描述信道或者数据通信系统（网络）质量的一个指标。是指数据传输系统正常工作状态下信道上传输比特总数与其中出错比特数的比值。

差错率/误码率＝出错比特数/传输总比特数

信道的差错率与信号的传输速率或者传输距离成正比，网络的差错率则主要取决于信源至信宿之间的信道的质量，差错率越高表示信道的质量越差。

提示： 理解上述几个参数的概念是很重要的，特别是要理解带宽、传输速率以及容量之间的关系。

2.2 数据传输

2.2.1 基带传输

1. 基带传输概述

在计算机系统中，通常采用二进制来表示各类数据，而将这些二进制转换成信号的最直接方式就是采用脉冲信号。按照傅里叶分析，脉冲信号由直流信号和基频、低频、高频等多个谐波分量组成。其中，从零开始有一段能量相对集中的频率范围称为基本频带，简称基频或基带。基频等于脉冲信号的固有频率，与基频对应的数字信号称为基带信号。其他低频和高频谐波的频率等于基频的整数倍，随着频率的升高，高频谐波的振幅减小直至趋于零。

当人们在数字信道上使用数字信号传输数据信号时，通常不会也不可能将与该原始数据信号有关的所有直流、基频、低频和高频分量全部放在数字信道上传输，因为那要占据很大的信道带宽。相反，只要将占据脉冲信号大部分能量的基带信号传送出去，就可以在接收端还原出有效的原始数据信息。通常将这种在数字信道中以基带信号形式直接传输数据的方式称为基带传输。

基带传输是一种基本的数据传输方式，它适合传输各种速率的数据，且传输过程简单，设备投资少。但是，基带信号的能量在传输过程中很容易衰减，因此在没有信号再放大的情况下，基带信号的传输距离一般不会大于 2.5 km。因此，基带传输较多地用于短距离的数据传输，如局域网中的数据传输。

2. 数据的编码方式

基带传输系统的通信模型如图 2-3 所示，由于原始的基带信号所具有的一些特征使它们并不适合直接在信道上进行传输，因此为了更好地传输这些信号，需要对它们进行一些改变，这种改变称为编码。

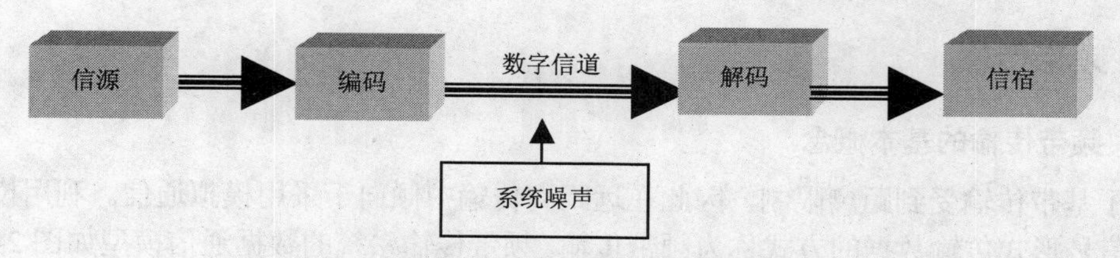

图 2-3　数字数据通信系统基本模型

在基带传输系统中要解决的关键问题是数字数据的编码/解码问题，即在发送端，要解决如何将二进制数据系列通过某种编码方式转换为合适在数字信道上传送的基带信号；而在接收端，则要解决如何将接收到的基带信号通过解码恢复为与发送端相同的二进制数据系列。如表 2-2 所示，给出了常用数字数据的通信编码。

表 2-2　常用数字数据的通信编码

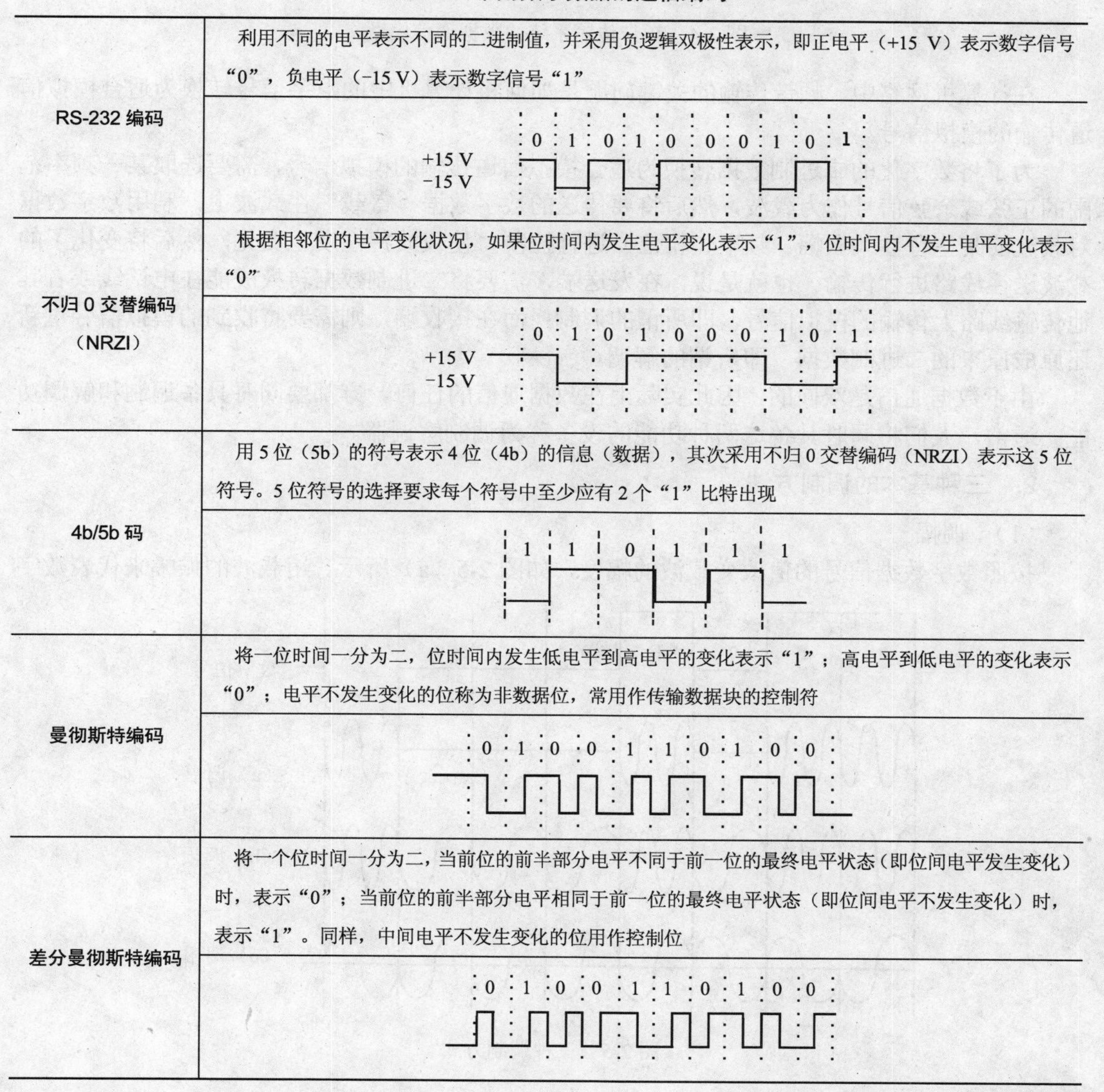

编码	说明及波形
RS-232 编码	利用不同的电平表示不同的二进制值，并采用负逻辑双极性表示，即正电平（+15 V）表示数字信号“0”，负电平（−15 V）表示数字信号“1” 0 1 0 1 0 0 0 1 0 1 +15 V −15 V
不归 0 交替编码（NRZI）	根据相邻位的电平变化状况，如果位时间内发生电平变化表示“1”，位时间内不发生电平变化表示“0” 0 1 0 1 0 0 0 1 0 1 +15 V −15 V
4b/5b 码	用 5 位（5b）的符号表示 4 位（4b）的信息（数据），其次采用不归 0 交替编码（NRZI）表示这 5 位符号。5 位符号的选择要求每个符号中至少应有 2 个“1”比特出现 1 1 0 1 1 1
曼彻斯特编码	将一位时间一分为二，位时间内发生低电平到高电平的变化表示“1”；高电平到低电平的变化表示“0”；电平不发生变化的位称为非数据位，常用作传输数据块的控制符 0 1 0 0 1 1 0 1 0 0
差分曼彻斯特编码	将一个位时间一分为二，当前位的前半部分电平不同于前一位的最终电平状态（即位间电平发生变化）时，表示“0”；当前位的前半部分电平相同于前一位的最终电平状态（即位间电平不发生变化）时，表示“1”。同样，中间电平不发生变化的位用作控制位 0 1 0 0 1 1 0 1 0 0

2.2.2 频带传输

1. 频带传输的基本概念

由于基带传输受到距离限制，因此在远距离传输中倾向于采用模拟通信。利用模拟信道以模拟信号形式传输数据的方式称为频带传输。频带传输系统的数据通信模型如图 2-4 所示。

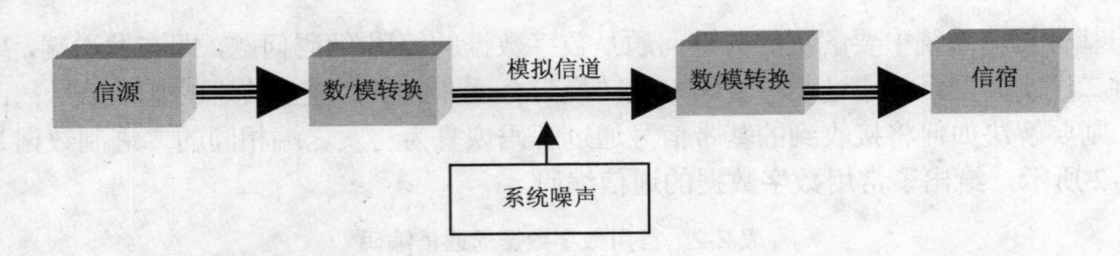

图 2-4 频带传输系统的数据通信模型

在计算机网络中，频带传输的关键问题是如何将计算机中的数字信号转换为适合模拟信道传输的模拟信号。

为了将数字化的二进制数据转换为适合模拟信道传输的模拟信号，需要选取某一频率范围的正弦或余弦信号作为载波，然后将要传送的数字数据“寄载”在载波上，利用数字数据对载波的某些特性（振幅、频率、相位）进行控制，使载波特性发生变化，然后将变化了的载波送往线路进行传输。也就是说，在发送端，需要将二进制数据转换成能在电话线或者其他传输线路上传输的模拟信号，即所谓的调制；而在接收端，则需要将收到的模拟信号重新还原成原来的二进制数据，即所谓的解调。

由于数据通信是双向的，因此实际上在数据通信的任何一方都要同时具备调制和解调功能。通常，人们将同时具备这两种功能的设备称为调制解调器。

2. 三种基本的调制方法

（1） 调幅

按照数字数据信号的值改变载波的幅度，如图 2-5（a）所示。用载波的振幅来代表数字

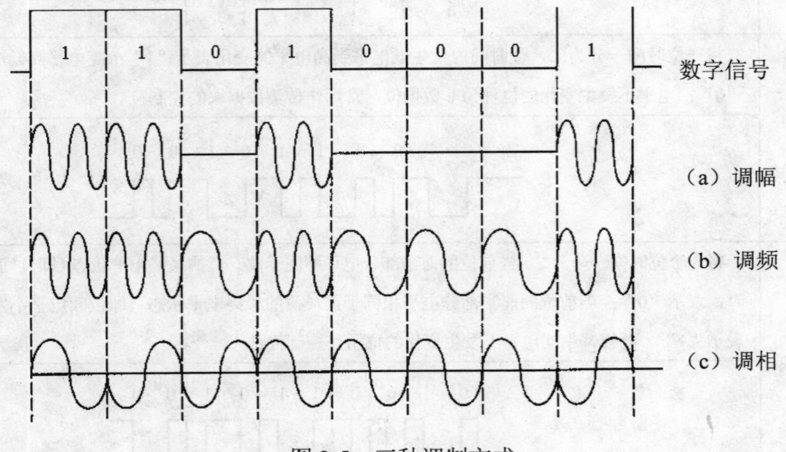

图 2-5 三种调制方式

数据信号的两个二进制值。当载波存在（具有一定的幅度）时，表示数字信号的“1”；而载波不存在（幅度为 0）时，则表示数字数据信号的“0”。这种调幅技术称为幅移键控（ASK，Amplitude-Shift Keying）。调幅技术较简单，但效率低、抗干扰性能较差。

（2） 调频

按照数字数据信号的值去改变载波的频率，如图 2-5（b）所示。用载波的频率来表示数字数据信号的两个二进制值。当载波频率为高频时，表示数字数据信号的“1”，而载波频率为低频时，则表示数字数据信号的“0”。这种调频技术称为频移键控（FSK，Frequency-Shift Keying）。它比调幅技术有较高的抗干扰性，但所占频带较宽，是经常被采用的一种调制技术。

（3） 调相

按照数字数据信号的值去改变载波的相位，如图 2-5（c）所示的是二相系统的例子。利用载波的相位移动来表示数字数据信号。当载波信号和前面的信号同相（即不产生相移）时，代表数字数据信号“0”，而载波信号和前面的信号反相（有 180° 相移）时，则代表数字数据信号“1”。这种调相技术称为相移键控（PSK，Phase-Shift Keying）。这种调制技术的抗干扰性能好，而且比调频技术更有效，它的传输率也较高，可达到 9 600 bps，但实现相位调制的技术比较复杂。

在实际使用中，上述各种调制技术也可组合实现，例如将相移键控 PSK 和振幅键控 ASK 结合在一起实现调制。

2.2.3 并行传输与串行传输

根据组成字符的各个二进制位是否同时传输，字符编码在信源与信宿之间的传输分为并行传输和串行传输两种方式。

1. 并行传输

字符编码的各位（比特）同时传输，如图 2-6 所示。

图 2-6 并行传输

并行传输的特点：

（1） 传输速度快：单位时间内可同时传输多位比特。

（2） 通信成本高：每位传输要求一个单独的信道支持；因此如果一个字符包含 8 个二进制位，则并行传输要求 8 个独立的信道的支持。

（3） 不支持长距离传输：由于信道之间的电容感应，远距离传输时，可靠性较低。

2. 串行传输

串行传输是将组成字符的各位串行地在信道发送，如图 2-7 所示。

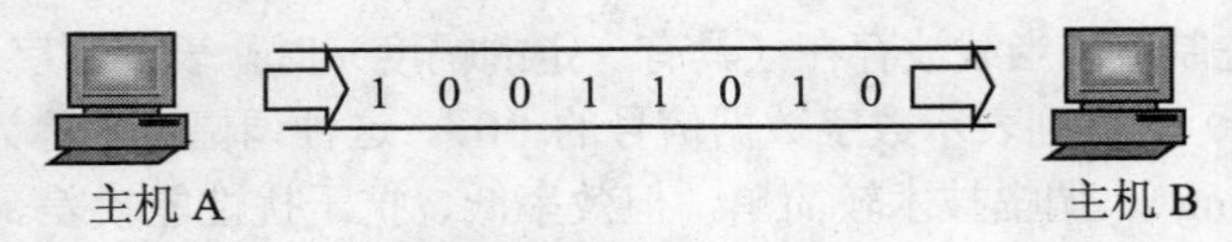

图 2-7　串行传输

（1）　特点

① 传输速度较慢，一次一位。

② 通信成本也较低，只需一个信道。

③ 支持长距离传输，目前计算机网络中所用的传输方式多为串行传输。

（2）　方式

串行传输有两种传输方式，同步传输和异步传输。

① 同步传输：以多个字符或者多个比特组合成的数据块为单位进行传输的，利用独特的同步模式来限定数据块，达到同步接收的目的。其格式为：同步符号（起始字符，开始发送数据块）+ 数据块（要发送的信息）+同步符号（数据块结束）。

假同步现象：数据块中含有与同步符号相同的内容。要避免假同步现象的出现。

② 异步传输 ：异步传输又称起止式传输，其特点是字符内部的每一位采用固定的时间模式，字符之间间隔任意。用独特的起始信号（或起始位）和终止信号（或结束位）来限定每个字符，传输效率较同步传输低。

2.3　传输介质

传输介质是网络中信息传输的媒体，是网络通信的物质基础之一。传输介质的性能特点对传输速率、通信距离、可连接的网络节点数目和数据传输的可靠性均有很大的影响。在网络中常用的传输介质有双绞线、同轴电缆、光纤和无线电等。

2.3.1　双绞线

双绞线是最常用的传输介质，尤其是在局域网中。

双绞线是由两根绝缘的铜导线用规则的方法绞合而成，称为一对双绞线。双绞线绞合的目的是为了减少信号在传输中的串扰及电磁干扰。

如图 2-8 所示，通常把若干对双绞线捆成一条电缆并以坚韧的塑料护套包裹着，每根铜导线的护套上都涂有不同的颜色，分为橙白、橙、绿白、绿、蓝白、蓝、棕白和棕色，以便于用户区分不同的线对。

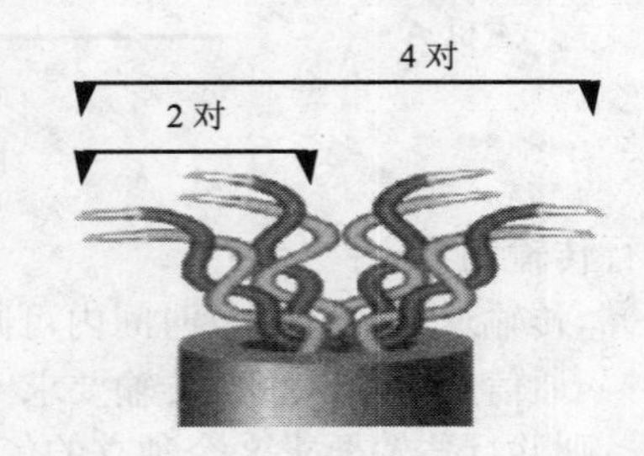

图 2-8　双绞线

1. 双绞线的分类

（1）　根据是否具有屏蔽作用，双绞线可以分为屏蔽双绞线（STP）和非屏蔽双绞线（UTP）两大类。

① 非屏蔽双绞线

如图 2-9 所示，非屏蔽双绞线的外面只有一层绝缘胶皮，因而重量轻、易弯曲，安装、组网灵活，比较适合于结构化布线。在无特殊要求的小型局域网中，尤其是在星型网络拓扑结构中，常常使用这种双绞线。

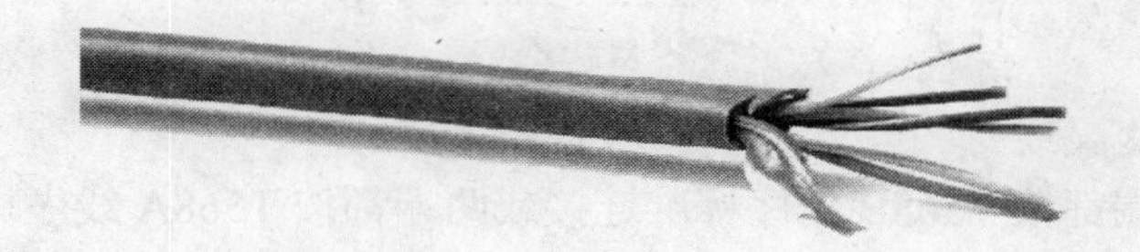

图 2-9 非屏蔽双绞线

② 屏蔽双绞线

如图 2-10 所示，屏蔽双绞线的双绞线与外层绝缘皮之间有一层金属材料。这种结构能减少辐射，防止信息被窃听，同时还具有较高的数据传输速率。但由于屏蔽双绞线的价格相对较高且必须采用特殊的连接器，技术要求也比非屏蔽双绞线高，因此屏蔽双绞线只使用在安全性要求较高的网络环境中。

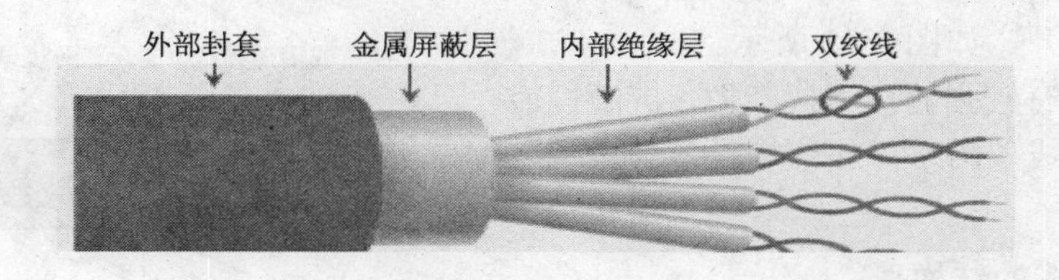

图 2-10 屏蔽双绞线

（2） 根据传输数据的特点，双绞线又可分为 3 类、4 类、5 类和超 5 类等。其性能及用途如表 2-3 所示。

表 2-3 双绞线的性能和用途

类 别	最高工作频率（MHz）	最高数据传输率（Mbps）	主要用途
3 类	15	10	10 MB 网络
4 类	20	45	10 MB 网络（一般不用）
5 类	100	100	10 MB 和 100 MB 网络
超 5 类	200	155	10 MB、100 MB、1 000 MB 网络（4 对线可实现全双工通信）

2. RJ—45 连接器

在网络组建过程中，双绞线的接线质量会直接影响到网络的整体性能。双绞线在各种设备之间应按规范连接。

（1） 8 针 RJ—45 连接器标准

由于双绞线一般用于星型网络的布线，每条双绞线通过两端安装的 RJ—45 接头（俗称水晶头）将各种网络设备连接起来。双绞线的标准线序不是随便排列的，必须符合 EIA/TIA 568B 标准或 EIA/TIA 568A 标准。具体接法如下。

① EIA/TIA 568A 线序标准：

1	2	3	4	5	6	7	8
绿白	绿	橙白	蓝	蓝白	橙	棕白	棕

② EIA/TIA 568B 线序标准：

1	2	3	4	5	6	7	8
橙白	橙	绿白	蓝	蓝白	绿	棕白	棕

（2） 直通线与交叉线

① 直通线：两端都按 T568B 线序标准连接或两端都按 T568A 线序标准连接。

② 交叉线：一端按 T568A 线序标准连接，另一端则按 T568B 线序标准连接。

在制作网线时，如果不按标准连接，虽然线路也能接通，但是由于线路内部各线对之间的干扰不能有效消除，从而导致信号传输时误码率增大，最终将影响到网络整体性能。只有按标准连接，才能保证网络的正常运行，也会给后期的维护工作带来便利。

2.3.2 同轴电缆

同轴电缆也是一种常见的网络传输介质。它由一层网状铜导体和一根位于中心轴线位置的铜导线组成，铜导线、网状导体和外界之间分别用绝缘材料隔开，如图 2-11 所示。

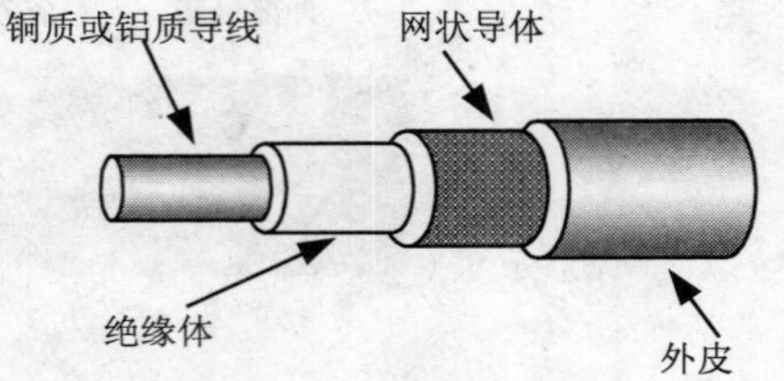

图 2-11 同轴电缆

同轴电缆具有较强的抗干扰能力，屏蔽性能好，一般用于总线型网络拓扑结构设备与设备之间的连接。

1. 同轴电缆的结构

从图 2-11 可以看出，同轴电缆的结构分为四部分，各部分的作用如下。

（1） 铜质或铝质导线：同轴电缆的中心导体多为单芯铜质导线，是信号传输的信道。

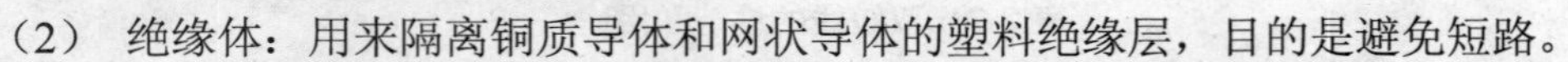

（2） 绝缘体：用来隔离铜质导体和网状导体的塑料绝缘层，目的是避免短路。

（3） 网状导体：是环绕绝缘体外的一层金属网，接地线用。在网络信息传输过程中，可用作铜质导体的参考电压。

（4） 外皮：用于保护网线免受外界干扰，并预防网线在不良环境中受到氧化或其他损坏。

2. 同轴电缆的分类

（1） 按带宽和用途划分

同轴电缆可分为基带和宽带两种。

基带同轴电缆传输的是数字信号，在传输过程中，信号将占用整个信道。即在同一时刻，基带同轴电缆仅能传送一种信号。局域网就采用基带传输。

宽带同轴电缆传送的是不同频率的模拟信号，这些信号需要通过调制技术调制到各自不同的正弦载波频率上。采用频分多路复用技术将信道分成多个传送频道，在同一时间内，将多组数据如数据、声音和图像等，在不同的频道中传送。有线电视的传输介质就采用宽带同轴电缆。

（2） 按直径划分

按直径划分同轴电缆可分为粗缆和细缆两种。

粗缆在安装时需要采用特殊的收发器，不用切断电缆，粗缆两端头装有终端器，使用粗缆安装、维护和扩展连接都会比较困难，并且造价也较高。

粗缆适合于较大局域网的布线，它的布线距离较长，具有较高的可靠性和较强的抗干扰能力，早期被应用于低速局域网的主干线。细缆常使用在总线型网络中，采用 BNC/T 型接头连接。细缆直径较小、易弯曲，安装较易、造价较低且具有较强的抗干扰能力。但由于网络中电缆系统的断点太多，如果一个节点出现故障，常常会影响其他用户的正常工作，从而影响了网络系统的可靠性。

（3） 按特性电阻值划分

按特性电阻值划分，可将同轴电缆分为 50 Ω和 75 Ω两种。50 Ω同轴电缆常用于网络中，主要用来传输数字信号；而 75 Ω同轴电缆常用于 CATV 系统中的标准传输电缆，主要传输模拟信号。

2.3.3 光纤

光导纤维是一种细小并能传导光信号的介质。它由石英玻璃纤芯、折射率较低的反光材料包层和塑料护套层组成，如图 2-12 所示。由于包层的作用，使得在纤芯中传输的光信号几乎不会被折射出去。

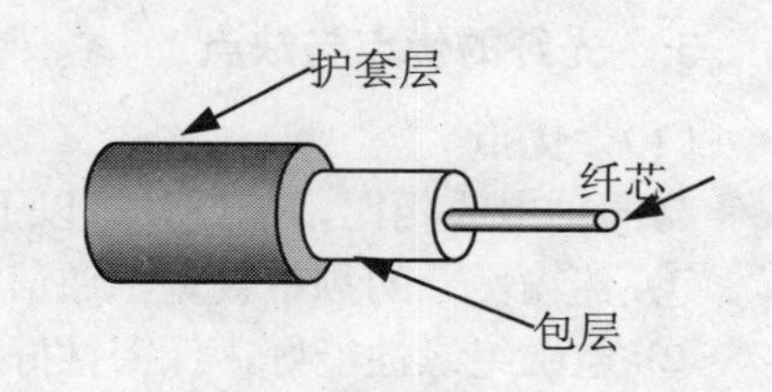

图 2-12 光纤

1. 光纤通信的工作原理

光纤通信系统的主要部件有光收发器和光纤，如果用于长距离传输信号还需要中继器。光纤通信实际上是应用光学原理，由光收发器的发送部分产生光束，将表示数字代码的电信号转变成光信号后导入光纤传播，在光缆的另一端由光收发器的接收部分接收光纤上传输的光信号，再将其还原成为发送前的电信号，经解码后再进行相关处理。光纤通信系统中起主导作用的是光源、光纤和光收发器。从原理上讲，一条光缆不能进行信息的双向传输，如需进行双向通信时，必须使用两条光缆，一条用于发送信息，另一条则用于接收信息。

2. 光纤的分类

光纤主要分为单模光纤和多模光纤两种类型，如图 2-13 所示。

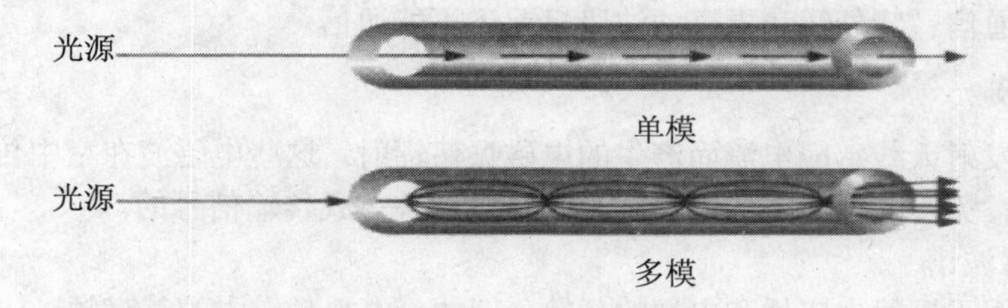

图 2-13 单模光纤和多模光纤

（1） 单模光纤

采用激光二极管 LD 作为光源。由于其线芯较细，当光纤的直径减小到只有一个光的波长时，就可使光线一直向前传播，而不会产生多次反射。单模光纤的衰耗较小，在 2.5 Gbps 的高速率下可传输数十千米而不必采用中继器。

单模光纤的特点是传输频带宽、信息容量大，传输距离长，成本较高。

（2） 多模光纤

采用发光二极管 LED 产生的可见光作为光源，当照射到光纤表面的光线的入射角大于某一个临界角，就会产生全反射，光束被不断地反射而向前传播。由于其芯线粗，因此，在同一条光纤中，可以传输入射角度不同的多条光线。

与单模光纤相比，多模光纤的特点是传输速度低、传输距离短。但这种线缆成本较低，一般用于建筑物内或地理位置相邻的环境中。

目前的网络搭建多采用多模光纤。

提示：光纤通信多作为计算机网络的主干线。

3. 光纤的优点与缺点

（1） 优点

与同轴电缆相比，光纤具有以下优点。

① 传输信号的频带较宽，通信容量大，信号衰减小，应用范围广等。

② 电磁绝缘性能好，保密性好，不易被窃取数据。

③ 抗化学腐蚀能力强，可用于一些特殊环境下的布线。

④ 传输速率高，目前实际可达到的传输速率为几十 Mbps 至几千 Mbps。

（2） 缺点

光纤的缺点主要表现在以下几方面。

① 与其他传输介质相比，光纤价格昂贵。

② 光纤连接和光纤分支均较困难，而且在分支时，信号能量损失很大。光纤的安装与维护需要专业人员才能完成。

2.3.4 无线传输

无线传输所使用的频段很广。人们现在已经利用了无线电、微波、红外线及可见光这几个波段来进行通信。紫外线和更高的波段目前还不能通信。

1. 电磁波

电磁波是发射天线感应电流而产生的电磁振荡辐射。这些电磁波在空中传播，最后被接收天线所感应。免费的无线电广播和电视就是以这种方式传输信号的。

（1） 电磁波谱

无线电波用于无线电广播和电视的传输。例如，电视频道中的甚高频（VHF，Very High Frequency）的播送频率为 30～300 MHz，超高频（UHF，Ultra High Frequency）的播送频率为 300 MHz～3 GHz。无线电波也主要用于 AM 和 PM 广播、业余无线电、蜂窝电话和短波广播。

微波通信频率为 100 MHz～10 GHz，对应的波长为 3 cm～3 m。

（2） 说明

① 物理学的知识告诉我们：地面广播的低频波将以较少的损耗从高层大气中被反射回

来。通过反复地反弹于大气和地表之间，这些信号可以沿着地球的曲面传播得很远。比如说，短波（频率在3～30 MHz之间）设备可以接收到地球背面传来的信号，而频率较高的信号趋向于以较大的损耗进行反射，通常无法传播得那么远，因此无线电微波通信在数据通信中占有重要地位。

② 低频波的接收需要较长的接收天线。

2. 地面微波接力通信

由于微波在空间是直线传播的，而地球表面是个曲面，因此其传播距离会受到限制，一般只有50 km左右。若采用100 m高的天线塔，则传播距离可增大到100 km。为实现远距离通信，必须在一条无线电通信信道的两个终端之间建立若干个中继站。中继站把前一站送来的信号经过放大后再发送到下一站，故称"地面微波接力通信"。在该通信系统中，要求通信双方各安装一台微波收发机与微波天线，以实现点对点或点对多点间的数据传输，如图2-14所示。

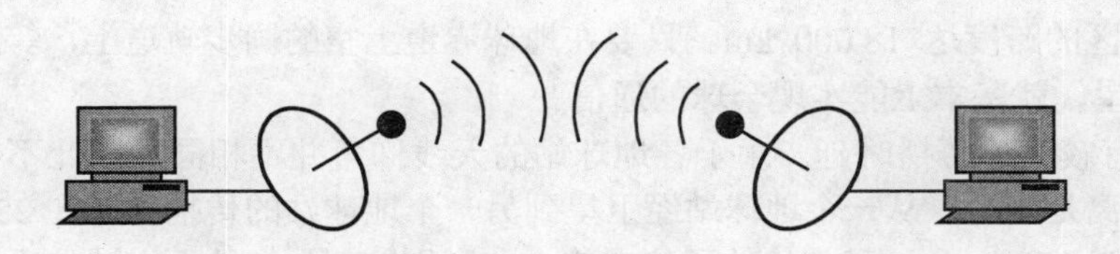

图2-14 微波通信示意图

（1） 特点

地面微波接力通信可传输电话、电报、图像、数据等信息。其主要特点如下。

① 信道容量大。微波波段频率很高，其频段范围也很宽，因此其通信信道的容量很大。

② 传输质量高。因为工业干扰和天气干扰的主要频谱成分比微波频率低很多，对微波通信的影响比对短波和米波通信影响小得多，因此微波传输质量比较高。

③ 不受地域限制。与相同容量和长度的电缆载波通信相比，微波接力通信建设投资小见效快。此外，微波通信不受地域限制，不受一般自然灾害的影响，易于安装调试，可靠性高。

（2） 缺点

地面微波接力通信存在如下缺点。

① 相邻站之间必须直视，不能有障碍物。有时一个天线发射出的信号也会分成几条略有差别的路径到达天线，因而造成失真。

② 微波的传播易受到恶劣气候的影响。

③ 保密性较差。与电缆通信系统相比，地面微波接力通信的隐蔽性和保密性较差。

④ 对大量中继站的使用和维护要耗费一定的人力和物力。

3. 卫星通信

通信卫星提供商业服务是从1965年开始的，20世纪80年代中期随着技术水平的不断提高，卫星功率增大，卫星地面接收站设备费用下降了很多，卫星通信服务也逐渐火热起来。

卫星通信的连网方式如图2-15所示。常用的卫星通信方式是在地球站之间利用位于36 000 km高空的人造同步地球卫星作为中继器的一种微波接力通信。通信卫星就是在太空的无人值守的微波通信中继站，它对地面站进行广播，所有地面站都能通过天线收到卫星发来的报文，接收站点可根据阅读报文地址段决定是否需要接收。这种方式与地面广播电台相似。

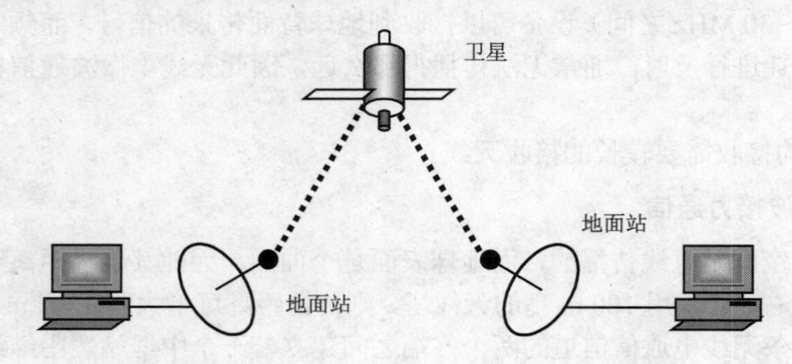

图 2-15　卫星通信

卫星通信具有如下特点。

（1）　通信距离远，通信费用与通信距离无关。同步卫星发射出的电磁波能辐射到地球上的通信覆盖区的跨度达 18 000 km。只要在地球赤道上空的同步轨道上，等距离地放置 3 颗 120° 的卫星，就基本上能实现全球的通信。

（2）　具有较大的传播时延。由于各地球站的天线仰角并不相同，因此不管两个地球站之间的地面距离是多少，从一个地球站经卫星到另一个地球站的传播时延在 250～300 ms 之间，一般可取为 270 ms。这和其他的通信有较大的区别。例如：地面微波接力通信链路的传播时延约为 3 μs/km，而对同轴电缆链路，由于电磁波在电缆中传播比空气中慢，传播时延一般可按 5 μs/km 计算。

（3）　覆盖面很广。卫星通信非常适合于广播通信。

（4）　保密性较差。

提示： 中高速局域网一般使用双绞线，主干线或远距离传输使用光纤，在有移动节点的局域网中采用无线传输。

2.4　多路复用技术

为了提高通信线路传送信息的效率，通常采用在一条物理线路上建立多条通信信道的多路复用技术。多路复用技术使得在同一传输介质上可传输多个不同信源发出的信号，从而可充分利用通信线路的传输容量，提高传输介质的利用率。特别是在远距离传输时，使用多路复用技术可以节省大量的电缆成本及后期的线路维护费用。

多路复用的数据传输系统的工作原理如图 2-16 所示。在输入端，多路复用器将若干个彼此无关的输入信号合并成可在一条物理线路上传输的复合信号，从而使多个数据源可共享同一个传输介质。而在输出端，则由多路复用器将所收到的复合信号按信道号重新分离出来。

当前采用的多路复用方式主要有：频分多路复用、时分多路复用和波分多路复用。

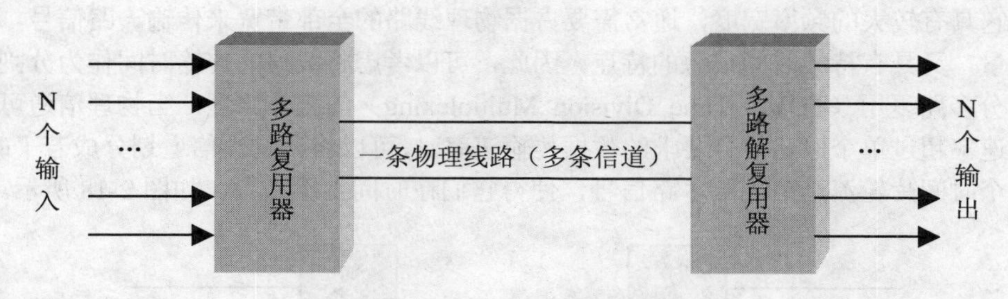

图 2-16　多路复用原理

2.4.1　频分多路复用

不同的传输媒体具有不同的带宽（信号不失真时传输的频率范围）。频分多路复用（FDM，Frequency Division Multiplexing）技术对整个物理信道的可用带宽进行分割，并利用载波调制技术，实现原始信号的频谱迁移，使得多路信号在整个物理信道带宽允许的范围内，实现频谱上的不重叠，从而共用一个信道。为了防止多路信号之间的相互干扰，使用隔离频带来隔离每个子信道。

频分多路复用的工作过程是先对多路信号的频谱范围进行限制（分割频带），然后通过变频处理，将多路信号分配到不同的频段，如图 2-17 所示。

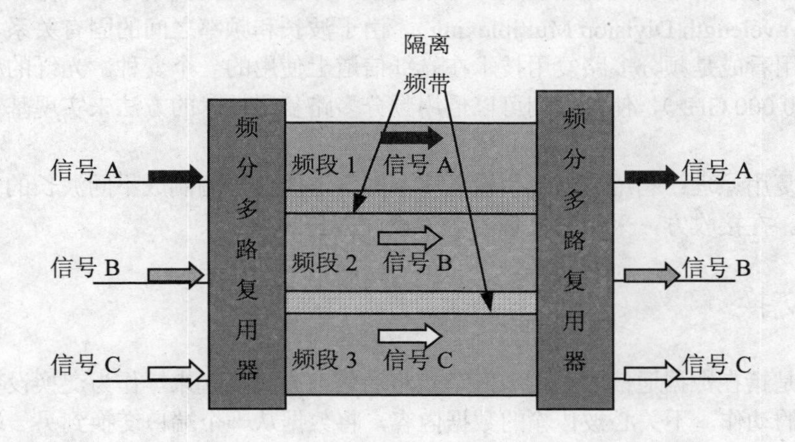

图 2-17　频分多路复用

频分多路复用是以信道频带作为分割对象，通过为多个信道分配互不重叠的频率范围实现了多路复用，但其前提是信道可以被利用的频宽比一个信号的频率要宽的多。由于模拟信号具有持续时间长、占用的信道带宽通常较小等特点，因此在提供模拟信号传输的频带传输系统中比较多地采用了频分多路复用技术。在目前的有线或无线模拟通信网中，就大量使用了这种技术。例如，频分模拟话路作为主要的长距离数据传输信道，其每个话路最高数据传输速率可达 56 Kbps。

2.4.2　时分多路复用

当信号的频宽与物理线路的频宽相当时，就不适合采用频分多路复用技术。以数字信号为例，它具有较大的频率宽度，通常需要占据物理线路的全部带宽来传输一路信号，但它作为离散量，又具有持续时间很短的特点。因此，可以考虑将线路的传输时间作为分割对象。

时分多路复用（TDM，Time Division Multiplexing）的工作原理：当物理信道可支持的位传输速率超过单个原始信号要求的数据传输速率时，可以将该物理信道划分成若干时间片，并将各个时间片轮流地分配给多路信号，使得它们在时间上不重叠，如图 2-18 所示。

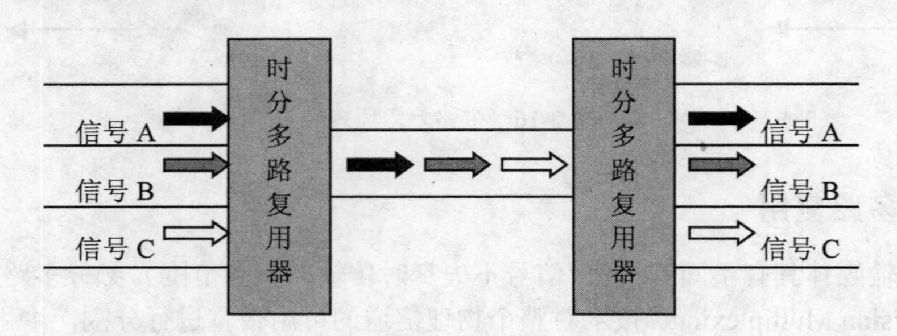

图 2-18　时分多路复用示意图

时分多路复用技术主要用于基带传输系统中。

2.4.3　波分多路复用

在光纤通道中，为了实现多路复用，可采用波长分割的多路复用方法，简称波分多路复用（WDM，Wavelength Division Multiplexing）。由于波长和频率之间的固有关系，因此可以把波分多路复用看成是频分多路复用技术在光纤信道上使用的一个变种。光纤的频率宽度很大（25 000～30 000 GHz），使得人们可以借用频分多路复用技术的方法来实现基于光纤的波分多路复用。

波分多路复用原理：利用波分复用设备将不同信道的信号调制成不同波长的光，并复用到光纤信道上。在接收方，采用波分设备分离不同波长的光。

2.5　数据交换

数据交换是指在数据通信时利用中间节点将通信双方连接起来。作为交换设备的中间节点仅执行交换的动作，不关心被传输的数据内容，将数据从一个端口交换到另一端口，继而传输到另一台中间节点，直至目的地。整个数据传输的过程被称为数据交换过程。

数据交换方式包括线路交换（电路交换）、报文交换和分组交换。

2.5.1　线路交换

线路交换又称为电路交换，它类似于电话系统，希望通信的计算机之间必须事先建立物理线路或者物理连接。

1. 线路交换的过程

整个线路交换的过程包括建立线路、占用线路并进行数据传输、释放线路三个阶段。

（1）　建立线路

发起方站点向某个终端站点（响应方站点）发送一个请求，该请求通过中间节点传输至终点；如果中间节点有空闲的物理线路可以使用，接收请求，分配线路，并将请求传输给下一个中间节点；整个过程持续进行，直至终点。

如果中间节点没有空闲的物理线路可以使用，整个线路的“串接”将无法实现。仅当通信的两个站点之间建立起物理线路之后，才允许进入数据传输阶段。

线路一旦被分配，在未释放之前，即使某一时刻，线路上并没有数据传输，其他站点将无法使用。

（2） 数据传输

在已经建立物理线路的基础上，站点之间进行数据传输。数据既可以从发起方站点传往响应方站点，也允许相反方向的数据传输。由于整个物理线路的资源仅用于本次通信，通信双方的信息传输延迟仅取决于电磁信号沿媒体传输的延迟。

（3） 释放线路

当站点之间的数据传输完毕，执行释放线路的动作。该动作可以由通信双方中任一站点发起，释放线路请求通过途径的中间节点送往对方，释放整条线路资源。

2. 线路交换的特点

（1） 独占性：建立线路之后、释放线路之前，即使站点之间无任何数据可以传输，整个线路仍不允许其他站点共享，因此线路的利用率较低，并且容易引起连续的拥塞。

（2） 实时性好：一旦线路建立，通信双方的所有资源（包括线路资源）均用于本次通信，除了少量的传输延迟之外，不再有其他延迟，具有较好的实时性。

（3） 线路交换设备简单，不提供任何缓存装置。

（4） 用户数据透明传输，要求收发双方自动进行速率匹配。

2.5.2 报文交换

1. 报文交换原理

报文交换的原理是：一个站点要发送一个报文（一个数据块），它将目的地址附加在报文上，然后将整个报文传递给中间节点；中间节点暂存报文，根据目的地址确定输出端口和线路，排队等待，当线路空闲时再转发给下一节点，直至终点。

2. 报文交换的特点

（1） 在中间节点，采用“接收—存储—转发”数据。

（2） 不独占线路，多个用户的数据可以通过存储和排队共享一条线路。

（3） 无线路建立的过程，提高了线路的利用率。

（4） 可以支持多点传输。一个报文传输给多个用户，在报文中增加“地址字段”，中间节点根据地址字段进行复制和转发。

（5） 中间节点可进行数据格式的转换，方便接收站点的收取。

（6） 增加了差错检测功能，避免出错数据的无谓传输等。

3. 报文交换的不足之处

（1） 由于“存储—转发”和排队，增加了数据传输的延迟。

（2） 报文长度未作规定，报文只能暂存在磁盘上，磁盘读取占用了额外的时间。

（3） 任何报文都必须排队等待：即使是非常短小的报文都要求相同长度的处理和传输

时间（例如，交互式通信中的会话信息）。

（4） 报文交换难以支持实时通信和交互式通信的要求。

2.5.3 分组交换

分组交换是对报文交换的改进，是目前应用最广泛的交换技术。它结合了线路交换和报文交换两者的优点，使其性能达到最优。分组交换类似于报文交换，但它规定了交换设备处理和传输的数据长度（我们称之为分组），将长报文分成若干个固定长度的小分组进行传输。不同站点的数据分组可以交织在同一线路上传输，提高了线路的利用率。由于分组长度的固定，系统可以采用高速缓存技术来暂存分组，提高了转发的速度。

分组交换实现的关键是分组长度的选择。分组越小，冗余量（分组中的控制信息等）在整个分组中所占的比例越大，最终将影响用户数据传输的效率；分组越大，数据传输出错的概率也越大，增加重传的次数，也影响用户数据传输的效率。

分组交换的应用主要有① x.25 分组交换网，分组长度为 131 字节，包括 128 字节的用户数据和 3 字节的控制信息；② 以太网，分组长度为 1 500 字节左右。

分组交换是在报文交换和线路交换基础上发展起来的技术，结合了两者的优点。分组交换采用两种不同的方法来管理被传输的分组流：数据报分组交换和虚电路分组交换。

1. 数据报分组交换

数据报（Data gram）是面向无连接的数据传输，工作过程类似于报文交换。采用数据报方式传输时，被传输的分组称为数据报。数据报的前部增加地址信息的字段，网络中的各个中间节点根据地址信息和一定的路由规则，选择输出端口，暂存和排队数据报，并在传输媒体空闲时，发往媒体乃至最终站点。

当一对站点之间需要传输多个数据报时，由于每个数据报均被独立地传输和路由，因此在网络中可能会走不同的路径，具有不同的时间延迟，按序发送的多个数据报可能以不同的顺序达到终点，如图 2-19 所示。因此为了支持数据报的传输，站点必须具有存储和重新排序的能力。

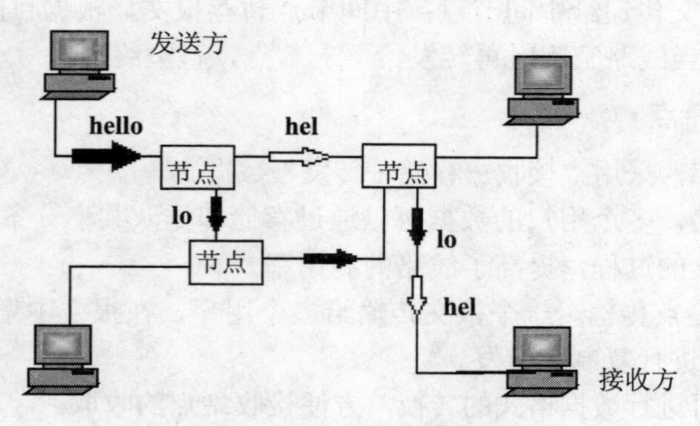

图 2-19 数据报传送示意图

2. 虚电路分组交换

（1） 虚电路（VC，Virtual Circuit）的概念

虚电路是面向连接的数据传输，工作过程类似于线路交换，不同之处在于此时的电路是虚拟的。

采用虚电路方式传输时，物理媒体被理解为由多个子信道（称之为逻辑信道LC）组成，子信道的串接形成虚电路，利用不同的虚电路来支持不同的用户数据传输。

（2） 采用虚电路进行数据传输的过程

① 虚电路建立：发送方发送含有地址信息的特定的控制信息块（如呼叫分组），该信息块途经的每个中间节点根据当前的逻辑信道（LC）使用状况分配LC，并建立输入和输出LC映射表、所有中间节点分配的LC的串接形成虚电路。虚电路构造和数据传输如图2-20所示。

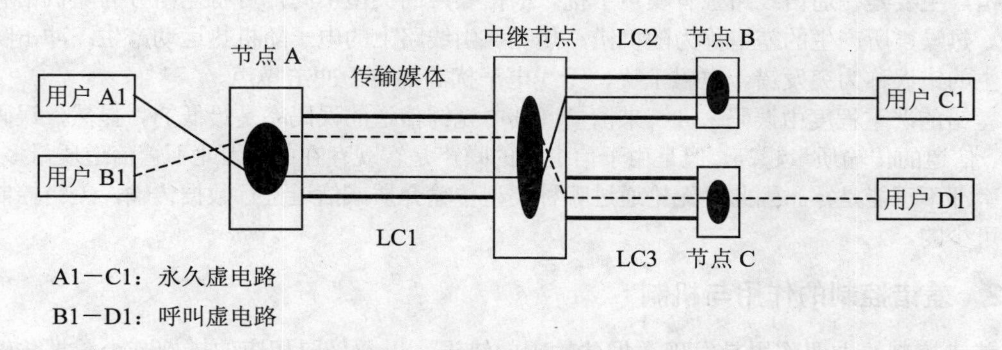

图2-20 虚电路构造示意图

② 数据传输：站点发送的所有分组均沿着相同的虚电路传输，分组的发收顺序也完全相同。

③ 虚电路释放：数据传输完毕，采用特定的控制信息块（如拆除分组），释放该虚电路。通信的双方都可发起释放虚电路的动作。

由于虚电路的建立和释放需要占用一定的时间，因此虚电路方式不适合站点之间具有频繁连接和交换短小数据的应用。（例如交互式的通信）

（3） 虚电路的类型

① 永久虚电路：在两个站点之间事先建立固定的连接，类似于存在一条专用电路，任何时候，站点之间都可以进行通信。

② 呼叫虚电路：用户应用程序可以根据需要动态建立和释放虚电路。

3. 线路交换与分组交换的比较

（1） 分配通信资源（主要是线路）的方式

① 线路交换：静态地事先分配线路，造成线路资源的浪费，并导致接线时的困难。

② 分组交换：动态地（按序）分配线路，提高了线路的利用率，由于使用内存来暂存分组，可能会出现因为内存资源耗尽，而中间节点不得不丢弃接收到的分组的情况。

（2） 用户的灵活性

① 线路交换：信息传输是全透明的，用户可以自行定义传输信息的内容、速率、体积、格式，可以同时传输语音、数据、图像等。

② 分组交换：信息传输是半透明的，用户必须按照分组设备的要求使用基本的参数。

（3） 收费

① 线路交换：网络的收费仅限于通信的距离和使用的时间。

② 分组交换：网络的收费考虑传输的字节（或者分组）数和连接的时间。

2.6 差错控制

2.6.1 差错原因与类型

所谓差错是指接收端收到的数据与发送端实际发出的数据出现不一致的现象。之所以产生差错，主要是在通信线路上有噪声干扰。根据噪声的类型不同，可将差错分为随机错和突发错。热噪声所产生的差错称为随机错，热噪声由线路上的电子随机热运动产生；冲击噪声所产生的错误称为突发错，电磁干扰、无线电干扰等都属于冲击噪声。

差错的严重程度由误码率 Pe 来衡量，其中光纤信道的误码率是最低的。显然，误码率越低，信道的传输质量越高，但是由于信道中的噪声是客观存在的，因此不管信道质量多高，误码率都不可能是零。因此，无论通过哪种类型传输介质或信道进行数据传输，差错控制都是不可少的。

2.6.2 差错控制的作用与机制

差错控制的主要作用是发现数据传输中的错误，以便采取相应的措施减少数据传输错误。差错控制的核心是对传送的数据信息加上与其满足一定关系的冗余码，从而形成一个加强的符合一定规律的发送序列。所加入的冗余码被称为校验码或帧校验序列（FCS，Frame Check Sequence）。

下面举一个形象的例子以帮助读者理解冗余码的作用。假定有人托张三捎来一个水果蓝，里面放了 5 个苹果和一盒巧克力，捎该水果篮的张三在途中禁不住巧克力的诱惑将它吃掉了，然后将剩下的 5 个苹果交给了接收者，而接收者没有任何察觉地将这 5 个苹果收了下来，因为他以为本来就只有 5 个苹果。但是假如托张三捎东西的人在水果篮里同时放了一张卡片或纸条，上面写着赠送 5 个苹果和一盒巧克力的信息，那么你就可以检验该水果篮在捎带过程中是否出了问题。显然，这张卡片或纸条不是真正要送给接收者的礼物，但它却是保证礼物被正确送给接收者所必需的额外信息，或称冗余信息。

校验码在数据传输中的作用就相当于该例子中的卡片或纸条。校验码按校验错误能力的不同被分为纠错码和检错码。纠错码不仅能发现传输中的错误，还能利用纠错码中的信息自动纠正错误，其对应的差错控制措施为自动前向纠错。海明编码（hamming code）就是一种典型的纠错码，具有很高的纠错能力，检错码只能用来发现传输中的错误，但不能自动纠正所发现的错误，需要通过反馈重发来纠错。常见的检错码有奇偶校验码和循环冗余校验码。由于目前计算机网络通信中大多采用检错码方案，因此下面着重对它们进行介绍。

2.6.3 奇偶校验码

奇偶校验的规则是在原数据位后附加一个校验位，将其值置为 0 或 1，使附加该位后的整个数据码中 1 的个数成为奇数或偶数。使用奇数个 1 进行校验的方案被称为奇校验；对应于偶数个 1 的校验方案被称为偶校验。

奇偶校验有 3 种使用方式，即水平奇偶校验、垂直奇偶校验和水平垂直奇偶校验。下面以奇校验为例进行介绍。

1. 水平奇校验码

水平奇校验码是指在面向字符的数据传输中，在每个字符的 7 位信息码后附加一个校验位 0 或 1，使整个字符中二进制位 1 的个数为奇数。

例如，设待传送字符的比特序列为 1100001，则采用奇校验码后的比特序列形式为 11000010。接收方在收到所传送的比特序列后，通过检查序列中的 1 的个数是否仍为奇数来判断传输是否发生错误。若比特序列在传送过程中发生错误，就可能会出现 1 的个数不为奇数的情况。发送序列 1100001 采用水平奇校验后可能会出现的三种典型情况，如表 2-4 所示。

表 2-4　水平奇校验示例

发送方	接收方	说　明
11000010	11000010	接收的编码无差错
11000010	11001010	接收的编码中的 1 的个数为偶数，因此出现差错
11000010	11011010	接收的编码中的 1 的个数为奇数，因此判断为无差错，但实际上出现了差错，因此不能检测出偶数个错

显然，水平奇校验只能发现字符传输中 1 的奇数个数是否错误，而不能发现 1 的偶数个错误。例如，上述发送序列 11000010，若接收端收到 11001010，则能校验出错误，因为有一位 0 变成 1。但是若收到 11011010，则不能识别出错误，因为有两位 0 变成了 1。不难理解，水平偶校验也存在同样的问题。

2. 垂直奇校验码

与水平奇校验码类似，垂直奇校验码是按列进行校验的，如表 2-5 所示给出了垂直奇校验的示例。

表 2-5　垂直奇校验示例

字　母	前 7 行为对应字母的 ASCII 码，最后一行是垂直奇校验编码
a	1100001
b	1100010
c	1100011
d	1100100
e	1100101
f	1100110
g	1100111
校验码	**0011111**

3. 水平垂直奇校验码

为了提高奇偶校验码的检错能力，引入了水平垂直奇偶校验，即由水平奇偶校验和垂直奇偶校验综合构成。

垂直奇偶校验也称为组校验，是将所发送的若干个字符构成字符组或字符块，形式上看相当于一个矩阵，每行为一个字符，每列为所有字符对应的相同位，如表 2-6 所示。在这一组字符的末尾即最后一行附加上一个校验字符，该校验字符中的第 i 位分别是对应组中所有字符第 i 位的校验位。显然，如果单独采用垂直奇偶校验，则只能检验出字符块中某一列中的 1 位奇数位出错。

表 2-6　水平垂直奇校验示例

字　母	最后一行是垂直奇校验编码，最后一列是水平奇校验编码
a	11000010
b	11000100
c	11000111
d	11001000
e	11001011
f	11001101
g	11001110
校验码	**00111110**

但是，如果同时采用了水平奇偶校验和垂直奇偶校验，既对每个字符做水平校验，同时也对整个字符块做垂直校验，则奇偶校验码的检错能力可能明显提高。这种方式的奇偶校验被为水平垂直奇偶校验。但是从总体上讲，虽然奇偶校验方法实现起来较简单，但检错能力仍然较差。故这种校验一般只用于通信质量要求较低的环境。

2.6.4　循环冗余校验码 CRC

循环冗余校验码（CRC，Cycle Redundancy Check）是一种被广泛采用的多项式编码。CRC 码由两部分组成，前一部分是 k+1 个比特的待发送信息，后一部分是 r 个比特的冗余码。由于前一部分是实际要传送的内容，因此是固定不变的，CRC 码的产生关键在于后一部分冗余码的计算。冗余码的计算中要用到两个多项式：f (x)和 G(x)。其中，f (x)是一个 k 阶多项式，其系数是待发送的 k+1 个比特序列；G(x)是一个 R 阶的生成多项式，由发收双方预先约定。图 2-21 给出了 CRC 校验的流程。

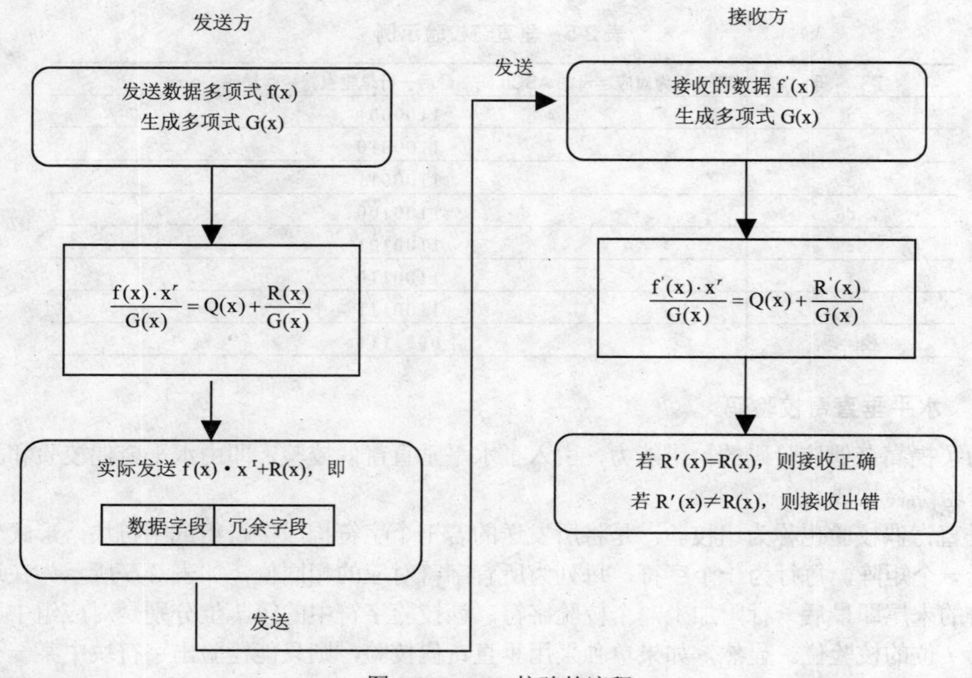

图 2-21　CRC 校验的流程

2.7 项目实训——制作网络连接线缆

2.7.1 实训准备工作

1. 长度 1.5 m 的 5 类 UTP 双绞线每人一根。
2. RJ－45 水晶头每人 3 个。
3. RJ－45 压线钳每组（3～5 人）一把。
4. 双绞线测线器每组 1 个。

2.7.2 实训步骤

1. 双绞线的制作及测试

（1） 双绞线的连线顺序

在双绞线中共有 4 对芯线，每根芯线都有不同的作用。因此，在制作网线之前，了解双绞线的连线顺序是非常关键的。

双绞线的排列顺序应与 RJ—45 接头相对应，如果将 RJ—45 接头带有金属片的一端朝上，从左到右脚位依次为 1～8，如图 2-22 所示。

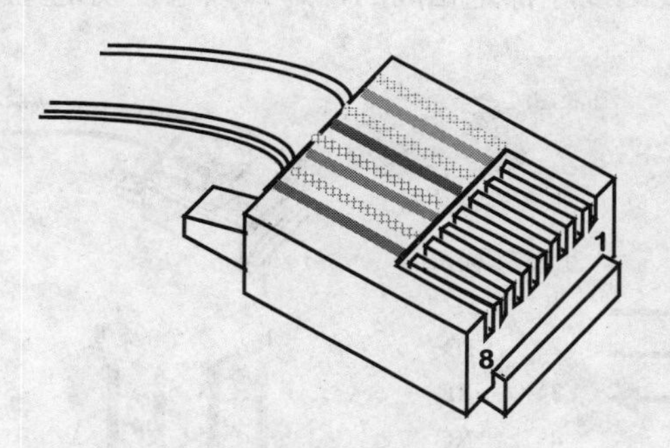

图 2-22 RJ—45 接头

在这 8 个脚位中，只有 4 个脚位使用，也就是说双绞线中的 8 根芯线只使用了 4 根，各脚位的功能如表 2-7 所示。

表 2-7 10BaseT/100BaseTX 脚位功能表

脚 位	功 能	简 称
1	传输数据正极	Tx+
2	传输数据负极	Tx−
3	接收数据正极	Rx+
4	未使用	
5	未使用	
6	接收数据负极	Rx−
7	未使用	
8	未使用	

EIA/TIA 规定了以下两种线序标准，如图 2-23、图 2-24 所示。

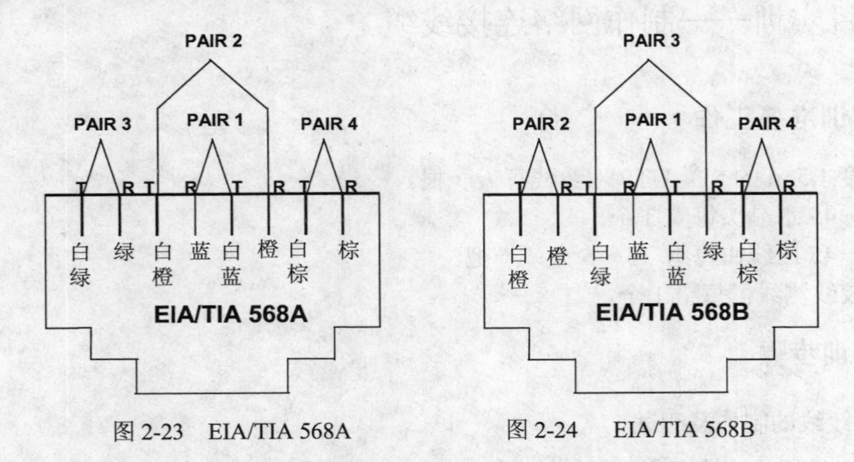

图 2-23 EIA/TIA 568A　　图 2-24 EIA/TIA 568B

目前国内 95%以上的用户在布线系统中都使用 568B 的连线方式。

① 直通线

双绞线的直通线保证线缆两端芯线的顺序是一致的。图 2-25 显示了在两端的 RJ—45 连接器的电缆都具有相同次序。如果手持一根电缆的两个 RJ—45 终端并排朝一个方向，发现两个 RJ—45 终端彩色芯线的线序都是相同的，那么该电缆就是直通电缆。

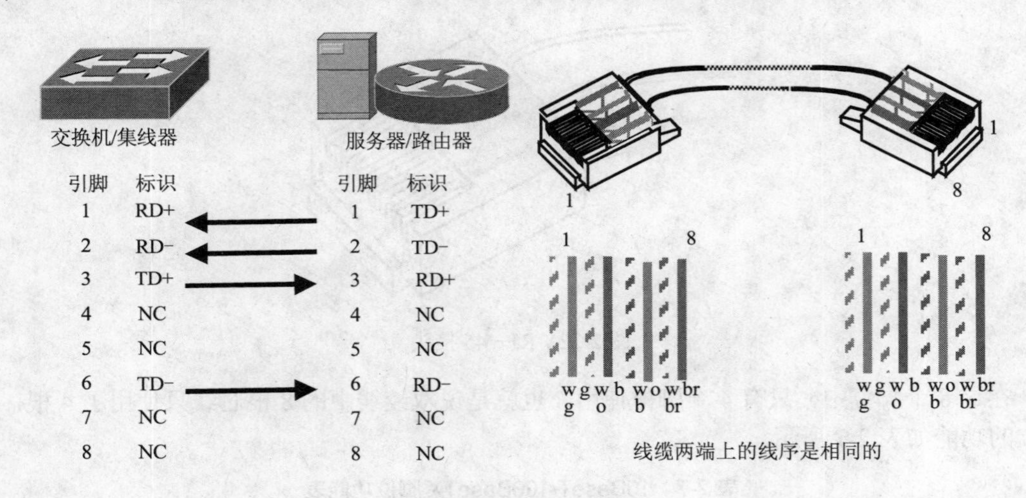

图 2-25 直通电缆的制作

使用直通电缆可以把像 PC 或路由器这样的设备与集线器或交换机进行连接。

提示： *在连接设备时，查看设备的端口下面是否有一个 X 标志。如果要连接的两个设备的端口一个有 X，另一个没有 X，则需要使用直通电缆。*

② 交叉线

交叉线是将双绞线的关键线对进行交叉，即双绞线一端的数据输出线接到另一端的数据接收线，一端的数据接收线接到另一端的数据输出线。对以太网而言，RJ—45 端的引脚 1 应该与另一端的引脚 3 相连接，而引脚 2 应该与另外一端的引脚 6 相连接，如图 2-26 所示。

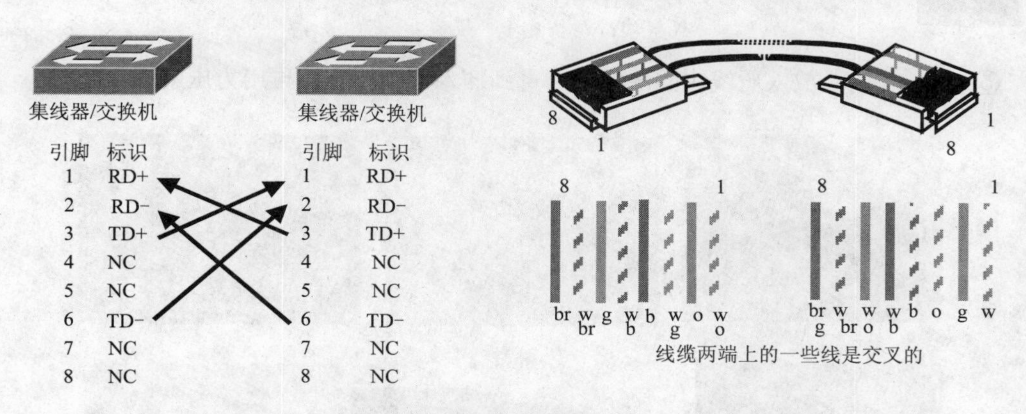

图 2-26 交叉电缆的制作

可以使用交叉电缆来连接设备：交换机到交换机、交换机到集线器、集线器到集线器、路由器到路由器或 PC 到 PC。

提示：查看设备的端口下面是否有一个 X 标志。如果要连接的两个设备的端口都有 X，或都没有 X，则需要使用交叉电缆。

（2） 制作双绞线

制作双绞线时使用的专用工具有网钳、测线器等，如图 2-27 所示。

图 2-27 制作双绞线工具

制作双绞线的步骤如图 2-28 所示。

① 用剥线器将双绞线外皮剥去至少 2 cm。

② 将双绞线四对芯线呈扇状拨开。

③ 将每一对芯线分开，然后将双绞线的线序依次排列为白橙/橙、白蓝/蓝、白绿/绿、白棕/棕。

④ 将 8 条芯线并拢后剪齐，留下约 1.4 mm 的长度。将双绞线插入 RJ—45 接头中，直到插入到顶端。

注意："白橙"线对准 RJ—45 接头第一个脚位。

⑤ RJ—45 接头放入压线钳的压线槽，直到插入到顶端后，再用力压紧。

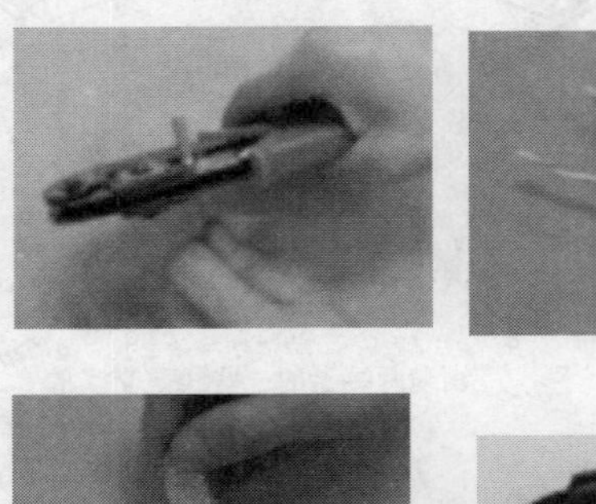
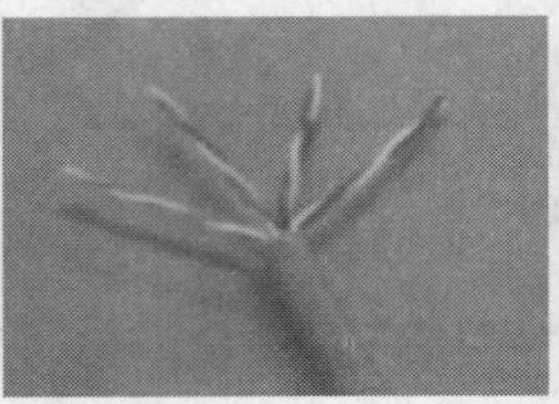

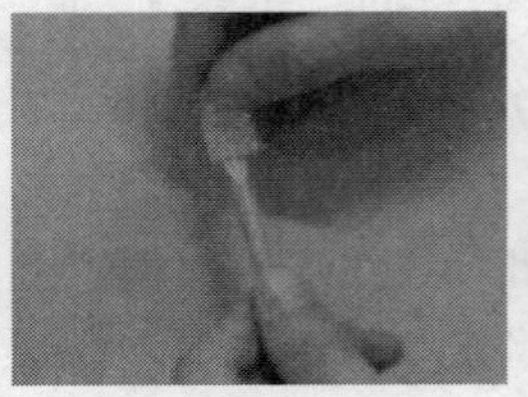

图 2-28　制作双绞线的步骤

⑥ 制作好一端 RJ—45 接头。重复步骤① ～⑤，制作另一端 RJ—45 接头。

注意：压过的 RJ—45 接头的 8 只金属脚会比未压过的低，用手一摸应该和外框持平，这样才能插入到网卡插槽里。

（3） 测试连接线

① 将两个 RJ—45 接头分别插入到测线仪的 RJ—45 接口里。

② 打开电源，如果是直通电缆，两端对应的信号灯同时闪亮，表明相应的芯线接通，如图 2-29 所示。

图 2-29　测线仪测试正常

2. 光纤熔接的制作及测试

光纤熔接所需设备：光纤切割器、熔接器等，如图 2-30 所示。

图 2-30 制作光纤的设备

光纤熔接的步骤如图 2-31 所示。

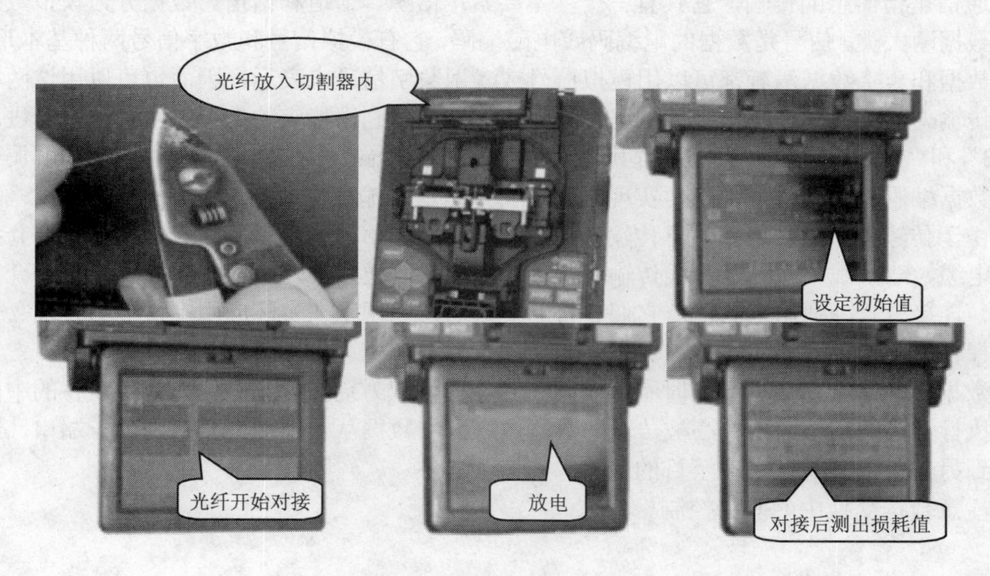

图 2-31 制作光纤的步骤

① 用剥线器剥去光纤的绝缘皮，露出内部的玻璃纤芯，露出的纤芯长度大约为护套长度的 1/4。并用酒精棉球将纤芯表面擦拭干净。

② 将一端纤芯放入光纤接入光纤切割器的套管内，而另外一端需要对接的纤芯放在同一套管内，然后将放入纤芯的套管放在熔接器内，卡紧。

③ 然后在熔接器上设定初始值，按“确定”。下方的显示屏上会显示出两根光纤的对接、放电熔合的过程并在结束后测出衰减损耗值。

④ 最后将熔接好的光纤进行最后的加工——热缩封焊，即将套管的两端进行密封处理。

⑤ 光纤与尾缆熔接之后，在光纤配线架内进行固定，然后将接头插入到光电转换器内即可，如图 2-32 所示。

图 2-32　插入到光电转换器的光纤连接线

小结

通信是指信息的传输，它具有三个基本要素：信源、信道和信宿。数据分为模拟数据和数字数据两大类。信号是数据的电编码或电磁编码，它有模拟信号和数字信号两种基本形式。模拟数据和数字数据两者都可以用模拟信号或者用数字信号来表示，因而也可以用这两种信号来传输。通信编码是将数字数据编码成数字信号，即利用特定的电平信号来表示二进制值的“0”和“1”，并通过计算机或者其他通信设备的输入输出端口传输。利用调制和解调来将数字数据编码成模拟信号，从而实现了利用模拟信道传输数字数据。

由于传输介质是网络中信息传输的媒体，是网络通信的物质基础之一。本章主要介绍了同轴电缆、双绞线、光纤及无线传输的几种传输介质。通过学习，应该掌握各种传输介质的结构、连接方式、适用范围以及它们各自的优缺点，以便于在实际应用中，能够合理、恰当地选择合适的传输介质。

数据交换是指在数据通信时利用中间节点将通信双方连接起来。作为交换设备的中间节点仅执行交换的动作，不关心被传输的数据内容，将数据从一个端口交换到另一端口，继而传输到另一台中间节点，直至目的地。

注意数据交换中的差错控制。

习题

1. 简述模拟数据、数字数据和模拟信号、数字信号的表达方法。
2. 怎样实现数字数据编码成模拟信号？
3. 比较并行传输与串行传输。
4. 比较线路交换与分组交换。
5. 简述异步传输和同步传输的差别。
6. 数据报与虚电路各有什么特点？数据报服务与虚电路服务各有什么特点？
7. 在选择传输介质时需考虑的主要因素是什么？

项目三　网络体系结构

计算机网络体系结构是指计算机网络的层次结构和协议。学习计算机网络体系结构，可以使我们更好地了解层次、协议等概念，更好地理解计算机网络的工作原理和工作过程。

项目学习目标

- 理解网络体系结构的基本概念。
- 理解网络协议的概念。
- 掌握 OSI 参考模型的层次结构和各层功能。
- 掌握 TCP/IP 体系结构的各层功能。
- 熟练掌握 TCP/IP 协议，重点掌握 IP 地址的划分。
- 能够进行 IP 地址的规划。

3.1　网络体系结构的基本概念

网络模型使用分层来简化网络的功能。它采用了层次化结构的方法来描述复杂的网络系统，将复杂的网络问题分解成许多较小的、界限比较清晰而又简单的部分来处理。

层次结构和协议的集合被称为网络体系结构。体系结构定义和描述了一组用于计算机及其通信设施之间互连的标准和规范的集合。遵循这组规范可以方便地实现计算机设备之间的通信。

3.1.1　协议的基本概念

在计算机网络中用于规定信息的格式以及如何发送和接收信息的一套规则称为协议。

事实上，人与人之间的交流所使用的规则（协议）无处不在。下面以大家都熟悉的邮政通信系统为例说明之，如图 3-1 所示。

邮政通信系统实际上分为用户子系统、邮政子系统和运输部门子系统三层业务。

在用户子系统中，发信者必须遵守一定的规则书写信件的内容，比如使用中文书写，收信人则必须遵守相同中文规则阅读，否则不可能理解信件的内容。

在邮政子系统中，发送方邮政人员需要按照邮政业务规范进行收集信件、加盖邮戳、分拣信件，而接收方邮政人员同样需要按照邮局业务规范进行分拣信件和分发邮件。

运输部门之间需要按照自己的行规来选择运输路线、使用各种运输工具传送邮件包。

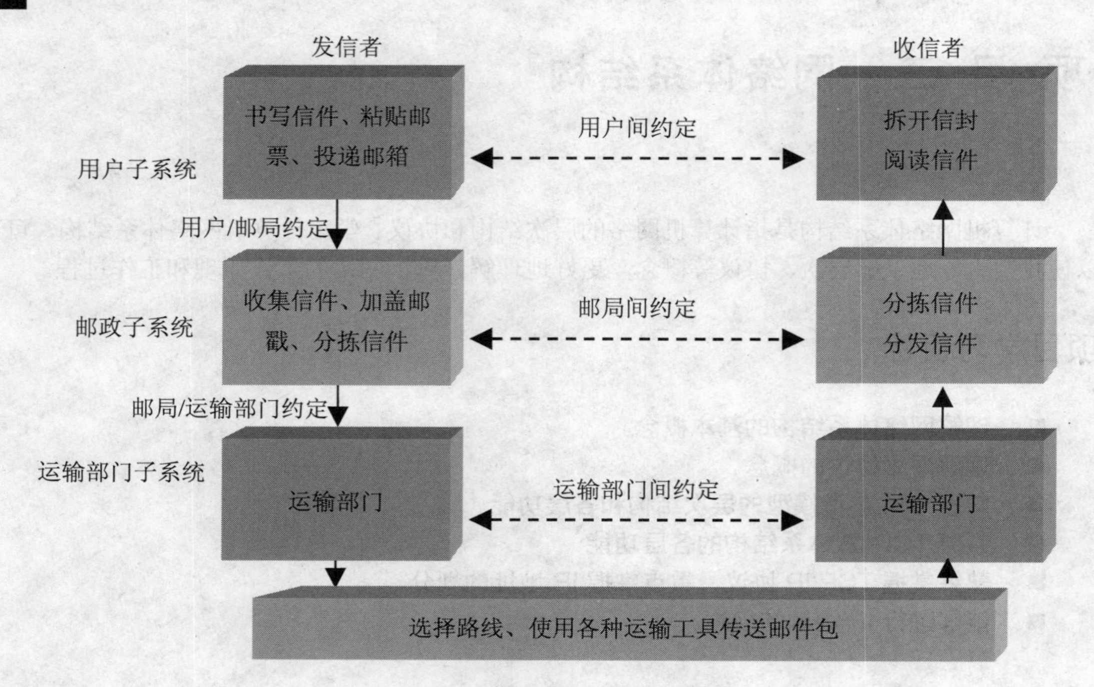

图 3-1　邮政通信系统示意图

同时，邮政通信系统的上层给下层提出要求，并按照相邻层的约定与其下层交接，下层则为其上层提供服务。用户层中的发信者需要遵守用户与邮局间的约定，按照国内信件信封的书写标准书写信封，即收信人和发信人的地址必须按照一定的位置书写，粘贴邮票后，投递到邮箱转交其下层——邮局业务层，实现了两层之间的交接。邮局则需要按照邮局与运输部门之间的约定将信件打包，书写正确的目的地后转交其下层——运输部门。运输部门根据发送方邮局的要求将信件包运输到接收方运输部门，后者再按照邮局与运输部门之间的约定转交目的邮局。最后将信件送给收信者，完成信件的投递业务。这里不同的层次之间需要按约定交接。

与邮政通信系统类似，计算机之间能够相互通信，也必须有一套通信管理机制使得通信双方能正确地接收信息，并能理解对方所传输信息的含义。也就是说，当用户进行程序应用、文件传输等互相通信时，它们必须事先约定一种规则即协议，这与互通信件双方的中文约定相类似。

在计算机网络系统中，每个节点都必须遵守一些事先约定好的通信协议进行通信。

网络协议是由语法、语义和时序三部分组成的。

语法：规定数据与控制信息的结构和格式。

语义：指定通信双方需要发出何种控制信息、完成何种动作以及作出何种应答。

时序：对事件实现顺序的详细说明。

由于网络协议设计的复杂性，网络的通信规则不是一个网络协议就能描述清楚的。协议的设计者并不是设计一个单一、巨大的协议来为所有形式的通信规定完整的细节，而是采用把复杂的通信问题按一定层次，划分为许多相对独立的子功能，然后为每一个子功能设计一个单独的协议，即每层对应一个协议。因此，在计算机网络中存在多种协议，每一种协议都有其设计目标和需要解决的问题，同时，每一种协议也有其优点和使用限制。这样做的主要目的是使协议的设计、分析、实现和测试简单化。

3.1.2 网络的层次结构

如同将邮政通信系统划分为通信者活动、邮局部门业务和运输部门业务三层业务一样，人们对网络同样进行了层次划分，也就是将计算机网络这个庞大的、复杂的问题划分成若干较小的、简单的问题。

通常把一组功能相似或紧密相关的模块应放置在同一层；层与层之间应保持松散的耦合，使信息在层与层之间的流动减到最小。

1. 基本概念

（1） 实体：实体是通信时能发送和接收信息的任何软硬件设施。在网络分层体系结构中，每一层都由一些实体组成。

（2） 接口：分层结构中各相邻层之间要有一个接口，它定义了低层向其相邻的高层提供的原始操作和服务。相邻层通过它们之间的接口交换信息，高层并不需要知道低层是如何实现的，仅需要知道该层通过层间的接口所提供的服务，这样使得两层之间保持了功能的独立性。

2. 层次结构的特点

（1） 按照结构化设计方法，计算机网络将其功能划分为若干个层次，较高层次建立在较低层次的基础上，并为其更高层次提供必要的服务功能。

（2） 网络中的每一层都起到隔离作用，使得低层功能的具体实现方法的变更不会影响到高层所执行的功能。即低层对于高层而言是透明的。

3. 层次结构的优越性

（1） 层之间相互独立。高层并不需要知道低层是如何实现的，而仅需要知道该层通过层间的接口所提供的服务。各层都可以采用最合适的技术来实现，各层实现技术的改变不影响其他层。

（2） 灵活性好。任何一层发生变化时，只要接口保持不变，则该层及其以下各层均不受影响。若某层提供的服务不再需要时，甚至可将这层取消。

（3） 易于实现和维护。整个系统已被分解为若干个易于处理的部分，这种结构使得一个庞大而又复杂的系统的实现和维护变得容易控制。

（4） 有利于网络标准化。因为每一层的功能和所提供的服务都已有了精确的说明，所以标准化变得较为容易。

3.2 OSI 参考模型

在 20 世纪 80 年代末和 90 年代初，网络的规模和数量得到了迅猛的扩大和增长。但是许多网络都是基于不同的硬件和软件而实现的，这使得它们之间互不兼容。显然，在使用不同标准的网络之间是很难实现其通信的。为解决这个问题，国际标准化组织 ISO 研究了许多网络方案，认识到需要建立一种有助于网络的建设者们实现网络、并用于通信和协同工作的网络模型，因此在 1984 年公布了开放式系统互连参考模型，称为 OSI/RM 参考模型（Open System Interconnect Reference Model/Reference Model），简称为 OSI 参考模型。

3.2.1 OSI 参考模型的结构

开放式系统互连（OSI）参考模型是一个描述网络层次结构的模型，其标准保证了各种类型网络技术的兼容性和互操作性。OSI 参考模型说明了信息在网络中的传输过程，各层在网络中的功能和它们的架构。

OSI 参考模型描述了信息或数据是如何通过网络从一台计算机的一个应用程序到达网络中另一台计算机的一个应用程序的。当信息在 OSI 参考模型内逐层传送的时候，最后变为只有计算机才能识别的数字 0 或 1。

在 OSI 参考模型中，计算机之间传送信息的问题被分为 7 个较小且更容易管理和解决的小问题。每一个小问题都由模型中的一层来解决。将这 7 个易于管理和解决的小问题映射为不同的网络功能即称为分层。OSI 参考模型将这 7 层从低到高叫做物理层、数据链路层、网络层、传输层、会话层、表示层和应用层。图 3-2 说明了 OSI 参考模型的 7 层结构。

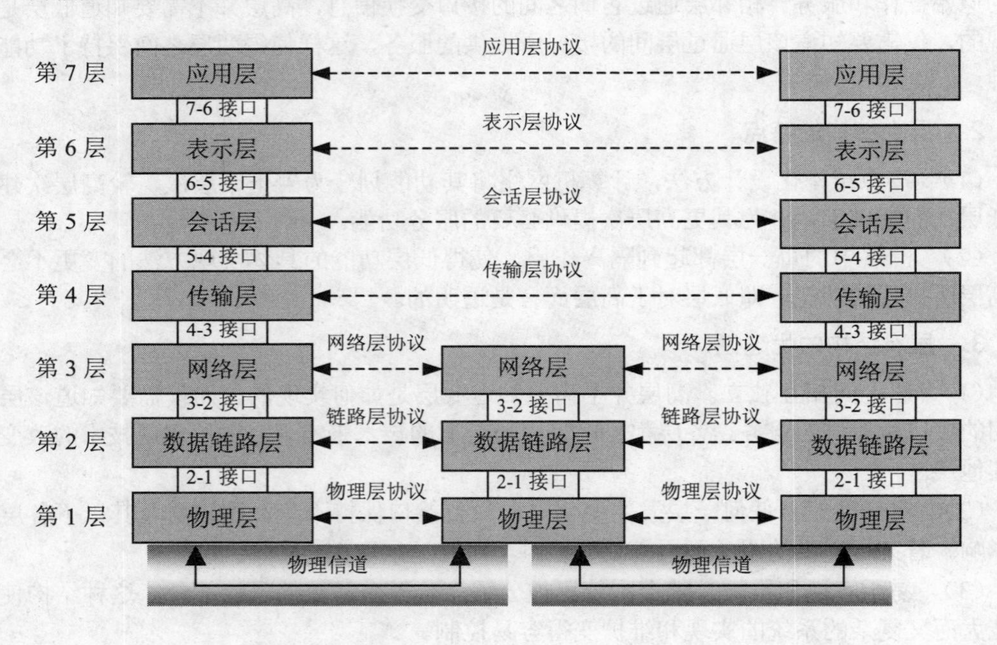

图 3-2 OSI 参考模型

1. OSI 参考模型的几个概念

（1） 层：开放系统的逻辑划分，代表功能上相对独立的一个子系统。

（2） 对等层：指不同开放系统的相同层次。

（3） 层功能：本层具有的通信能力，它由标准来指定。

（4） 层服务：本层向相邻高层提供的通信能力。根据 OSI 增值服务的原则，本层服务应是其所有下层服务与本层功能之和。

2. OSI 参考模型划分的原则

（1） 网络中各节点都有相同的层次。

（2） 不同节点的对等层具有相同的层功能。

（3） 同一节点内相邻层之间通过接口通信。

（4） 每一层使用下层提供的服务，并向其上层提供服务。

（5） 不同节点的对等层按照自己层的协议实现对等层之间的通信，如图 3-2 所示。

从图 3-2 可以看出，虽然通信流程垂直通过各层次，但每一层都在逻辑上能够直接与远程计算机系统的对等层使用本层协议直接通信。

OSI 参考模型并非指一个现实的网络，它仅仅规定了每一层的功能，为网络的设计规划了一张蓝图。各个网络设备或软件生产厂家都可以按照这张蓝图来设计和生产自己的网络设备或软件。尽管设计和生产出的网络产品的式样、外观各不相同，但它们都应该具有相同的功能。

3.2.2 OSI 各层的主要功能

OSI 各层的主要功能，如图 3-3 所示。

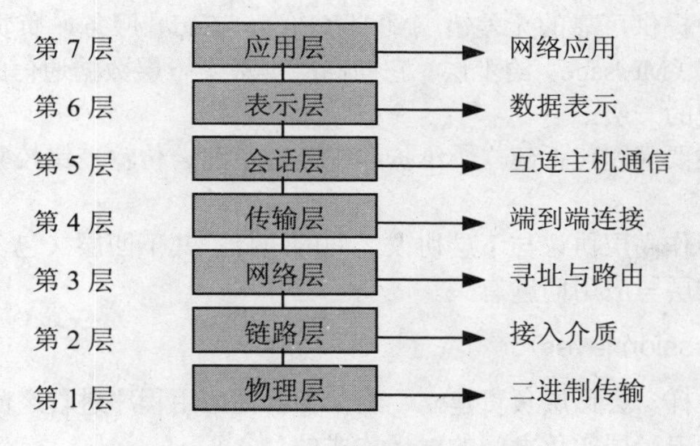

图 3-3 OSI 参考模型各层主要功能

1. 物理层（Physical layer）

物理层处于 OSI 参考模型的最低层。物理层的主要功能是利用物理传输介质为数据链路层提供物理连接，起到数据链路层与物理传输介质之间的逻辑接口作用，提供建立、维护和释放物理连接的方法，以便在物理信道上透明地传送比特（bit）流。

物理层定义了激活、维护和关闭终端用户之间的电气、机械、过程和功能特性。物理层的特性包括电压、频率、数据传输速率、最大传输距离、物理连接器及其相关的属性。

2. 数据链路层（Data link layer）

在物理层提供比特流传输服务的基础上，数据链路层通过在通信的实体之间建立数据链路连接，传送以帧（Frame）为单位的数据，使有差错的物理线路变成无差错的数据链路，保证点对点（point-to-point）可靠的数据传输。这一层使用介质访问控制（MAC）地址，也称物理地址。

数据链路层关心的主要问题包括物理地址及寻址、网络拓扑、线路规程、错误通告、数据帧的有序传输和流量控制。

3. 网络层（Network layer）

通过标识终端的逻辑地址定义端到端的分组（Packet）传送，从而决定把分组从一个节点传送到另一个节点的最佳路径。

网络层的任务包括如下4个方面。

（1） 将逐段的数据链路组织起来，通过复用物理链路，为分组提供逻辑通道（虚电路或数据报），建立主机到主机间的网络连接。

（2） 提供路由。

（3） 网络连接与重置，报告不可恢复的错误。

（4） 流量控制及阻塞控制。

由于网络层提供主机间的数据传输，所以网络层数据的传输通道是逻辑通道（虚电路）。此时逻辑通道号被称为网络地址，网络层的信息传输单位是分组（Packet）。

4. 传输层（Transport layer）

传输层提供端到端的流量控制、窗口操作和纠错功能，并负责数据流的分段和重组。它的主要目的是向用户提供可靠的无差错端到端（End-to-End）服务，负责分配一个端口号，用来透明地传送报文（Message）给上层。它向高层屏蔽了下层数据通信的细节，是计算机通信体系结构中最关键的一层。

传输层关心的主要问题包括建立、维护和中断虚电路、传输差错校验和恢复，以及信息流量控制机制等。

传输层可以被看作高层协议与下层协议之间的边界：其下四层（包含传输层）与数据传输问题有关，其上三层与应用问题有关。

5. 会话层（Session layer）

就像它的名字一样，会话层负责建立、维护和管理应用程序进程之间的会话。这种会话关系是由两个或多个表示层实体之间的对话构成的。

6. 表示层（Presentation layer）

表示层提供数据表示和编码格式，以及数据传输语法的协商。它确保应用程序能使用从网络送达的数据，并且应用程序发送的信息能在网络上传送。它包括数据格式变换、数据加密与解密、数据压缩与恢复等功能。

7. 应用层（Application layer）

应用层是OSI参考模型中最靠近用户的一层，它为用户的应用程序提供网络服务。

常用的网络服务有文件服务、电子邮件服务、打印服务、目录服务、网络管理服务、安全服务、路由互连服务、数据库服务等。网络服务由相应的应用协议来实现。

3.2.3 数据的封装与传递

事实上，数据封装和解封装的过程与通过邮局发送信件的过程是相似的。当需要发送信件时，首先需要将写好的信纸放入信封中，然后按照一定的格式书写收信人姓名、收信人地址及发信人地址，这个过程就是一种封装的过程。当收信人收到信件后，要将信封拆开，取出信纸，这就是解封的过程。在信件通过邮局传递的过程中，邮局的工作人员仅需要识别和理解信封上的内容。对于信纸上书写的内容，他不可能也没必要知道。

在OSI参考模型中，对等层之间经常需要交换信息单元，即协议数据单元（PDU，Protocol Data Unit）。在网络中，对等层间通过PDU可以相互理解对方信息的具体意义，如节点B的网络层收到节点A的网络层的PDU时，可以理解该PDU的信息并知道如何处理这些信息。如果不是对等层，双方的信息就不可能也没有必要相互理解。

1. 数据封装

为了实现对等层之间的通信，当数据需要通过网络从一个节点传送到另一节点前，必须在数据的头部和尾部加入特定的协议头和协议尾，以执行本层的功能。这种增加数据头部和尾部的过程称为数据打包或数据封装。也就是说，协议头和数据的概念是相对的，这取决于对当前信息进行分析的层。

如图3-4所示给出了计算机A的进程所处理的数据和计算机B的进程所处理的数据的封装与传递过程。

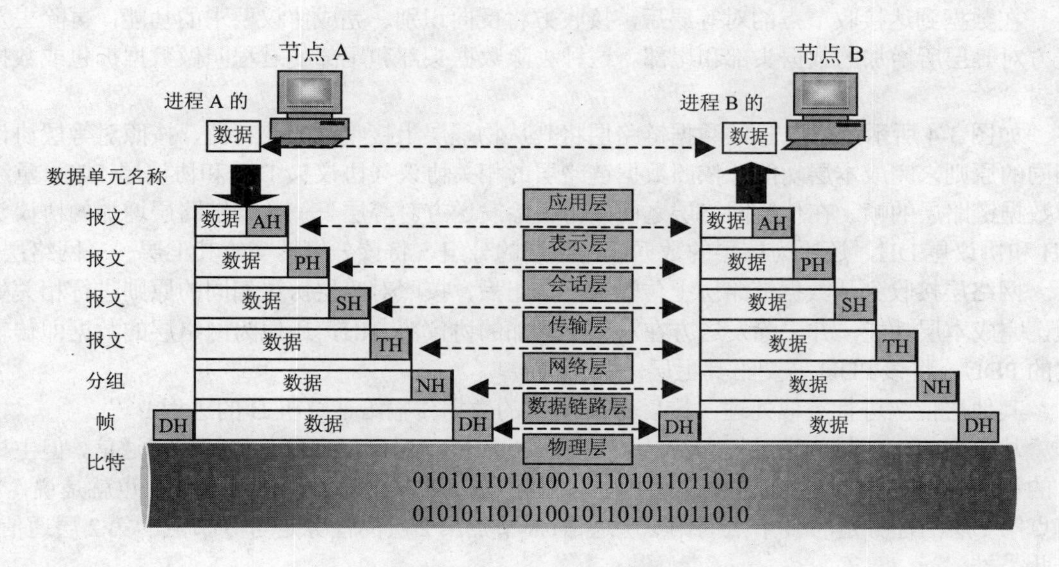

图3-4 数据的封装与传递

应用进程A的数据传输到应用层时，应用层为该数据加上包含完成本层功能要求的信息报头AH（协议头），封装成应用层的PDU，然后将该PDU传输给表示层。

表示层向应用层提供服务。在接到应用层的PDU后，表示层把应用层的PDU作为本层数据，再加上包含了完成本层功能要求的信息报头PH，封装成表示层的PDU，然后将该PDU传输给会话层。

会话层向表示层提供服务。会话层接到表示层的PDU后，将表示层的PDU作为本层数据，再加上包含了完成本层功能要求的信息报头SH，封装成会话层的PDU，然后将该PDU传输给传输层。

传输层向会话层提供服务。传输层接到会话层的PDU后，将会话层的PDU作为本层数

据，再加上包含了完成本层功能要求的信息报头 TH，该报头包含了端口号等，然后封装成传输层的 PDU，再将该 PDU 传输给网络层。

网络层向传输层提供服务。网络层接到传输层的 PDU 后，将传输层的 PDU 作为本层数据，再加上本层报头 NH，报头 NH 包含了完成传输所要求的信息，例如源地址和目的地址等，封装成网络层的 PDU——分组，然后将该分组传输给数据链路层。

数据链路层向网络层提供服务。数据链路层接到网络层的分组后，将该分组作为本层数据，在其头部和尾部加入特定的协议头 DH 和协议尾 DH，即完成链路层功能的控制信息，把物理地址等封装成数据链路层的 PDU——帧，然后将该帧传输给物理层。

物理层向数据链路层提供服务。物理层接到数据链路层的帧后，将其转换为能在传输介质上传输的光电信号（二进制数 0 或 1），通过传输介质传输。

经过以上各层的数据封装过程，节点 A 最终将其应用进程 A 的数据信息转变成能够在传输介质上传输的比特流，也就是二进制编码，并通过物理传输介质将该比特流传送到节点 B。

2. 数据拆包

在数据到达接收节点的对等层后，接收方将反向识别、完成协议要求的功能，再除去发送方对等层所增加的数据头部和尾部。这种去除数据头部和尾部的过程叫做数据拆包或数据解封。

如图 3-4 所示，节点 B 的数据链路层将其从物理层上接收到的比特流，按照对等层协议相同的原则来完成本层功能，依照数据链路层的相关协议（协议头 DH 和协议尾 DH）重组为数据链路层的帧。在传给网络层之前，再去除发送方对等层——数据链路层增加的协议头 DH 和协议尾 DH，还原为该层的数据即网络层的分组，将该分组转交给其上层——网络层。

网络层接收到从数据链路层上传输来的分组后，按照对等层协议相同的原则进行相关处理，完成本层功能，并去除发送方在对等层增加的协议头 NH，还原为网络层的数据即传输层的 PDU，将该 PDU 转交给其上层——传输层。

其他层依次进行类似处理，最后将进程 A 的数据传输给计算机 B 的进程 B。

从数据的封装与传递过程来看，尽管节点 A 的每一层只与它自己的相邻层通信，但主机 A 的每一层总有一个主要任务必须要执行，就是与节点 B 的对等层进行通信。也就是说，A 节点第 1 层的任务是与 B 节点的第 1 层通信；A 节点第 2 层的任务是与 B 节点的第 2 层通信，依此类推。

但节点对等层之间的通信并不是直接通信，它们需要借助于下层提供的服务来完成，也就是说，对等层之间的通信实际上是虚通信。事实上，当前层总是将其相邻高层的 PDU 变为自己 PDU 的数据部分，然后利用其下一层提供的服务将信息传递出去。如图 3-4 所示，节点 A 将其应用层的信息逐层向下传递，最终变为能够在传输介质上传输的数据（二进制编码），并通过传输介质将编码传送到节点 B，节点 B 再逐层向上传递到应用层，每一层都要完成本层功能，并进行数据拆包。

尽管发送的数据在 OSI 环境中经过复杂的处理过程才能送到另一接收节点，但对于相互通信的计算机来说，OSI 环境中数据流的复杂处理过程是透明的。发送的数据好像是“直接”传送给接收节点的对等层，这是开放系统在网络通信过程中最主要的特点。

提示：理解数据封装和拆包的过程对于掌握计算机网络的数据传输是十分重要的。

3.3 TCP/IP 体系结构

3.3.1 TCP/IP 体系结构的层次划分

OSI 参考模型的提出在计算机网络发展史上具有里程碑的意义，以至于提到计算机网络就不能不提 OSI 参考模型。但是，OSI 参考模型具有定义过于繁杂、实现困难等缺陷。与此同时，TCP/IP 协议的出现和广泛使用，特别是因特网用户爆炸式的增长，使 TCP/IP 网络的体系结构日益显示出其重要性。

TCP/IP 是指传输控制协议/网际协议，它是由多个独立定义的协议组合在一起的协议集合。TCP/IP 协议是目前最流行的商业化网络协议，尽管它不是某一标准化组织提出的正式标准，但它已经被公认为目前的工业标准或“事实标准”。因特网之所以能迅速发展，就是因为 TCP/IP 协议能够适应和满足世界范围内数据通信的需要。

1. TCP/IP 协议的特点

（1） 开放的协议标准，可以免费使用，并且独立于特定的计算机硬件与操作系统。

（2） 独立于特定的网络硬件，可以运行在局域网、广域网以及因特网中。

（3） 统一的网络地址分配方案，使得整个 TCP/IP 设备在网络中都具有唯一的地址。

（4） 标准化的高层协议，可以提供多种可靠的用户服务。

2. TCP/IP 体系结构的层次

TCP/IP 体系结构将网络划分为 4 层，它们分别是应用层（Application layer）、传输层（Transport layer）、网际层（Internet layer）和网络接口层（主机-网络层）（Network interface layer），如图 3-5 所示。

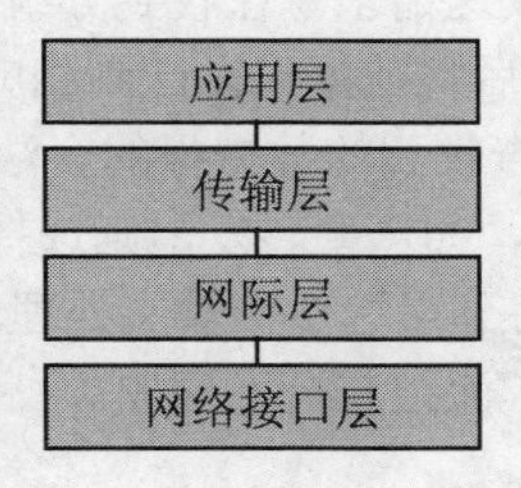

图 3-5 TCP/IP 体系结构的层次

3. TCP/IP 体系结构与 OSI 参考模型的对应关系

实际上，TCP/IP 的分层体系结构与 OSI 参考模型有一定的对应关系，如图 3-6 所示。

（1） TCP/IP 体系结构的应用层与 OSI 参考模型的应用层、表示层及会话层相对应。

（2） TCP/IP 的传输层与 OSI 的传输层相对应。

（3） TCP/IP 的网际层与 OSI 的网络层相对应。

（4） TCP/IP 的网络接口层与 OSI 的数据链路层及物理层相对应。

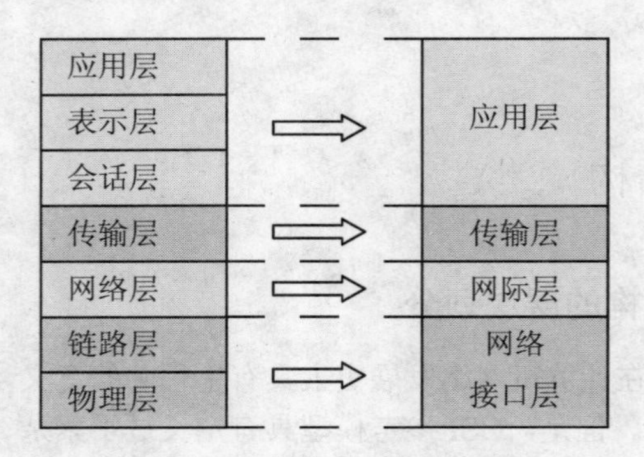

图 3-6 TCP/IP 体系结构与 OSI 参考模型的对应关系

3.3.2 TCP/IP 体系结构各层功能

1. 网络接口层

在 TCP/IP 分层体系结构中，网络接口层又称主机-网络层，它是最低层，负责接收网际层的 IP 数据报以形成帧发送到传输介质上；或者从网络上接收帧，抽取数据报交给互连层。它包括了能使用 TCP/IP 与物理网络进行通信的所有协议。

TCP/IP 体系结构并未定义具体的网络接口层协议，旨在提高灵活性，以适应各种网络类型，如 LAN、WAN。它允许主机连入网络时使用多种现成的和流行的协议，例如局域网协议或其他一些协议。

2. 网际层

网际层又称互连层，是 TCP/IP 体系结构的第二层，它实现的功能相当于 OSI 参考模型中网络层的功能。

网际层的主要功能如下。

（1） 处理来自传输层的分组发送请求。在收到分组发送请求之后，将分组装入 IP 数据报，填充报头，选择发送路径，然后将数据报发送到相应的网络接口。

（2） 处理接收的数据报。检查收到的数据报的合法性，进行路由。在接收到其他主机发送的数据报之后，检查目的地址，如需要转发，则选择发送路径，转发出去；如目的地址为本节点 IP 地址，则除去报头，将分组送交传输层处理。

（3） 处理 ICMP 报文、路由、流控与拥塞问题。

3. 传输层

传输层位于网际层之上，它的主要功能是负责应用进程之间的端到端通信。在 TCP/IP 体系结构中，设计传输层的主要目的是在互连层中的源主机与目的主机的对等实体之间建立用于会话的端到端连接。因此，它与 OSI 参考模型的传输层相似。

4. 应用层

应用层是最高层。它与 OSI 模型中的高 3 层的任务相同，都是用于提供网络服务，比如文件传输、远程登录、域名服务和简单网络管理等。

3.3.3 OSI 参考模型与 TCP/IP 参考模型的比较

尽管 TCP/IP 体系结构与 OSI 参考模型在层次划分及使用的协议上有很大区别，但它们在设计中都采用了层次结构的思想。无论是 OSI 参考模型还是 TCP/IP 体系结构都不是完美的，对二者的评论与批评都很多。

OSI 参考模型的主要问题是定义复杂、实现困难，有些同样的功能（如流量控制与差错控制等）在多层重复出现，效率低下。而 TCP/IP 体系结构的缺陷包括网络接口层本身并不是实际的一层，每层的功能定义与其实现方法没能区分开来，使 TCP/IP 体系结构不适合于其他非 TCP/IP 协议集等。

人们普遍希望网络标准化，但 OSI 迟迟没有成熟的网络产品。因此，OSI 参考模型与协议没有像专家们所预想的那样风靡世界。而 TCP/IP 体系结构与协议在 Internet 中经历了几十年的风风雨雨，得到了 IBM、Microsoft、Novell 及 Oracle 等大型网络公司的支持，成为计算机网络的事实标准体系。

3.4 网络地址

地址的一个典型例子是邮政系统的地址，不管信是从哪儿寄出的，都可使用相同的目的地址。但如果目标移动了，就需要赋予它一个新的目的地址。

网络地址就是网络中唯一标识网络中每台网络设备的一个数字，若没有这种唯一的地址，网络中的计算机之间就不可能进行可靠的通信。实际上网络中每个节点都有两类地址标识：数据链路层地址和网络层地址。

3.4.1 MAC 地址

网络上的每一个设备有一个唯一的物理地址（Physical Address），有时被称为硬件地址或数据链路地址。数据链路层地址是与网络硬件相关联的固定序列号，通常在出厂前即被确定。这些地址通过位于数据链路层中的介质访问控制（MAC，Media Access Control）子层后被称为 MAC 地址。它是在媒体接入层上使用的地址，由网络设备制造商生产时写在硬件内部。MAC 地址与网络无关，无论将带有这个地址的硬件（如网卡、路由器等）接入到网络的何处，该硬件都有相同的 MAC 地址。

如同一个人的身份证号一样，网络设备的 MAC 地址在世界上是唯一的。

对于网络硬件而言，地址通常被编码到网络的接口卡中。常见的情况是，用户根本不能改变这些地址，因为这个唯一的编号已经编到可编程只读存储器（PROM）中。例如以太网卡的 MAC 地址由厂商写在网卡的 BIOS 里，为 6 字节 48 比特的 MAC 地址。这个 48 比特都有其规定的意义，前 24 位是由 IEEE（电气与电子工程师协会）分配，称为机构唯一标识符（OUI，Organizationlly Unity Idientifier）；后 24 位由厂商自行分配，这样的分配使得世界上任意一个拥有 48 位 MAC 地址的网卡都有唯一的标识。

以太网卡的 MAC 地址通常表示为 12 个十六进制数，每两个十六进制数之间用冒号隔开，如 08:00:20:0A:8C:6D 就是一个 MAC 地址，其中前 6 位十六进制数 08:00:20 代表网络硬件制造商的编号，它由 IEEE 分配，而后 6 位十六进制数 0A:8C:6D 代表该制造商所制造的某个网

络产品（如网卡）的系列号。每个网络制造商必须确保它所制造的每个网络设备都具有相同的前3字节以及不同的后3个字节。这样就可保证世界上每个设备都具有唯一的MAC地址。

通信过程中需要有两个地址：一个地址标识发送设备（源）；一个用于接收设备（目的）。数据链路层的PDU包含了目的MAC地址和源MAC地址，它是确认通信双方身份的唯一标识。通过MAC地址的识别，才能准确、可靠地找到对方，也才能够实现通信。

MAC 地址用于标识本地网络上的系统。大多数数据链路层协议，包括以太网和令牌环网协议，都使用制造商通过硬编码写入网卡的地址。

IEEE 提供了一个 OUI 数据库，网址是 http://standards.ieee.org/regauth/oui/index.shtml。

3.4.2 IP 编址

网络地址是逻辑地址，该地址可以通过操作系统进行定义和更改。网络地址采用一种分层编址方案，如同个人通信地址包括国家、省、市、街道、住宅号及个人姓名一样，网络分类逻辑化，越容易管理和使用，因而更加有用。

在 TCP/IP 环境中，每个节点都具有唯一的 IP 地址。每个网络被看作一个单独的、唯一的地址。在访问到这个网络内的主机之前，必须首先访问到这个网络。

1. IP 地址的直观表示法

TCP/IP 协议栈中的 IP（IPv4）地址是网络地址，为标识主机而采用 32 位（4b）无符号二进制数表示。但为了方便用户的理解和记忆，它采用了点分十进制标记法，即将4字节的二进制数值转换成4个十进制数值，每个数值小于等于 255，数值中间用“.”隔开，表示成为 w.x.y.z 的形式，因此，最小的 IPv4 地址值为 0.0.0.0，最大的地址值为 255.255.255.255，如图 3-7 所示。

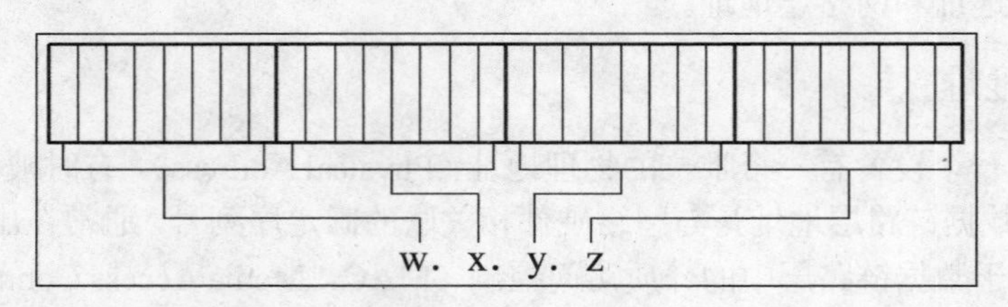

图 3-7　点分十进制标记法

例如二进制 IP 地址：

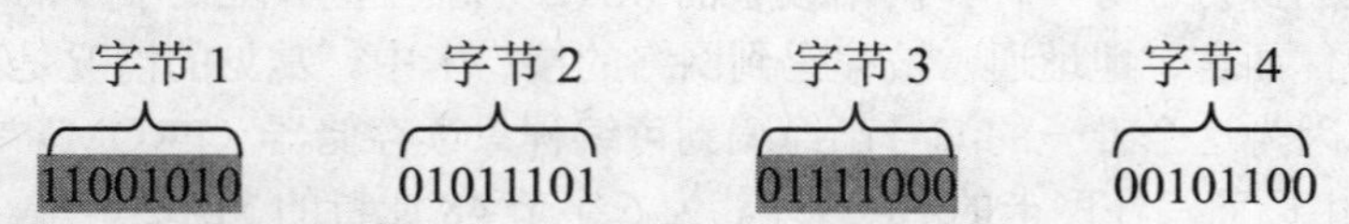

用点分十进制表示的形式为：202.93.120.44。

2. IP 地址的组成

互联网是具有层次结构的，一个互联网包含了多个网络，每一个网络又包含了多台主机。与互联网的层次结构对应，互联网使用的 IP 地址也采用了层次结构，如图 3-8 所示。

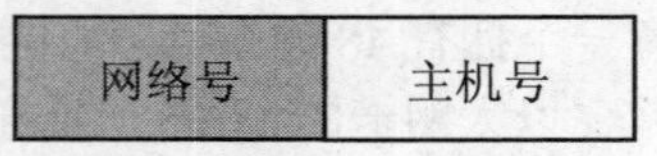

图 3-8　IP 地址的层次结构

（1） 组成

IP 地址由网络号（Net id）和主机号（Host id）两个层次组成，如图 3-8 所示。

网络号用来标识互联网中的一个特定网络，而主机号则用来表示该网络中主机的一个特定连接。因此，IP 地址的编址方式明显携带了位置信息。这给 IP 互联网的路由选择带来了很大好处。

TCP/IP 规定，只有同一网络（网络号相同）内的主机才能够直接通信，不同网络内的主机，只有通过其他网络设备（如路由器），才能够进行通信。

（2） 优点

给出 IP 地址就能知道它位于哪个网络，因此选择路由时就相对容易。

（3） 缺点

如果主机在网络间移动，IP 地址也必须发生变化。事实上，由于 IP 地址不仅包含了主机本身的地址信息，而且还包含了主机所在网络的地址信息，因此，在将主机从一个网络移到另一个网络时，主机 IP 地址必须进行修改以正确地反映这个变化。例如，主机在网络间移动的情况如图 3-9 所示。在图 3-9（a）中，具有 IP 地址 192.168.100.1 的计算机需要从网络 1 移动到网络 2，那么，当它加入到网络 2 后，必须为它分配新的 IP 地址，例如修改为 192.168.224.1，如图 3-9（b）所示。

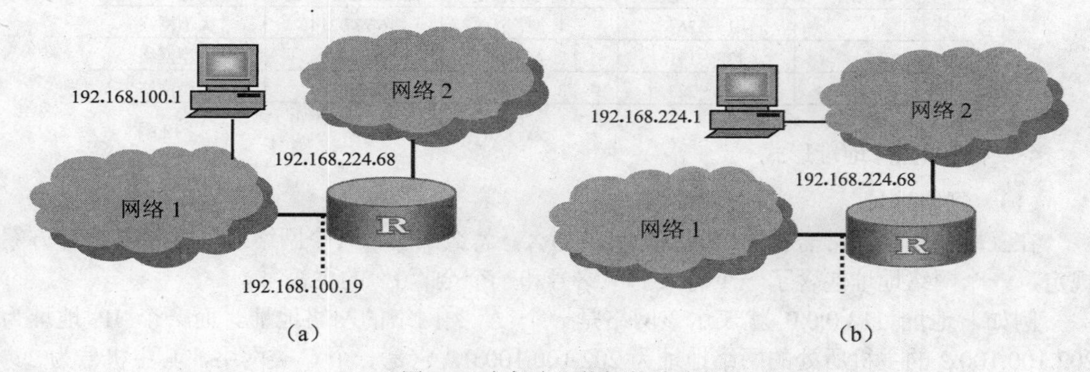

图 3-9 主机在网络间的移动

IP 地址与生活中的邮件地址非常相似。生活中的邮件地址描述了信件收发人的地理位置，也具有一定的层次结构（如城市、区、街道等）。如果收件人的位置发生变化，例如从一个区搬到了另一个区，那么邮件的地址就必须随之改变，否则邮件就不可能送达收件人。

3. IP 地址的分类

在长度为 32 位的 IP 地址中，哪些位代表网络号，哪些代表主机号呢？这个问题看似简单，意义却非常重大，只有明确其网络号和主机号，才能确定其通信地址；同时当地址长度确定后，网络号长度又将决定整个互联网中可以包含多少个网络，主机号长度则决定每个网络能容纳多少台主机。

根据 TCP/IP 协议规定，IP 地址由 32 位组成，它们被划分为 3 个部分：地址类别、网络号和主机号，如图 3-10 所示。

图 3-10 IP 地址的 3 部分

在互联网中，网络号的位数是一个难以确定的因素，而且网络规模也相差很大。有的网络具有成千上万台主机，而有的网络仅仅有几台主机。为了适应各种网络规模的不同，IP 协议将 IP 地址划分为 5 类网络（A、B、C、D 和 E），它们分别使用 IP 地址的前几位（地址类别）加以区分，常用的为 A、B 和 C 三类。

（1） A 类：以第一字节的 0 开始，其后的 7 位表示网络号（首字节 0～126），最后 24 位数用来表示主机号。

（2） B 类：以第一字节的 10 开始，其后的 14 位表示网络号（首字节 128～191），最后 16 位用来表示主机号。

（3） C 类：以第一字节的 110 开始，其后的 21 位表示网络号（首字节 192～223），最后 8 位数用来表示主机号。

（4） D 类：以第一字节的 1110 开始，用于因特网多播。

（5） E 类：以第一字节的 11110 开始，保留为今后扩展使用。

以上 IP 地址的分类是经过精心设计的，它能适应不同的网络规模，具有一定的灵活性。如表 3-1 所示，简要地总结了 A、B 和 C 三类 IP 地址可以容纳的网络数和主机数。

表 3-1　A、B、C 三类 IP 地址可以容纳的网络数和主机数

类　别	第一字节范围	网络地址长度	最大的主机数目	适用的网络规模
A	1～126	1 个字节	16 777 214	大型网络
B	128～191	2 个字节	65 534	中型网络
C	192～223	3 个字节	254	小型网络

4. 特殊的 IP 地址形式

（1） 网络地址

在互联网中，经常需要使用网络地址，那么，怎么来表示一个网络地址呢？IP 地址方案规定，一个网络地址包含了一个有效的网络号和一个全“0”的主机号。

例如，地址 113.0.0.0 就表示该网络是一个 A 类网络的网络地址。而一个 IP 地址为 202.100.100.2 的主机所处的网络地址为 202.100.100.0，它是一个 C 类网络，其主机号为 2。

（2） 广播地址

当一个设备向网络上所有的设备发送数据时，就产生了广播。为了使网络上所有设备能够注意到这样一个广播，必须使用一个可识别和侦听的 IP 地址。通常，一个广播的标志是，其目的 IP 地址的主机号是全“1”。

IP 广播有两种形式，一种叫直接广播，另一种叫有限广播。

① 直接广播

如果广播地址包含一个有效的网络号和一个全“1”的主机号，则称之为直接广播（Directed Broadcasting）地址。在 IP 互联网中，任意一台主机均可向其他网络进行直接广播。

例如 C 类地址 202.100.100.255 就是一个直接广播地址。互联网上的一台主机如果使用该 IP 地址作为数据报的目的 IP 地址，那么这个数据报将同时发送到 202.100.100.0 网络上的所有主机。

显然，直接广播的一个主要问题是在发送前必须知道目的网络的网络号。

② 有限广播

32 位数全为“1”的 IP 地址（255.255.255.255）用于本网广播，该地址称为有限广播

(Limited Broadcasting）地址。实际上，有限广播将广播限制在最小的范围内。如果采用标准的 IP 编址，那么有限广播将被限制在本网络之中；如果采用子网编址，那么有限广播将被限制在本子网之中。

有限广播不需要知道网络号。因此，在主机不知道本机所处的网络时（如主机的启动过程中），只能采用有限广播方式。

（3） 回送地址

A 类网络地址 127.0.0.0 是一个保留地址，用于网络软件测试以及本地机器进程间通信，这个 IP 地址叫做回送地址（Loop back address）。无论什么程序，一旦使用回送地址发送数据，协议软件不进行任何网络传输，立即将之返回。因此，含有目的网络号 127 的数据报不可能出现在任何网络上。

5. 私网地址

只有三个网络地址范围保留为内部网络使用。这三个范围分别包含在 IPv4 的 A、B、C 类地址内，它们是：

10.0.0.0～10.255.255.255

172.16.0.0～172.31.255.255

192.168.0.0～192.168.255.255

这些范围保留作私有网使用，不能直接使用这些地址访问 Internet。在访问 Internet 之前，这些地址必须翻译成能够全球路由的地址。这个工作通常由网络地址转换（NAT）完成。

6. 主机 IP 地址的约定

在网络上，一个 IP 地址只能标识一台网络设备，而一台网络设备则可以有多个 IP 地址。

例如，路由器分别与两个不同的网络连接，因此它应该具有两个不同的 IP 地址。装有两块网卡的多宿主主机，具有两个 IP 地址。在实际应用中，还可以将多个 IP 地址绑定到一条物理连接上，使一条物理连接（如一块网卡）具有多个 IP 地址，如图 3-11 所示。

图 3-11 IP 地址标识网络设备

3.4.3 子网地址与子网掩码

在 IP 互联网中，A 类、B 类和 C 类 IP 地址是经常使用的。由于经过网络号和主机号的层次划分，它们能适应于不同的网络规模。使用 A 类 IP 地址的网络可以容纳 1 600 万台主机，而使用 C 类 IP 地址的网络仅仅可以容纳 254 台主机。但是，随着计算机的发展和网络技术的进步，个人计算机应用迅速普及，小型网络（特别是小型局域网络）越来越多。这些网络多则拥有几十台主机，少则拥有两三台主机。对于这样一些小规模网络即使采用一个 C 类地址仍然是一种浪费，在实际应用中，人们开始寻找新的解决方案以克服 IP 地址的浪费现象。

其中，子网编址就是方案之一。

1. 子网地址

我们已经知道，IP 地址具有层次结构，标准的 IP 地址分为网络号和主机号两层。为了避免 IP 地址的浪费，子网编址将 IP 地址的主机号部分进一步划分成子网部分和主机部分，如图 3-12 所示。

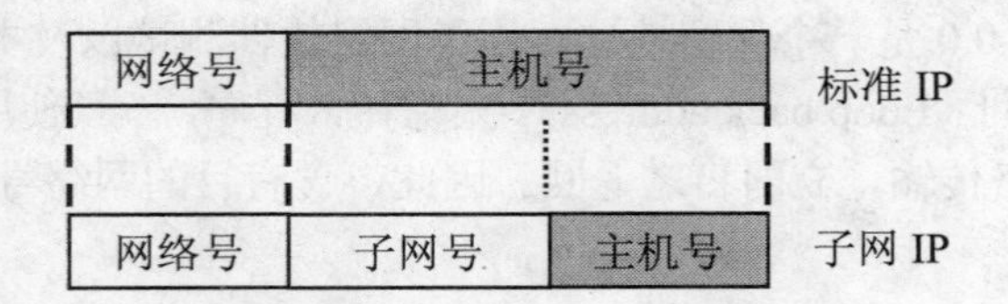

图 3-12 IP 地址子网编址的层次结构

一个子网地址包括了网络号、子网号和主机号三个部分。

子网划分的规则如下。

（1） 子网化的规则不允许使用全 0 或者全 1 的子网地址，这些地址是保留的。因此只有 1 位数时，不能得到可用的子网地址。

（2） 在利用主机号划分子网后，剩余的主机号部分，全部为“0”的表示该子网的网络号，全部为“1”的则表示该子网的广播地址，剩余的就可以作为主机号分配给子网中的主机。也就是说，剩余的主机号部分的二进制全“0”或全“1”的子网号不能分配给实际的子网。

例如，对 C 类网络地址 192.168.1.0，借用 6 位主机号部分作为子网，剩余最后 2 位作为主机号时，只能使用 01 和 10，而 00 和 11 则不能作主机号使用。

B 类网络的主机号部分只有两个字节，故而最多只能借用 14 位去创建子网。而在 C 类网络中，由于主机号部分只有一个字节，故最多只能借用 6 位去创建子网。

提示： 根据子网划分的规则，在“借”用主机号作为子网号时必须给主机号部分剩余 2 位；在“借”用时至少要借用 2 位。

例如，130.66.0.0 是一个 B 类 IP 地址，它的主机号部分有两个字节，借用了左边的一个字节分配子网。所使用的子网地址分别为 130.66.2.0 和 130.66.3.0，如图 3-13 所示。

其中，130.66.2.216 的网络地址为 130.66.0.0，子网号为 2，主机号为 216。

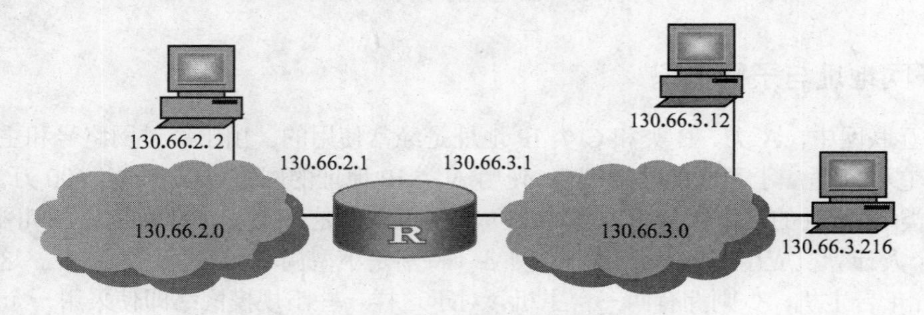

图 3-13 借用标准 IP 的主机号创建子网

当然，如果借用IP地址的主机号部分用来创建子网，其相应子网中的主机数目就会减少。例如一个C类网络，用一个字节表示主机号，可以容纳的主机数为254台。当利用这个C类网络创建子网时，如果借用2位作为子网号，那么可以用剩下的6位表示各子网中的主机，每个子网可以容纳的主机数为62台，则最多可以容纳的主机数为2×62台；如果借用3位作为子网号，那么仅可以使用剩下的5位来表示子网中的主机，每个子网可以容纳的主机数也就减少到30台，因此最多可以容纳的主机数为3×30台。

假设有一个网络号为202.113.26.0的C类网络，可以借用主机号部分的3位来划分子网，其子网号、主机号范围、可容纳的主机数、子网地址、子网广播地址如表3-2所示。

表3-2　C类网络的子网划分

子　网	二进制子网号	二进制主机号范围	十进制范围	可容纳的主机数	子网地址	广播地址
第1个子网	**001**	**001** 00000—**001** 11111	.32～.63	30	202.113.26.32	202.113.26.63
第2个子网	**010**	**010** 00000—**101** 11111	.64～.95	30	202.113.26.64	202.113.26.95
第3个子网	**011**	**011** 00000—**011** 11111	.96～.127	30	202.113.26.96	202.113.26.127
第4个子网	**100**	**100** 00000—**100** 11111	.128～.159	30	202.113.26.128	202.113.26.159
第5个子网	**101**	**101** 00000—**101** 11111	.160～.191	30	202.113.26.160	202.113.26.191
第6个子网	**110**	**110** 00000—**110** 11111	.192～.223	30	202.113.26.192	202.113.26.223

由于这个C类地址最后一个字节的前3位用来划分子网，因此子网中的主机号只能用剩下的5位来表达。

在上面的例子中，除二进制数000和111（十进制数0和7）外，其他二进制数001～110都可以作为子网号进行分配。

提示： 虽然Internet的RFC文档规定了子网划分的原则，但现在很多供应商的产品也都支持全为0和全为1的子网，当用户要使用全为0和1的子网时，首先要证实网络中的路由器是否提供相关支持。若支持时，全0子网和全1子网也都可以使用。

2.　子网掩码

对于标准的IP地址而言，网络的类别可以通过它的前几位进行判定。而对于子网编址来说，机器是如何知道IP地址中哪些位数用来表示网络、子网和主机部分呢？为了解决这个问题，子网编址使用了子网掩码（或称为子网屏蔽码）。子网掩码也采用了32位二进制数值，分别与IP地址的32位二进制数相对应。

IP协议规定，在子网掩码中，与IP地址的网络号和子网号部分相对应的位使用“1”来表示，而与IP地址的主机号部分相对应的位则用“0”表示。将一台主机的IP地址和它的子网掩码按位进行“与”运算，就可以判断出IP地址中哪些位用来表示网络和子网，哪些位用来表示主机号。

例如，给出一个经过子网编址的C类IP地址193.222.254.134，我们并不知道在子网划分时到底借用了几位主机号来表示子网，如果给出它的子网掩码是255.255.255.192（可以表示为“掩码/26”，即该子网划分时借用了2位），由于192对应二进制数11000000，134对应二进制数10000110，根据与子网掩码中“1”相对应的位表示网络的规定，可以看出该IP地址所处的子网号为 2（10），主机号是 6（000110）。

3. IP 地址规划实例

子网规划和 IP 地址分配在网络规划中占有非常重要的地位。在划分子网之前，应确定所需要的子网数和每个子网需要的最大主机数。在选择子网号和主机号时，应该保证子网号部分必须产生够用的子网，而主机号部分则需要容纳够用的主机。有了这些信息后，就可以定义每个子网的子网掩码、网络地址（含网络号和子网号）的范围和主机号的范围。

（1） 划分子网的步骤

① 确定需要多少子网号，用来唯一标识网络上的每一个子网。

② 确定每个子网需要多少主机号，用来标识该子网上的每台主机。

③ 根据① 和②，定义一个符合网络要求的子网掩码。

④ 确定标识每一个子网的网络地址。

⑤ 确定每一个子网上所使用的主机地址的范围。

（2） 子网划分

① B 类网络子网划分

如果选择 B 类子网，可以按照如表 3-3 所示的子网位数、子网掩码、可用的子网数和可用的主机数对应关系进行子网规划和划分。

表 3-3 B 类网络子网划分关系表

子网位数	子网掩码	可用的子网数	可用的主机数
2	掩码/18	2	16 382
3	掩码/19	6	8 190
4	掩码/20	14	4 094
5	掩码/21	30	2 046
6	掩码/22	62	1 022
7	掩码/23	126	510
8	掩码/24	254	254
9	掩码/25	510	126
10	掩码/26	1 022	62
11	掩码/27	2 046	30
12	掩码/28	4 094	14
13	掩码/29	8 190	6
14	掩码/30	16 382	2

② C 类网络子网划分

如果选择 C 类子网，其子网位数、掩码的末节值、可用的子网数及可用的主机数的对应关系如表 3-4 所示。

表 3-4 C 类网络子网划分关系表

子网位数	掩码的末节值	可用的子网数	可用的主机数
2	192	2	62
3	224	6	30
4	240	14	14
5	248	30	6
6	252	62	2

提示： 如果使用子网掩码将网络信息流量分段成一系列小型的子网，那么首先一定要全面地计划如何给每个段分配节点，以及如何给这些段定义子网掩码。这个计划必须要考虑到2～5年后网络的扩大。

（3） 子网划分实例

一个单位被分配了一个C类网络202.113.27.0。如果该单位需要5个子网，每个子网的计算机不超过25台，那么应该怎样规划和使用IP地址？

IP地址划分过程如下。

① 由于每个子网都需要一个唯一的子网号来标识，即需要5个子网号，因此可以考虑使用3位二进制数（最多可以划分6个子网）。

② 因为每个子网的计算机不超过25台，考虑到使用路由器连接，因此需要至少27个主机号，因此使用剩余5位二进制数（最多30台主机）可以满足需求。

③ 根据①、② 分析，从表3-4中可以看出，选择掩码/27就可以满足要求，它所对应的二进制地址是1111111.1111111.11111111.11100000；也就是最后一个8位被分走3位加到网络号中形成扩展的网络前缀，剩下的5位用于识别主机。

④ 确定可用的网络地址：子网掩码确定后，便可以确定可使用的子网号位数。在本例中，由于采用子网号的位数为3，因此可能的组合为000、001、010、011、100、101、110和111。根据子网划分的规则，除去000和111，剩余001、010、011、100、101、和110这6个子网，因此所需的5个子网的地址可分别选定为202.113.27.32（001 00000）、202.113.27.64（010 00000）、202.113.27.96（011 00000）、202.113.27.128（100 00000）和202.113.27.160（101 00000）。

⑤ 确定各个子网的主机地址范围，如表3-5所示。

表3-5 各子网对应的主机地址范围

子网编号	子网地址	可用的主机地址范围	广播地址
1	202.113.27.32	202.113.27.33～202.113.27.62	202.113.27.63
2	202.113.27.64	202.113.27.65～202.113.27.94	202.113.27.95
3	202.113.27.96	202.113.27.97～202.113.27.126	202.113.27.127
4	202.113.27.128	202.113.27.129～202.113.27.158	202.113.27.159
5	202.113.27.160	202.113.27.161～202.113.27.190	202.113.27.191

提示： 进行子网互连的路由器也需要占用有效的IP地址，因此，在计算网络或子网中需要使用IP地址时，不要忘记连接该网络或子网的路由器。

虽然划分子网的方法是对IP地址结构有价值的扩充，但是它还要受到一个基本的限制：整个网络只能有一个子网掩码。因此，当用户选择了一个子网掩码之后，也就意味着每个子网内的主机数确定了，就不能支持不同尺寸的子网了。任何对更大尺寸子网的要求都意味着必须改变整个网络的子网掩码。这就需要使用可变长子网掩码。

4. 可变长子网掩码（VLSM）

假设一个网络地址为 172.16.9.0，这是一个 B 类地址，使用 16 位的网络号。如果使用 6 位扩展网络前缀会得到 22 位的子网掩码。有 62 个可用的子网地址，每个子网内有 1 022 个可用的主机地址。这种子网化策略对需要超过 30 个子网和每个子网内超过 500 个主机的组织是合适的。但是，如果这个组织由一个超过 500 个主机的稍大的分部和许多小的只有 40～50 个主机设备的分部组成，那么，大部分的地址就被浪费了。每个组织即使不需要，也被分配一个有 1 022 个主机地址的子网。小的分部大约浪费 950 个主机地址。因为子网化的网络只能用单一的掩码，且这个掩码是预定义的固定长度，所以这种地址浪费就不可避免。

对于上述不能用一个固定掩码解决子网划分的问题，网络工程师给出采用不同长度的子网掩码的方法，也就是可以采用可变长子网掩码，以解决在一个网络中使用多种层次的子网化 IP 地址的问题。

例如，一个单位被分配了一个 C 类网络 202.113.27.0。如果该单位需要 5 个子网，各个子网的计算机台数分别为 10、24、20、20 和 18，同时还需要为 5 个地点的广域网链路提供地址，也就是说，该单位需要 10 个子网。从表 3-4 可以看出，无论如何选择子网掩码，都不能同时满足上述需求，那么应该怎样规划其 IP 地址呢？

对于该单位的上述需求，采用可变长子网掩码划分子网的步骤如下。

（1） 采用掩码/27 划分出可以使用的 6 个子网 202.113.27.32/27～202.113.27.192/27。

（2） 使用 5 个子网 202.113.27.32/27～202.113.27.160/27，解决了每个子网可以容纳 30 台主机的需求。

（3） 对未使用的一个子网 202.113.27.192/27，要更进一步使用掩码/30 划分成可以使用的 6 个子网 202.113.27.196/30～202.113.27.216/30，每个子网只有 2 个有效的主机地址。而每个点对点的广域网链路只需要 2 个地址，这样划分，恰好能够提供 6 个点对点的广域网链路地址。

提示：可变长子网掩码使一个组织的 IP 地址空间被更有效地使用，使网络管理员能够按子网的特殊需要定制子网掩码。

5. 无类别域间路由（CIDR）

一种新的忽略地址分类命名的方法是使用无类别域间路由（CIDR，Classless Inter domain Routing）编址。它的最大优点是：消除地址分类、超网化和路由汇聚。

（1） CIDR 是如何工作的

CIDR 是传统地址分配策略的重大突破，它完全抛弃了有分类地址，前面介绍的有类地址用 8 位表示一个 A 类网络号，16 位表示一个 B 类网络号，24 位表示一个 C 类网络号。CIDR 用网络前缀代替了这些类，前缀可以任意长度，而不仅仅是 8 位，16 位或 24 位。允许 CIDR 可以根据网络大小来分配网络地址空间，而不是在预定义的网络地址空间中作裁剪。每一个 CIDR 网络地址和一个相关位的掩码一起广播，这个掩码识别了网络前缀的长度。也就是说，一个网络地址中主机部分与网络部分的划分完全是由子网掩码确定的。例如，使用 192.125.61.8/20 标识一个 CIDR 地址，此地址有 20 位网络地址。

（2） 超网

超网就是使用子网掩码将多个有类别的网络聚合成的一个网络。它不再拘泥于使用地址类来决定一个地址的网络部分，而是使用地址和掩码的组合来表示其网络号。

对于诸如具有前 16 位相同的 256 个 C 类网络，可以使用 16 位掩码形成 1 个超网，如 202.113.0.0/16。

例如，对于两个相邻的 C 类网络，202.113.27.0 和 202.113.28.0，从表 3-6 可以看出，这两个网络的前 19 位是相同的，因此可以使用 19 位子网掩码，形成一个超网 202.113.28.0/19。该超网可以提供多达 8 190 个有效地址。

表 3-6 各子网对应的主机地址范围

网 络 号	第 1 个 8 位	第 2 个 8 位	第 3 个 8 位	第 4 个 8 位
202.113.27.0	11001010	01110001	00011011	00000000
202.113.28.0	11001010	01110001	00011100	00000000

（3） 路由汇聚

CIDR 可以使任何符合 CIDR 规范的路由器能够更有效地汇聚路由信息。换句话说，路由表中一个表项能够表示许多网络地址空间，减少了整个网络的网络数。这就大大减小了网络中所需路由表的大小，加快了路由器查找网络的速度，从而使网络具有更好的可扩展性。

目前的路由器大部分都支持路由聚合。

3.5 TCP/IP 协议集

TCP/IP 协议是一个协议集，由多个子协议分层组成。TCP/IP 协议集的体系结构包括了 4 个层次，但实际上只有 3 个层次包含了实际的协议。TCP/IP 体系结构与各层协议之间的对应关系如表 3-7 所示。

表 3-7 TCP/IP 体系结构与各层协议之间的对应关系

<table>
<tr><td>应用层</td><td>Telnet</td><td>FTP</td><td>SMTP</td><td>DNS</td><td>SNMP</td><td>其他协议</td></tr>
<tr><td>传输层</td><td colspan="3">TCP</td><td colspan="3">UDP</td></tr>
<tr><td rowspan="3">网际层</td><td colspan="3">ICMP</td><td colspan="3">IGMP</td></tr>
<tr><td colspan="6">IP</td></tr>
<tr><td colspan="3">ARP</td><td colspan="3">RARP</td></tr>
<tr><td>网络接口层</td><td>Ethernet</td><td colspan="2">Token、Ring</td><td colspan="2">Frame、Relay、Telnet</td><td>ATM</td></tr>
</table>

3.5.1 IP 协议

IP 协议的控制传输协议单元称为 IP 数据报。连入网络中的每台计算机与路由器都必须遵守 IP（Internet protocol）协议。发送数据的主机需要按 IP 协议封装数据报，路由器需要按 IP 协议转发 IP 数据报，接收数据的主机则需要按 IP 协议拆封数据。IP 数据报携带着地址信息从发送数据的主机出发，在沿途各个路由器的转发下，最终送达目的主机。

1. IP 数据报格式

IP 协议在每个要发送的 IP 数据报前都增加一些为了正确传输高层数据的控制信息，封装成IP数据报。其中包含了源主机的IP地址、目的主机的IP地址和其他一些信息。如表3-8所示，灰色部分给出了IP数据报的具体格式，白色部分则标出了各部分所占用的二进制位数。

表3-8 IP数据报格式

4位	4位	8位	16位	
版本号	IP头长度	服务类型	IP数据报总长度	
标识符			标志	片偏移量
生存周期		协议	头部校验和	
源IP地址				
目的IP地址				
选项＋填充				
数据（传输层的PDU）				
数据				
……				

IP 数据报的格式可以分为报头区和数据区两大部分，其中数据区是需要传输的上层PDU，报头区的控制信息内容如下。

（1） 版本号

在IP报头中，版本域表示与该数据报对应的IP协议版本号，不同IP协议版本规定的数据报格式稍有不同，目前的IP协议版本号为“4”。以后将逐步过渡到IPv6。

协议域表示创建该数据报数据区数据的高级协议类型（如TCP），指明数据区数据的格式。

（2） 报头长度

报头长度以32位（4字节）为单位，指出该报头的长度，具体长度取决于选项字段的长度。在没有选项和填充的情况下，从“版本号”开始到“目的IP地址”结束的报头长度值为5，即20字节，此时IP报头长度最短。

（3） 服务类型

服务类型域用于区分不同的可靠性、优先级、延迟和吞吐率的参数，规定对本数据报的处理方式。例如，发送端可以利用该域要求中途转发该数据报的路由器使用低延迟、高吞吐率或高可靠性的线路发送。

（4） 总长度

指示整个IP数据报的总长度，包含报头和数据两部分，它以字节为单位，最大为65535字节。

（5） 标识符

每个IP报文被赋予一个唯一的16位标识，用于标识数据报的分段。

由于利用IP进行互连的各个物理网络所能处理的最大报文长度有可能不同，所以IP报文在传输和投递的过程中有可能被分段。当IP对数据报进行分段的时候，它将给所有的段分配一组编号，然后将这些编号放入标识符字段，保证分段不会被错误地进行重组。

（6） 标志

包括3个1位标志，标识报文是否允许被分段和是否使用了这些域。

IP数据报使用标识、标志和片偏移3个域对分段进行控制，分段后的报文将在目的主机进行重组。由于分段后的报文独立地选择路径传送，因此，报文在投递途中不会也不可能重组。

（7） 片偏移量

假如标志域返回 1，则此 8 位的域指出分段报文相对于整个报文开始处的偏移。这个值以 64 位为单位递增。

（8） 生存周期

8 位的的生命周期，可以防止一个数据报在网络中无限地循环转发下去。IP 数据报的路由选择具有独立性，因此，从源主机到达目的主机的传输延迟也具有随机性。在传输过程中有可能造成回路，最坏的情况是数据报在网络中无休止地循环，不能到达目的地并浪费大量的通信资源。利用数据报中的生存周期，可以控制这一情况的发生。在网络中，生存周期随着时间而递减，在该域的值为 0 时，数据报就被丢弃。

（9） 协议

8 位域，用以指示在 IP 数据报中封装的上层协议是 TCP 或 UDP 等。

（10） 头部校验和

头部校验用于保证对 IP 数据报头数据的完整性。该校验和是一个 16 位的循环冗余校验码，其值等于 IP 头内每一个字段中包含的所有值的和。在每一个经过的路由器中进行校验和重新计算，再与校验和对照，如果数据没有被改动过，两个计算结果应该是一样的。从而可以确定 IP 头在传输中没有发生错误。当一个 IP 数据报被一个路由器检查后，校验和将被更新，因为其生命周期发生了变化。

（11） 地址

在 IP 数据报头中，源 IP 地址和目的 IP 地址分别表示本 IP 数据报发送者和接收者地址。在整个数据报传输过程中，无论经过什么路由，无论如何分片，此两域均保持不变。

（12） 数据报选项和填充

IP 选项主要用于控制和测试两大目的。作为选项，IP 选项域是任选的，但作为 IP 协议的组成部分，在所有 IP 协议的实现中，选项处理都不可或缺。在使用选项过程中，有可能造成数据报的头部不是 32 位整数倍的情况，如果这种情况发生，就需要填充额外的 0 凑齐填充域。

2. IP 协议的功能

IP 协议主要是对数据报进行相应的寻址和路由，并管理这些数据报的分片过程，将 IP 数据报从一个网络转发到另一个网络。它不关心数据报的内容，而是寻找一条把数据报送达目的地的路径。

（1） 寻址和路由

IP 最明显的一个功能是能使 IP 报文送到特定目的地。确定从源网络到目的地网络的最优路径。IP 协议在每个发送的 IP 报文前加入一些控制信息，其中包含了源主机的 IP 地址、目的主机的 IP 地址和其他一些信息。

（2） 分段和重组

有时数据段不能完全包括在一个 IP 报文中；它们必须分段成两个或更多的报文。当分段发生时，IP 必须能重组报文（不管有多少个报文要到达其目的地）。

由于 IP 数据报要从一个网络转发到另一个网络，当两个网络所支持传输的数据报的大小不相同时，IP 协议就要在发送端将 IP 数据报分割，然后在分割的每一段前再加入控制信息进行传输。当最终的接收端接收到这些 IP 数据报后，IP 协议将所有的片段重新组合形成原始的 IP 数据报。

重要的一点是源主机和目的机必须理解并遵守完全相同的分段数据过程。否则，重组那些为了报文转发而分成多个段的过程将是不可能的。数据被恢复成源机器上的相同格式时，传输数据就被成功重组了。IP 头中的分段标志标识了分段的数据片。

注意： 重组分段的数据和重排序乱序帧的数据是不同的。重新排序是 TCP 的功能。

（3） 损坏报文补偿

IP 的另一个主要功能是检测和补偿在传输过程中遭到破坏或丢失的报文。

有许多原因可造成报文丢失。网络拥塞会导致报文超时，检测到报文超时的路由器会把报文丢弃。另一种情况是，报文受到干扰，可能使头信息变得没有意义。在这种情况下，报文也将被丢弃。

当报文不可能转发或不可用时，路由器必须通知源主机。IP 数据报头中包含源机器的 IP 地址使通知源主机成为可能。虽然 IP 不包括重传机制，但通知源主机可能会导致重传，因此通知源主机起着非常重要的作用。

3. IP 提供的服务

IP 协议提供对 IP 数据报文进行无连接的、不可靠的尽力的数据传输服务。

（1） 无连接的投递服务

IP 协议是一个无连接的协议。无连接是指主机之间不建立用于可靠通信的端到端的连接。如同邮政系统投递信件一样，每一个 IP 数据报是独立处理和传输的。在网络中由一台主机发出的数据报，从源节点传输到目的节点可能经过不同的路径，因此，IP 数据报也有可能会出现丢失、重复或次序混乱等。

（2） 不可靠的传输服务

这意味 IP 协议无法保证数据报投递的结果。在传输过程中，IP 数据报可能会丢失、重复传输、延迟、乱序、路由错误、数据报分片和重组过程中受到损坏，IP 服务本身不关心也不检测这些结果，同时也没有机制将结果通知收发双方。

要实现 IP 数据报的可靠传输，就必须依靠高层的协议或应用程序进行相关处理，如传输层的 TCP 协议。

（3） 尽力的传输服务

IP 协议并不随意丢弃数据报，只要有一线希望，就尽力向前传输。只有当系统达到其生存周期、资源用尽、接收数据错误或网络出现故障等状态下，才不得不丢弃报文。

提示： IP 数据报的传输利用了物理网络的传输能力，网络接口模块负责将 IP 数据报封装到具体网络的帧（LAN）或者分组（X25 网络）中的信息字段中。

3.5.2 ICMP 协议

由于 IP 协议是无连接的，且不进行差错检验，当网络上发生错误时它不能检测错误。这时就需要使用网际控制报文协议（ICMP，Internet Control Message Protocol）。ICMP 协议主要支持 IP 数据报的传输差错处理，ICMP 仍然利用 IP 协议传递 ICMP 报文。

ICMP 协议是一种提供有关 IP 数据报文传输过程中出现故障问题而反馈信息的机制。ICMP 协议与 IP 协议同属于网络层，用于传送有关通信问题的消息，它为 IP 协议提供差错报告，例如数据报不能到达目标站，路由器没有足够的缓存空间，以及路由器向发送主机提供最短路径信息等。由于 ICMP 报文被封装在 IP 数据报中传送，因而不保证可靠的提交。

鉴于 IP 网络本身的不可靠性，ICMP 的目的仅仅是向源主机告知网络环境中出现的问题。ICMP 主要支持路由器将数据报传输的结果信息反馈回源主机。ICMP 报文是由中间路由器发现传输错误时产生的，并由 ICMP 协议向源主机发送。

在 IP 数据报传输系统中一旦发生传输错误，被中间路由器发现时，便立即形成 ICMP 报文，并从该 IP 数据报中截取源主机的 IP 地址，形成新的 IP 数据报，转发给源主机，报告差错的发生及其原因，以便源主机采取相应纠正措施。ICMP 能够报告的一些普通错误类型有目标无法到达、阻塞等。

携带 ICMP 报文的 IP 数据报在反馈传输过程中不具有任何优先级，与正常的 IP 数据报一样进行转发。如果携带 ICMP 报文的 IP 数据报在传输过程中出现故障，转发该 IP 数据报的路由器将不再产生任何新的差错报文。

ICMP 报文有以下几种。

（1） 目的不可到达：如果路由器判断出不能把 IP 数据报送达目标主机，则向源主机返回这种报文。

（2） 超时：路由器发现 IP 数据报的生存周期已超时，则向源端返回这种报文。

（3） 源抑制：如果路由器或目标主机缓冲资源耗尽而必须丢弃数据报，则每丢弃一个数据报就向源主机发回一个源抑制报文，这时源主机必须减小发送速率。

（4） 参数问题：如果路由器或主机判断出 IP 头中的字段或语义出错，则返回这种报文，报文头中包含一个指向出错字段的指针。

（5） 路由重定向：路由器向直接相连的主机发出这种报文，告诉主机一个更短的路径。

（6） 回应：用于测试两个节点之间的通信线路是否畅通。

（7） 时间戳：用于测试两个节点之间的通信延迟时间。请求方发出本地的发送时间，响应方返回自己的接收时间和发送时间。

（8） 地址掩码：主机可以利用这种报文获得它所在的网络的子网掩码。

目前，已经利用 ICMP 报文开发了许多网络诊断工具软件。例如 Ping 软件，借助于 ICMP 回应请求/应答报文测试目的主机的可达性。

3.5.3 ARP 协议和 RARP 协议

1. ARP 协议

（1） 地址解析协议 ARP

在使用 TCP/IP 协议的局域网或广域网上，把 IP 报文从一个节点发送到另一节点，必然要借助于链路层的数据帧，也就必须要知道彼此的物理地址（MAC 地址）。这时就需要把 IP 地址解析为物理地址。而地址解析协议 ARP 就是实现从 IP 地址到物理地址的映射的协议。

(2) ARP Cache

ARP 的任务是把 IP 地址转化成物理地址，这样就消除了应用程序需要知道物理地址的必要性。ARP 就是把 IP 地址转换成相应物理地址的一个对应转换表，这个表称为 ARP 表。ARP 在存储器中维护一个 Cache，这个 Cache 称为 ARP Cache。

(3) ARP 的工作过程

① 当 ARP 解析一个 IP 地址时，它会搜索 ARP Cache 和 ARP 表进行匹配。如果找到了，ARP 就把物理地址返回给提供 IP 地址的应用，形成链路层的数据帧。

② 假如 ARP 没找到一个匹配的 IP 地址，它就会向网络上发送一个 ARP 广播帧，该帧包含有自己的 MAC 地址、IP 地址和目标节点的 IP 地址，如图 3-14 所示。

③ 网上所有节点都将收到该 ARP 请求，并且都将在自己的 ARP Cache 中增加源节点的 ARP 表项。

④ 由于 ARP 请求包括目标节点的 IP 地址，目标节点在接收到 ARP 请求后，认出此 IP 地址属于自己，便发送一个 ARP 响应，把包含自己 MAC 地址的应答报文返回给产生 ARP 请求的机器。

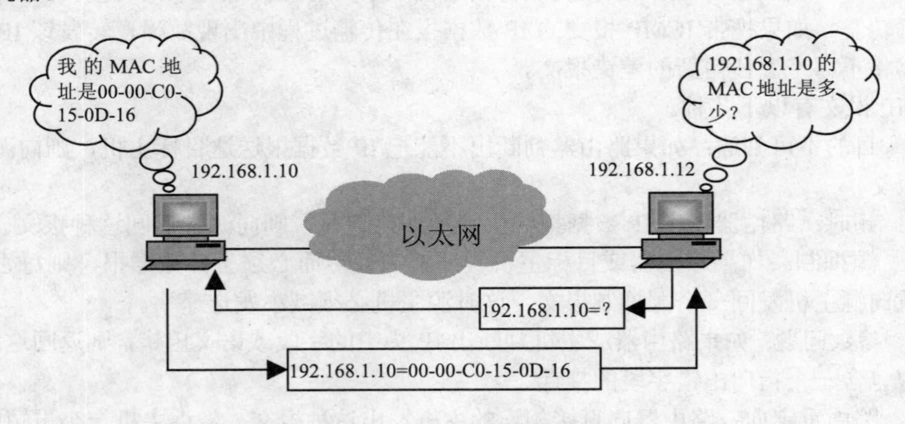

图 3-14　ARP 工作过程示意图

⑤ ARP 请求机器便得到目标节点的 MAC 地址，把此地址放置到 ARP 表和 ARP Cache 中以备将来使用。

2. RARP 协议

RARP 协议是实现从物理地址到网际地址的映射的协议，该协议用于获取网络节点的 IP 地址。

例如，无盘工作站无法确定自己的 IP 地址，它可以使用 RARP 协议向主服务器发送一个包含自己 MAC 地址的 RARP 请求的广播报文，以便得到自己的 IP 地址。RARP 服务器则发出应答，给该无盘工作站提供一个 IP 地址。虽然发送方发出的是广播信息，RARP 规定只有 RARP 服务器才能产生应答。

有时，在工作站上运行的某些应用也需要使用 RARP 协议来获得该工作站的 IP 地址。

3.5.4 TCP 协议和 UDP 协议

TCP/IP 体系结构的传输层定义了传输控制协议（TCP，Transport Control Protocol）和用

户数据报协议（UDP，User Datagram Protocol）两种协议。它们利用 IP 层提供的服务，分别提供端到端可靠的和不可靠的服务。

1. TCP 协议

TCP 协议是一种可靠的、面向连接的、端到端的传输协议。它利用 IP 层提供的不可靠的数据报服务，在将数据从一端发送到另一端时，为应用层提供可靠的数据传输服务。

TCP 协议将应用层的一个 PDU 分成多个字节段，封装成自己的 PDU，然后转交给网际层，每个 TCP 的 PDU 再被封装在一个 IP 数据报中并通过网络设备传送。数据报到达目的主机时，IP 将先前封装的 TCP 的 PDU 再送交给 TCP。尽管 TCP 使用 IP 传送其信息，但是 IP 并不解释或读取其信息。TCP 将 IP 看成一个连接两个终端主机的报文传输通信系统，IP 将 TCP 的 PDU 看成它要传送的数据。

TCP 允许运行于不同主机上的两个应用程序建立连接，在两个方向上同时发送和接收数据，而后关闭连接。每一个 TCP 连接都以建立可靠的连接开始，以友好的拆除连接结束，在拆除连接之前，保证所有的数据都已成功传输，从而提供可靠的数据传送。对于大量数据的传输，通常都采用 TCP 传送。

TCP 协议还具有完成流量控制、协调收发双方的发送与接收速度等功能，以达到正确传输的目的。

2. UDP 协议

UDP 协议提供的是无连接、不可靠的数据报传输服务。在传输过程，UDP 报文有可能会出现丢失、重复及乱序等现象，并且 UDP 协议不进行差错检验。使用 UDP 协议的应用层的应用程序必须实现可靠性机制和差错控制，以保证端到端数据传输的正确性。由于不能提供可靠的数据传输，因此，UDP 协议主要用于不要求按分组顺序到达的传输中，分组传输顺序检查与排序由应用层完成。

UDP 常用于数据量较少的数据传输，例如：域名系统中域名地址/IP 地址的映射请求和应答（Named），Ping、引导协议（BOOTP，Bootstrap Protocol）、简单文件传输协议（TFTP，Tirvial File Transfer Portocol）等应用。

面向连接的通信通常只能在两个主机之间进行，若要实现多个主机之间的一对多或多对多的数据传输，即广播或多播，就需要使用 UDP 协议。

3. 端口

TCP 模块和 UDP 模块都以 IP 模块为传输基础，同时又可面向多种应用程序提供传输服务。为了能够区分出对应的应用程序，对给定主机上的多个目标进行区分，引入了端口的概念。端口就是 TCP 和 UDP 为了识别一个主机上的多个目标而设计的。

由于 IP 地址只对应到网络中的某台主机，而端口号可对应到主机上的某个应用进程，因此，TCP 模块采用 IP 地址和端口号的对偶来标识 TCP 连接的端点。一条 TCP 连接实质上对应了一对 TCP 端点。

端口与一个 16 位的整数值相对应，该整数值也被称为 TCP 端口号。TCP 和 UDP 分别拥有自己的端口号，它们可以共存一台主机，但互不干扰。如表 3-9 所示，给出了一些重要的端口号。

表 3-9 重要的端口号

TCP 端口号	关键字	描述	UDP 端口号	关键字	描述
20	FTP-DATA	文件传输协议数据	50	DOMAIN	域名服务器
21	FTP	文件传输协议控制	67	BOOTBS	引导协议服务器
23	TELNET	远程登录协议	68	BOOTPC	引导协议客户机
25	SMTP	简单邮件传输协议	69	TETP	简单文件传送
53	DOMAIN	域名服务器	161	SNMP	简单网络管理协议
80	HTTP	超文本传输协议	162	SNMP-TRAP	简单网络管理协议陷阱
110	POP3	邮局协议			

TCP/IP 约定：0～1 023 为保留端口号，供标准应用服务使用；1 024 以上是自由端口号，供用户应用服务使用。

用户在利用 TCP 或 UDP 编写自己的应用程序时，应避免使用保留端口号，因为它们有可能已被重要的应用程序和服务占用。

3.5.5 应用层协议

应用层包括了所有的高层协议，并且总是不断有新的协议加入。应用层主要包含如下协议。

（1） Telnet 协议

远程终端协议 Telnet，要求有一个 Telnet 服务器，此服务器驻留在主机上，等待着远端机器的授权登录。本地主机作为仿真终端登录到远程主机（telnet 服务器），直接操作远程主机。

Telnet 协议依赖于传输层的协议 TCP 为其提供服务，通过 TCP 端口号 23 工作。

（2） FTP 协议

文件传输协议（FTP，File Transfer Protocol），它允许用户在远端服务器和本地主机之间移动文件，用于实现网络中交互式文件的传输功能。用户可以使用 FTP 协议登录到 FTP 服务器上，下载一个或多个数据文件。当然，用户在该 FTP 服务器上首先要具有授权的用户 ID 和密码。

FTP 协议依赖于传输层的协议 TCP 为其提供服务，通过 TCP 端口号 20 或 21 工作。

（3） SMTP 协议

简单邮件传输协议（SMTP，Simple Mail Transfer Protocol），用于实现在各种网络环境下电子邮件的传送功能。

SMTP 具有当邮件地址不存在时立即通知用户的功能，并且具有把在一定时间内不可传输的邮件返回发送方的特点（邮件驻留时间由服务器的系统管理员设置）。

SMTP 协议依赖于传输层的协议 TCP 为其提供服务，通过 TCP 端口号 25 工作。

（4） DNS 域名系统

DNS 域名系统（DNS，Domain Name System）用于实现将网络设备的文字名字（节点名）映射为 IP 地址的网络服务。

DNS 协议既依赖于 TCP 协议，也依赖于 UDP 协议。

（5） HTTP 协议

超文本传输协议（HTTP，Hyper Text Transfer Protocol），用于 Web 服务。

（6） RIP 协议

路由信息协议（RIP，Routing Information Protocol），用于网络设备之间交换路由信息。

（7） SNMP 协议

简单网络管理协议（SNMP，Simple Network Management Protocol），用于管理和监视网络设备。

（8） DHCP 协议

动态主机配置协议（DHCP，Dynamic Host Configuration Protocol）为大量客户机提供了快速、方便、有效地分配 IP 的方法。它从一个地址池中把 IP 地址分配给请求主机，DHCP 也能提供其他信息，如网关 IP、DNS 服务器、默认域和网络范围内 HOSTS 文件的位置。这样便减轻了管理员跟踪记录手工分配 IP 地址的负担。

提示： 应用层协议有的依赖于面向连接的传输层协议 TCP（例如 Telnet 协议、SMTP 协议、FTP 协议及 HTTP 协议），有的依赖于面向非连接的传输层协议 UDP（例如 SNMP 协议），还有一些协议（如 DNS 协议），既依赖于 TCP 协议，也依赖于 UDP 协议。

3.6 项目实训——Windows Server 2003 的安装配置和使用

3.6.1 实训准备工作

1. 计算机每个学生一台。
2. 计算机安装了虚拟 PC 软件，并准备好 Windows Server 2003 安装镜像文件。

注意： 在虚拟 PC 软件中安装和配置 Windows Server 2003 主要是为了防止实训过程对计算机本身的软件环境产生影响。

3.6.2 实训步骤

1. 安装方式

在使用 Windows Server 2003 家族产品时，有两种授权模式可供您选择：每设备或每用户和每服务器模式。

（1） “每设备或每用户”模式要求在访问运行 Windows Server 2003 家族产品的服务器时，每台设备或每个用户都必须包含单独的客户端访问许可证（CAL）。

（2） “每服务器”模式要求服务器的每个并发连接都需要拥有一个单独的 CAL。使用一个 CAL，特定的设备或用户就可连接到任意多个运行 Windows Server 2003 家族产品的服务器。拥有多台运行 Windows Server 2003 家族产品的服务器的公司大多采用这种授权方法。相对而言，“每服务器”授权则表示服务器的每个并发连接都要拥有单独的 CAL。换句话说，该服务器可以在任意时间支持固定数目的连接。例如，如果选择具有 5 个许可证的“每服务器”客户端授权模式，那么该服务器可在任意时间拥有 5 个并发连接（如果每个客户端需要一个连接，那么任意时间允许有 5 个客户端）。使用连接的客户端不需要任何其他许可证。

“每服务器”授权模式往往是只有一台服务器的小公司的首选。该授权模式也可用于 Internet 或远程访问服务器，以便在客户端计算机可能没有被授权为 Windows Server 2003 家族产品的网络客户端的情况下发挥作用。可以指定并发服务器连接的最大数量并拒绝任何额外的登录请求。

如果不能确定使用哪一种模式，那么请选择“每服务器”模式，因为这样可以有一次机会，把“每服务器”模式更改为“每设备或每用户”模式而无需任何开销。

选择“每服务器”并完成安装程序后，可查阅“帮助和支持中心”中有关授权模式的主题。如果使用终端服务器，那么请务必查阅有关“终端服务器授权”的主题。

2. 使用双重启动配置

可以将计算机设置成每次重新启动时都可以在不同的操作系统之间进行选择。可以在具备适当磁盘配置的计算机上安装多个操作系统，如表3-10所示，然后在每次重新启动计算机时选择要使用的操作系统。

例如，在基本磁盘上，必须将每一个操作系统（包括 Windows Server 2003，Enterprise Edition）安装在单独的分区上。这样可确保每个操作系统都不会覆盖其他操作系统需要的重要文件。

表3-10 多个操作系统的要求

磁盘配置	多个操作系统的要求
基本磁盘或多磁盘	可以在基本磁盘上安装多个操作系统，包括 Windows NT 4.0 和更早的操作系统。每个操作系统都必须位于磁盘上的某个单独分区或逻辑驱动器上
单个动态磁盘	只可以安装一个操作系统。但是，如果您是通过 Windows 2000 或 Windows XP 将未分区的磁盘直接更改为动态磁盘的，那么必须将该磁盘还原为基本磁盘才能安装操作系统
多个动态磁盘	每个动态磁盘上都可以安装一个 Windows 2000、Windows XP 或 Windows Server 2003 家族产品。其他任何操作系统都不能从动态磁盘启动。但是，如果您是通过 Windows 2000 或 Windows XP 将没有分区的磁盘直接更改为动态磁盘的，那么必须将该磁盘还原为基本磁盘才能安装操作系统
基于 Itanium 体系结构	不能从基于 Itanium 体系结构的计算机上的 MBR 的计算机上的主启动磁盘启动操作系统。要启动操作系统，必须使用记录 MBR）磁盘 GPT 磁盘
基于 Itanium 体系结构	可以在基于 Itanium 体系结构的计算机的 GPT 磁盘的计算机上的 GUID 上安装一个或多个操作系统。本表中关于基本磁盘与分区表 （GPT）磁盘动态磁盘的指导原则同样适用于基于 Itanium 体系结构的计算机上的 GPT 磁盘

3. 使用何种文件系统

安装分区可以采用三种文件系统：NTFS、FAT 和 FAT32。强烈建议在大多数情况下使用 NTFS，它是唯一支持 Active Directory 的文件系统，包含许多重要功能，例如域和基于域的安全性。但是，如果要让一台基于 x86 的计算机有时运行 Windows Server 2003 Enterprise Edition，有时运行 Windows NT 4.0 或更低版本的操作系统，那么就有必要在该计算机的基本磁盘上建立一个 FAT 或 FAT32 分区。

4. 为新的安装规划磁盘空间

如果要执行新的安装，应在运行安装程序之前查看磁盘分区或卷（升级使用的是现有分区或卷）。分区和卷都可以把磁盘分成一个或多个区域，这些区域格式化后可用于一种文件系统。不同的分区和卷通常具有不同的驱动器号（例如 C 和 D）。运行安装程序之后，只要不重新格式化或更改包含操作系统的分区或卷，就可以调整磁盘配置。

5. 确定所要安装的组件

在 DNS、DHCP、IIS 等 Windows Server 2003 组件中，根据后续实验的需要选择并确定所需要安装的组件。

6. 创建域还是工作组

“域”是一组账户和网络资源，它们共享一个公共目录数据库和一组安全策略，并可能与其他域存在安全关系。“工作组”是最基本的分组，仅用来帮助用户查找诸如该组内的打印机和共享文件夹等对象。域使得系统管理员可以更加方便地控制对资源的访问并跟踪用户。

具体安装步骤如下。

① 启动 Windows 98 后，打开光驱，插入 Windows Server 2003 安装光盘。

② 系统能自动启动根目录下的 SETUP.EXE。

③ 出现标题为 Microsoft Windows 2003 CD 的询问窗口，并询问升级到 Windows Server 2003，选择否后，当前窗口自动关闭。在以后的安装窗口中，选择其中第一项安装 Windows Server 2003。

④ 选择安装新的 Windows Server 2003 后，单击“下一步”按钮。

⑤ 阅读许可协议，认可后，选择我接受这个协议，单击“下一步”按钮。

⑥ 出现特殊选项窗口，单击高级选项，弹出高级选项窗口，在 Windows 安装文件夹编辑框中输入\Win2003；选择“安装过程中安装磁盘分区”复选框后，单击“下一步”按钮。

⑦ 复制必要的初始化文件后，会重新启动计算机，进入字符模式安装界面。

⑧ 按 Enter 键，表示要开始安装 Windows Server 2003。

⑨ 在硬盘分区表中，使用↑、↓键，为 Windows Server 2003 选择安装分区，按 Enter 键确认。

⑩ 若在指定分区或逻辑盘中有已安装的操作系统，则会提示现有的操作系统 Windows Server 2003 安装后会无法正常启动，此时请按 C 键，表示要继续安装。

⑪ 使用↑、↓键，为 Windows Server 2003 占用的分区指定文件系统类型，选择用 NTFS 文件系统格式化磁盘分区，并按 Enter 键确认。

⑫ 按 F 键，表示要进行格式化，安装过程会进入分区格式化阶段。

⑬ Windows Server 2003 进行磁盘检测，并复制安装文件到指定的安装目录中，此过程要花一定的时间，请稍等，复制完毕后重新启动计算机，进入图形模式安装界面。

⑭ 安装程序会进行设备检测，在很长时间内不用用户干预，由于计算机配置不同，安装时间也长短不一。

⑮ 确认区域设置，包括自定义语言、时间、货币、日期、输入法配置等，不需修改，单击“下一步”按钮继续。

⑯ 输入姓名和单位信息，例如 Webmaster machine room，单击“下一步”按钮继续。

⑰ 选择每台服务器的授权模式，设置同时连接数为 50，单击“下一步”按钮继续。

⑱ 更改安装程序自动产生的计算机名称为 WWW*xx*，设置管理员账号 Administrator 的口令，单击“下一步”按钮继续。

⑲ 组件安装选择，选中“Internet 信息服务（IIS）”，单击“详细信息”按钮，弹出子组件窗口，在选项左侧打√，保证所需项目被选中后，单击“确认”按钮，关闭弹出窗口。

⑳ 选中“网络服务”，单击“详细信息”按钮，弹出子组件窗口，在选项左侧打√，确认其中动态主机配置协议（DHCP）和域名服务系统（DNS）两项被选中，单击“确认”按钮，关闭弹出窗口。

㉑ 设置网卡的TCP/IP参数，选择Internet协议（TCP/IP）后，单击“属性”按钮，弹出属性设置页，选择使用下面的IP地址：

IP地址192.168.*x*.1　子网掩码255.255.255.0

其中，*x*是实习组号，选择使用下面的DNS服务器地址，输入首选DNS服务器192.168.*x*.1。设置完毕，单击“下一步”按钮继续。

㉒ 在工作组和域的设置窗口中，选择“不，此计算机不在网络上，或者没有域的网络上”选项，提供工作组的名称为Net *x*，单击“下一步”按钮继续。

㉓ 需要一段时间复制所选择的安装程序组件，此后，Windows Server 2003进入最后一系列设置，包括组件注册，保存设置，删除临时文件等。

㉔ 全部结束后，出现“请从驱动器中取出CD或软盘”提示信号，安装结束，将重新启动计算机，单击“完成”按钮。

小结

计算机网络体系结构是指计算机网络的层次结构和协议。开放式系统互连（OSI）参考模型是一个描述网络层次结构的模型，其标准保证了各种类型网络技术的兼容性和互操作性。OSI参考模型说明了信息在网络中的传输过程，各层在网络中的功能和它们的架构。每一层使用下层提供的服务，并向其上层提供服务；不同节点的同等层按照协议实现对等层之间的通信。理解数据封装和拆包的过程对于掌握计算机网络的数据传输是十分重要的。

TCP/IP协议是目前最流行的商业化网络协议，理解其中各个协议是必要的。TCP/IP协议栈中的IP协议是为标识主机而采用的地址格式，掌握IP地址的组成和划分是IP规划和的核心。

习题

1. 什么是网络体系结构?
2. OSI/RM共分为哪几层?简要说明各层的功能。
3. 请详细说明数据链路层和网络层的功能。
4. TCP/IP协议模型分为几层?各层的功能是什么？每层又包含什么协议?
5. 若要将一个B类的网络168.168.0.0划分为14个子网，请计算出每个子网的子网掩码，以及在每个子网中主机IP地址的范围?
6. 简述ARP的工作流程。
7. IP协议有哪些主要功能？
8. 试述UDP和TCP协议的主要特点及它们的适用场合。
9. 什么是MAC地址？如何接收数据？
10. 现需要对一个局域网进行子网划分。其中，第一个子网包含25台计算机，第二个子网包含26台计算机，第三个子网包含30台计算机，第四个子网包含8台计算机。如果分配给该局域网一个C类网络地址211.168.168.0，请写出你的IP地址分配方案和理由。
11. 试简单说明下列协议的作用：IP，ARP，RARP，ICMP。
12. IP数据报的首部的最大长度是多少个字节？典型的IP数据报首部是多长？

项目四 局域网技术

局域网（LAN）在计算机网络中占有非常重要的地位，它目前已被广泛应用于办公自动化、企业管理信息系统、辅助教学系统、软件开发系统和商业系统等方面，各机关、团体和企业部门众多的微型计算机、工作站通过 LAN 连接起来，以达到资源共享、信息传递和远程数据通信的目的。

计算机局域网一般采用共享介质，这样可以节约局域网的造价。对于共享介质，关键问题是当多个站点要同时访问介质时，如何进行控制，这就涉及到局域网的介质访问控制 MAC（Medium Access Control）协议。

本章将系统地介绍各种局域网及组网技术。

项目学习目标

- 了解各种传输介质的规范和应用场合。
- 了解局域网的组成及参考模型，掌握 IEEE 802 协议标准。
- 理解以太网、令牌环网的工作原理。
- 熟练掌握交换局域网工作原理和组网方法。
- 熟练掌握以太网、快速以太网、千兆位以太网技术及组网方法。
- 能够利用所学知识组建局域网。

4.1 局域网需要的设备

一般来说，局域网主要由网络服务器、用户工作站和通信设备（包括网络适配器、传输介质、网络互连设备）三个部分组成。搭建局域网主要用到网卡、集线器和交换机等设备。

4.1.1 网卡

网卡也叫网络适配器，如图 4-1 所示。网卡是计算机与物理传输介质之间的接口设备。它被插在计算机的扩展总线槽上，而有些厂商也把网卡集成在主板上，网卡通过传输介质接入网络。

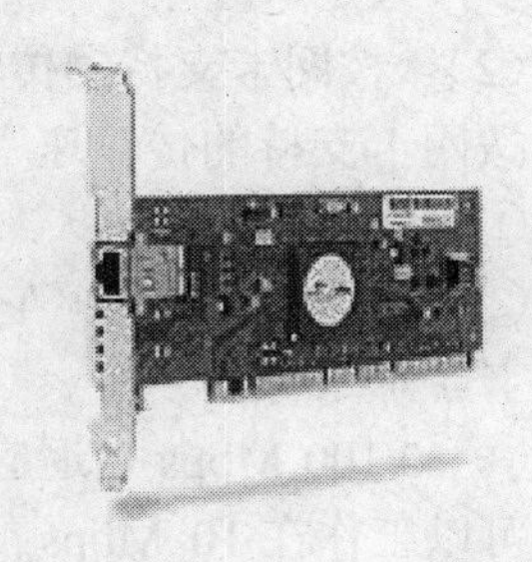

图 4-1 网卡

1. 网卡的功能

网卡与其驱动程序相结合，能够实现计算机上使用的数据链路层协议的各种功能，同时还可以作为物理层的组成部分。

网卡发送数据的过程如下。

（1） 数据传输。计算机将存放在内存中的数据通过系统总线发送给网卡。

（2） 数据缓存。计算机处理数据的速率与网络的数据传输速率是不同的。网卡配有用来存放数据的存储缓冲区，这样它每次就能够处理一个完整的帧。典型的以太网网卡配有 4 KB 的缓存，发送数据的缓存和接收数据的缓存各占 2 KB。

（3） 帧的封装。网卡负责接收被网络层协议封装好的 PDU，然后再将网络层的 PDU 封装成一个帧。

（4） 介质访问控制。以太网采用 CSMA/CD 控制对介质的访问。

（5） 数据编码解码。计算机生成的二进制格式的数据，必须按照适合网络介质传输的格式进行编码，然后才能发送出去。同样，输入进来的信号在接收时必须进行解码，这些都是由网卡来实现的。以太网使用曼彻斯特编码模式。

（6） 数据的发送。网卡提取它已经进行编码的数据，将信号放大到相应的振幅，然后通过传输介质将数据发送出去。

数据的接收过程正好是发送数据的逆过程。

2. 网卡的分类

（1） 按网卡支持的总线接口分类

由于网卡通过总线与计算机沟通，因此可按总线接口来分类网卡。常分为以下几种。

① ISA 接口的网卡。它是一种 16 位的网卡，主要应用在第 1 代的 PC 机上，由于现在许多新型主板上已经不再提供 ISA 接口的功能，这类接口的网卡现在几乎绝迹。

② EISA 接口的网卡。它是由 Compaq、HP、AST 等厂商共同提出的总线标准，是为了提高 ISA 接口的数据传输率而设计的，但由于成本高，一直未能普及。它的最大数据传输率可达 32 Mbps。

③ PCI 接口的网卡。它是由 Intel 主导的总线标准，可以支持 32 位及 64 位的数据传输。PCI 网卡在稳定程度与数据传输率方面都有很大的改进，当前 32 位的网卡居多，它的最大数据传输率可达 132 Mbps。由于它的数据传输率与稳定性较高等优点，已成为目前市场上的主流产品。

④ USB 接口的网卡。它是由 IBM、Intel、Microsoft 等厂商提出的新一代串行总线标准。由于它具有高扩展性、热插拔、即插即用功能等优点，所以它是一种更易于用户使用的外设连接接口，目前它的最大传输速率可达 480 Mbps。

⑤ PCMCIA 接口的网卡。PCMCIA 网卡是用于笔记本电脑的一种网卡，大小与扑克牌差不多，只是厚度厚一些。

（2） 按网卡支持的传输速率分类

按网卡支持的传输速率对网卡进行分类，可分为如下几种。

① 10 Mbps 网卡。

② 100 Mbps 网卡。它增加了带宽，大大提高了网络传输效率，已成为局域网市场的主流网卡。

③ 10/100 Mbps 自适应网卡。目前市场上还有不少具有 10/100 Mbps 双重速率的网卡，它既可以工作在 10 Mbps 的系统中，又可以工作在 100 Mbps 的系统中。使用这种网卡在升级网络时，可以更新部分拥塞的网络，从而节省大量资金。

④ 1 000 Mbps 网卡。它以光纤为传输介质，带宽可以达到 1 000 Mbps。这种网卡的价格较高。

（3） 按网卡支持的传输介质分类

按网卡支持的传输介质对网卡进行分类，可分为如下几种。

① BNC 接头网卡。主要用于连接细缆，传输速率为 10 Mbps。BNC 接头网卡具有价格低廉、容易安装等特点。但由于故障率高，传输速率低，现已基本被淘汰。

② AUI 接头网卡。主要用来连接粗缆，由于布线施工麻烦，传输速率低，现已被淘汰。

③ RJ—45 接头网卡。主要用来连接 UTP（或 STP）双绞线。传输率有 10 Mbps 和 100 Mbps 两种规格，由于这种接头的网卡具有易于安装、扩展与调试方便等优点，因而得到了普遍应用。

④ 无线网卡。它是一种利用无线技术传输的网卡，这种网卡必须要连接一个收发天线。

⑤ 光纤网卡。

3. 网卡的选购与维护

在选购网卡之前，首先要考虑网络拓扑结构，以决定用哪种传输介质实现网卡与网络的连接。选购网卡时还需要考虑下面几个不同的因素：网络的数据传输速度；网卡与网络连接起来时使用的接口类型；安装网卡要使用的系统总线类型等。

4.1.2 集线器

集线器就是通常所说的 HUB，就是中心的意思。像树杈一样，它是各分支的汇集点。集线器通过对工作站进行集中管理，能够避免网络中出现问题的区段对整个网络正常运行的影响。集线器的外观如图 4-2 所示。

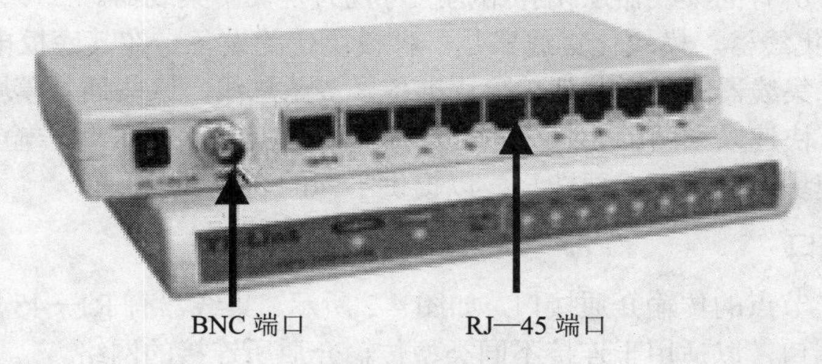

图 4-2 集线器

1. 集线器的功能

集线器是第 1 层设备，它的引入意味着允许更多的用户对网络有更大的访问量。集线器只是一个多端口的信号放大设备。当一个端口接收到数据信号时，由于信号从源端口到 HUB 的传输过程中已有了衰减，所以 HUB 便将该信号进行整形放大，使被衰减的信号再生（恢复）到发送时的状态，然后再转发到其他所有处于工作状态的端口上（广播）。

以太网集线器的每个时间片内只允许有一个节点占用公用通信信道而发送数据，所有端口共享带宽。

2. 集线器的分类

集线器的产生早于交换机，更早于后面将要介绍的路由器等网络设备，所以它属于一种传统的基础网络设备。集线器技术发展至今，也经历了许多不同主流应用的历史发展时期，所以集线器产品有许多不同类型。

集线器有很多种分类方法，可以按传输速率、配置形式、管理方式和端口数等进行分类，如表 4-1 所示。在组网时，用户应根据网络中要连接的计算机和其他设备的数量选择合适的集线器，且需要留下一些扩充的余地。

表 4-1　集线器的分类

分类标准	类　型	用　途
RJ—45 端口数	8 口	集线器的端口数目根据要连接的计算机的数目而定。如：有 16 台 PC，最好购买 24 端口的集线器，以便扩充
	16 口	
	24 口	
速度	10 Mbps	目前已基本不用
	100 Mbps	适用于中小型的星型网络
	10/100 Mbps 自适应	可工作在 10 Mbps 或 100 Mbps 速度下
配置形式	独立式	用于 LAN，价格低，管理方便。但工作性能差，缺乏速度优势
	模块化	在较大的网络中便于实施对用户的集中管理，一般用于大型网络
	可堆叠式	独立型和模块化集线器的结合物，可方便扩充网络，适用于一些中型网络
管理方式	智能型集线器	增加了交换功能，具有网络管理和自动检测网络端口速度的能力
	非智能型集线器	具有信号放大和再生作用，常用于有服务器的局域网

（1）　独立式集线器。以星型拓扑连接起来，称之为独立式集线器。

（2）　可堆叠式集线器。堆叠方式是指将若干集线器用电缆通过堆栈端口连接起来，以实现单台集线器端口数的扩充。堆栈中的所有集线器可视为一个整体集线器来进行管理，也就是说，堆叠栈中所有的集线器从拓扑结构上可视为是一个集线器。

（3）　模块化集线器。模块化集线器是一种模块化的设备，在其底板电路板上可以插入多种类型的模块。集线器的底板给插入模块准备了多条总线，这些插入模块可以适应不同的网段，如以太网、快速以太网、光纤分布式数据接口（FDDI）和异步传输模式（ATM）中。各种功能不同的模块可以根据需要选择，以提供不同的功能。

3.　集线器端口

端口就是所连节点的传输介质接口，如图 4-2 所示。集线器有 RJ—45 端口、BNC 端口、AUI 端口和光纤端口，以适用于连接不同类型传输介质所连接的网络。

（1）　集线器的 RJ—45 端口是通过 RJ—45 接头连接双绞线的。这种端口是最常见的，我们平常所讲的多少口集线器，指的就是集线器具有多少个 RJ—45 端口。RJ—45 端口既可直接连接计算机、网络打印机等终端设备，也可以与其他交换机、集线器或路由器等设备进行连接。

集线器一般有一个“UP Link 端口”，用于与其他集线器的连接（级联）。

（2）　BNC 端口就是用于与细缆连接的接口，它是通过 BNC/T 型接头进行连接的。

（3）　AUI 端口是用于连接粗缆的。

（4）　堆叠端口是用来连接两个堆叠集线器的，只有可堆叠集线器才具备的。一般来说，一个堆叠集线器中同时具有两个外观类似的堆叠端口：一个标注为“UP”，另一个就标注为“DOWN”，如图 4-3 所示。

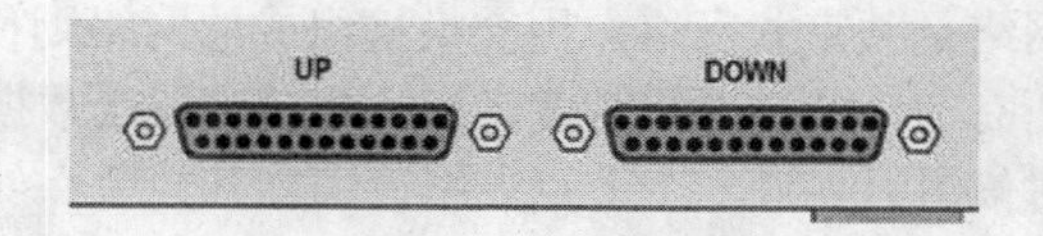

图 4-3 堆叠端口

4. 集线器的选购

集线器属于基础网络设备产品，基本上不需要另外的软件来支持。随着技术的发展，在局域网尤其是大中型局域网中，集线器已逐渐退出而被交换机代替。目前，集线器主要应用于一些小型网络或大中型网络的边缘部分。在选购集线器时需要考虑以下因素。

（1） 集线器的带宽。

（2） 集线器的端口数。

（3） 集线器的网管功能。

（4） 是否堆叠。

（5） 集线器的品牌和价格。

4.1.3 交换机

交换是近年来计算机网络领域中的热门技术。所谓交换就是使用一种称为交换机的网络设备连接各个主机、网段或局域网，实现高速并发连接通信的技术。如图 4-4 所示是一台 CISCO WS-C3550-48EMI 交换机。

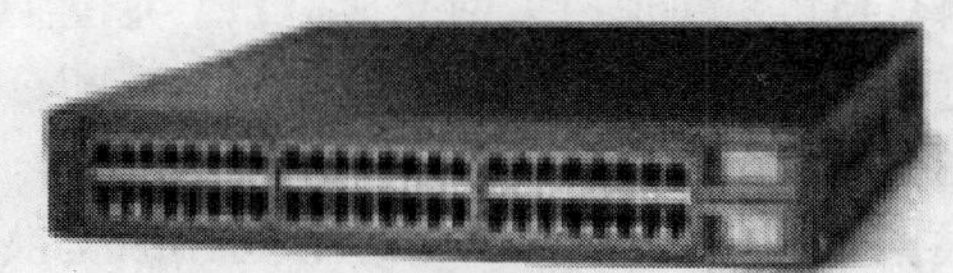

图 4-4 交换机

交换机是基于网络交换技术的产品，它工作在 OSI 参考模型的第 2 层。交换机在想要通信的两台连接的设备之间建立一条虚电路，成为一条临时专用通道。这类似于高速公路被分成多条车道，每辆车都有专用的车道。也就是说，交换机的任意两个端口之间都可以进行通信而不影响其他端口，所有端口两两之间都可以并发地进行通信而独占带宽，它突破了共享式集线器在同一时刻只能有一对端口工作的限制，从而提高了整个网络的带宽。

1. 工作原理简介

网络中交换机的工作原理与电信局的电话交换机原理非常相似。例如，在电话交换系统中，当一个电话用户需要与另一个电话用户通话时，需拨打对方的电话号码，电信局的电话交换机收到电话号码后就会自动建立两个电话之间的一个连接，使得通话只在这两个用户之间进行，其他用户不能听到电话的内容，也无法加入这两个用户的谈话之中。这种通话可以同时在多对电话用户之间进行。与电话交换机建立两个电话用户之间的通过电话号码连接类似的是，局域网的交换机是通过两台计算机的网卡地址来建立它们之间的连接的。

2. 交换机与集线器的比较

（1） 区别

交换机与集线器的最大区别是前者使用交换方式传送数据，而后者则使用共享方式传送数据。用集线器组成的网络是共享式网络，用交换机组成的网络则称为交换式网络。

在共享式网络中，所有节点共享网络带宽，当一个节点发送数据时，它将该数据广播到集线器的每个端口。此时信道只允许一个节点占用，因此其他节点处于监测等待状态，从而影响了网络的性能。

在交换式网络中，交换机提供给每个节点以专用信道，只要不是两个源端口同时将信息发往同一端口，那么各个源端口与各自的目标端口之间可同时进行通信而不会发生冲突。例如，一个全双工的 10 Mbps 交换机每个端口的带宽都可以达到 20 Mbps。

（2） 相同点

连接方式相同。

3. 交换机的分类

（1） 从网络覆盖范围划分

① 广域网交换机：广域网交换机主要是应用于电信网、城域网互连、互联网接入等领域的广域网中，提供通信用的基础平台。

② 局域网交换机：局域网交换机是常见的交换机，也是我们学习的重点。它应用在局域网络中，用于连接终端设备，如服务器、工作站、集线器、网络打印机等，以提供高速独立通信通道。

（2） 根据传输介质和传输速度划分

根据交换机使用的网络传输介质及传输速度的不同我们一般可以将局域网交换机分为以太网交换机、快速以太网交换机、千兆位（G 位）以太网交换机、10 千兆位（10G 位）以太网交换机、FDDI 交换机、ATM 交换机和令牌环交换机等。

（3） 根据应用特征划分

根据交换机所应用的网络层次，网络交换机可分为企业级交换机、部门级交换机以及工作组交换机和桌机型交换机。

① 企业级交换机：企业级交换机属于高端交换机，一般采用模块化结构，可作为企业网骨干构建高速局域网。企业级交换机可以提供用户化定制、优先级队列服务和网络安全控制，并能很快适应数据增长和改变的需要，从而满足用户的需求。

② 部门级交换机：部门级交换机是面向部门级网络使用的交换机，这类交换机可以是固定配置，也可以是模块配置，一般除了常用的 RJ—45 双绞线外，还带有光纤接口。部门级交换机一般支持基于端口的 VLAN（虚拟局域网），可实现端口管理，可任意采用全双工或半双工传输模式，可对流量进行控制，具有网络管理功能，可通过 PC 机的串口或经过网络对部门级交换机进行配置、监控和测试。

③ 工作组交换机：工作组交换机是传统集线器的理想替代产品，一般为固定配置，配有一定数目的 10Base-T 或 100Base-TX 以太网口，工作组交换机一般没有网络管理的功能。

④ 桌面型交换机：桌面型交换机，这是最常见的一种最低端交换机，它区别于其他交换机的一个特点是支持的每端口 MAC 地址很少，只具备最基本的交换机特性。但与集线器相比，它还是具有交换机的通用优越性，况且有许多应用环境也只需要这些基本的性能，所以它的应用还是相当广泛的。目前桌面型交换机大都提供多个具有 10/100 Mbps 自适应能力的端口。

（4） 根据交换机的结构划分

按交换机的端口结构来分，可将交换机分为固定端口交换机和模块化交换机。

① 固定端口交换机：固定端口就是它带有的端口是固定的，一般的端口标准是 8 端口、16 端口和 24 端口等。这种交换机在工作组中应用较多，一般适用于小型网络、桌面交换环境。

② 模块化交换机：模块化交换机拥有更大的灵活性和可扩充性，用户可任意选择不同数量、不同速率和不同接口类型的模块，以适应千变万化的网络需求。一般来说，企业级交换机应考虑其扩充性、兼容性和排错性，因此，应当选用模块化交换机；而骨干交换机和工作组交换机则由于任务较为单一，故可采用简单明了的固定式交换机。

4.2 IEEE 802 参考模型

美国电气和电子工程师学会 IEEE 是最早从事局域网标准制定的机构，这个机构于 1980 年 2 月成立了 802 委员会，又称 802 课题组，专门从事有关局域网各种标准的研究和制定，该委员会在 IBM 的系统网络体系结构（SNA）的基础上制定出局域网的体系结构，即著名的 IEEE 802 参考模型。

4.2.1 IEEE 802 参考模型概述

局域网可采用的传输介质有多种，数据链路层必须具有接入多种传输介质的访问控制方法。因此，从体系结构的角度出发，IEEE 802 参考模型将数据链路层化分成两个子层，即介质访问控制（MAC）子层和逻辑链路控制（LLC）子层，其中只有 MAC 子层与具体的物理介质有关，LLC 子层则起着屏蔽局域网类型的作用。

IEEE 802 参考模型从局域网的实际出发，规定了局域网的低三层标准。这三层分别是物理层、介质访问控制子层 MAC 和逻辑链路控制子层 LLC，它相当于 OSI 模型的最低两层，即物理层和数据链路层，其对应关系如图 4-5 所示。局域网标准没有规定高层的功能。因为局域网的绝大多数高层功能是与 OSI 参考模型一致的。

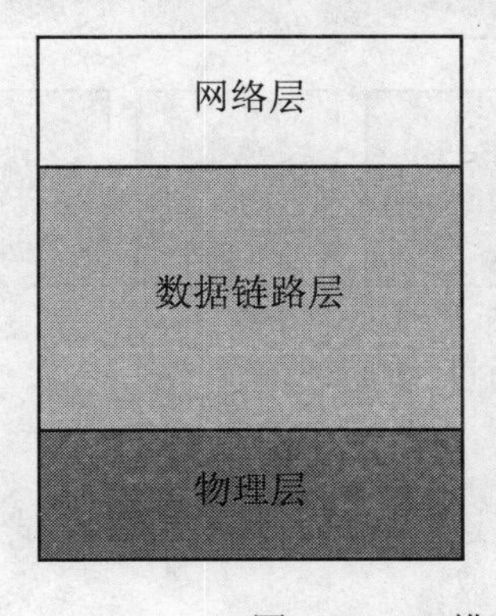

图 4-5 802 模型与 OSI 模型低三层的对比

1. 物理层

局域网的物理层规定了传输介质及其接口的电气特性、机械特性、功能特性及规程特性。

2. MAC 子层

MAC 子层负责处理局域网中各站点对通信介质的争用问题，在物理层的基础上进行无差错的通信。MAC 子层的主要功能如下。

（1） 发送时将上邻层传下来的数据封装成帧，接收时将帧拆封后转交给上邻层。

（2） 进行差错检测。

（3） 负责寻址。

3. LLC 子层功能

LLC 子层负责提供标准的 OSI 数据链路层服务，屏蔽 MAC 子层的具体实现，将其变成统一的 LLC 界面，从而向网络层提供一致的服务。LLC 子层的主要功能如下。

（1） 建立和释放数据链路层的逻辑连接。

（2） 提供与高层的接口。

（3） 进行差错控制。

4.2.2 IEEE 802 标准

IEEE 802 委员会于 1985 年公布了 IEEE 802 标准的五项标准文本，同年为 ANSI 所采纳作为美国国家标准，ISO 也将其作为局域网的国际标准系列，称为 ISO 802 系列标准。IEEE 802 系列标准之间的关系如图 4-6 所示，从图中可以看出数据链路层中与媒体无关的部分都集中在 LLC 子层中，而涉及媒体访问的有关部分则根据具体网络的媒体访问控制方法进行处理。

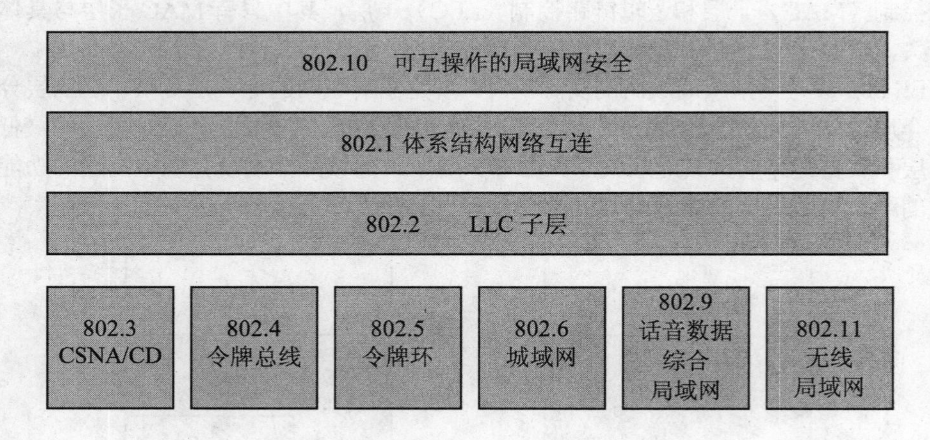

图 4-6 IEEE 802 系列标准间的关系

IEEE 802 系列标准分别为：

IEEE 802.1 定义了体系结构、寻址、网络互连、网络管理和性能测试。

IEEE 802.2 定义了逻辑链路控制（LLC）协议。

IEEE 802.3 定义了 CSMA / CD 总线访问控制方法及物理层规范。

IEEE 802.4 定义了令牌总线（Token Bus）访问控制方法及物理层规范。

IEEE 802.5 定义了令牌环（Token Ring ）访问控制方法及物理层规范。

IEEE 802.6 定义了城域网介质访问控制方法及物理层规范。

IEEE 802.7　定义了宽带网技术。
IEEE 802.8　定义了光纤传输技术。
IEEE 802.9　定义了综合声音、数据局域网技术。
IEEE 802.10　定义了可互操作的局域网安全性规范。
IEEE 802.11　定义了无线局域网技术。
IEEE 802.12　定义了 100VG-AnyLAN 的媒体访问控制方法及物理层规范。
IEEE 802.14　定义了交互式电视网，包括 Cable Modem 的技术规范。

提示： 目前，IEEE 802 这一标准的数目还在不断扩充和完善，尽管高层软件和应用的网络操作系统不同，但由于底层采用了标准协议，所以几乎所有局域网均可实现互连。

4.3 共享介质局域网

从介质访问控制方法的角度看，局域网可以分为共享介质局域网和交换局域网。IEEE 802 标准定义的共享介质局域网主要有三类：IEEE 802.3、IEEE 802.4 和 IEEE 802.5。

4.3.1 以太网与 IEEE 802.3 标准

以太网是目前使用最为广泛的局域网，其传输速率自 80 年代初的 10 Mbps 发展到 90 年代的 100 Mbps，而目前 1 Gbps 的以太网产品已很成熟。以太网从共享型发展到交换型以及全双工以太网技术，致使整个以太网系统的带宽成十倍、百倍地增长，并保持足够的系统覆盖范围。

1. 以太网概述

1983 年，以太网技术（802.3）与令牌总线（802.4）和令牌环（802.5）共同成为局域网领域的三大标准。1995 年，IEEE 正式通过了 802.3u 快速以太网标准，以太网技术实现了第一次飞跃。1998 年 802.3z 千兆位以太网标准正式发布，2002 年 7 月 18 日 IEEE 通过了 802.3ae 的 10 Gbps 以太网标准。分析以太网的发展历程和技术特点，可以发现以太网的发展主要得益于以下原因。

（1） 开放标准，获得了众多厂商的支持。
（2） 结构简单，管理方便，价格低。
（3） 持续的技术改进，满足了用户不断增长的需求。
（4） 网络可平滑升级，保护了用户投资。

2. 以太网的帧

（1） 以太网帧的格式

符合 802.3 标准的以太网的帧格式如图 4-7 所示。

前导码（7字节）	帧起始定界符	目的MAC地址	源MAC地址	类型/长度	数据	帧校验序列

图 4-7　802.3 标准以太网帧的格式

① 前导码。其长度为 7 字节（56 位），由交替出现的 1 和 0 组成，即 1010101010…。前同步码可以使 LAN 上所有的其他节点达到同步。

② 帧起始定界符。1 字节的帧起始定界符，其格式为 10101011，标志着帧本身开始。

③ 目的 MAC 地址。长度为 6 字节，表示接收节点的 MAC 地址。目的地址的最高位为 0 时，表示普通地址；为 1 时，表示组地址。当把一帧送到组地址时，组内各节点均接收该帧。目的地址为全 1 的帧，将传至网上各个节点。

④ 源 MAC 地址。长度为 6 字节，表示发送节点的 MAC 地址。

⑤ 类型/长度。指明该帧数据域的字节数。

⑥ 数据。上层的 PDU（即 IP 报文），长度为 46～1 500 字节。

⑦ 帧校验序列 FCS。使用循环冗余码校验（CRC）值进行错误检测。在封装时，根据帧的其他域计算此值。当目的节点接收到该帧时再重新计算。如果重新计算结果与原来的值不匹配，则接收节点就要求重新发送该帧。当新值与初始值匹配时，不再重新传输。

FCS 的检验范围不包括前同步码和帧起始定界符。

⑧ 帧填充。填充的作用是确保每一帧足够长。因此，如果数据长度小于 46 字节，则把它填充到 46 字节。从目的地址字段的开头到 FCS 字段的结束计算，总的最小帧长度为 64 字节，最大帧长度为 1 518 字节。

（2） 帧的接收

以太网使用收发器与传输介质进行连接。收发器一般被直接集成到终端站点的网卡当中。以太网采用广播机制，所有与网络连接的工作站都可以收到网络上传递的数据帧。通过查看包含在帧中的目标地址，确定如何处理该帧：如果数据帧的目的MAC地址与自己的MAC地址相同，工作站将会接收数据帧并传递给高层协议进行处理，否则就丢弃该帧。

以下 3 种帧被认为是“发往本站点的帧”。

① 单播（Unicast）帧：即收到的帧地址为本站点的硬件地址。

② 广播（Broadcast）帧：发送给所有站点的帧（全 1 地址）。

③ 多播（Multicast）帧：发送给本部分站点的帧。

（3） 无效的帧

IEEE 802.3 标准规定，当出现下列情况之一时即为无效的 MAC 帧。

① 长度不是整数个字节的帧。

② 帧中所封装数据的实际长度与数据长度域的值不一致的帧。

③ 用收到的帧检验序列 FCS 查出有差错的帧。

④ 收到的帧的数据字段长度不在 46～1 500 字节范围内的帧。

3. 以太网媒体访问控制方法

访问控制方法是指何时、何设备访问介质的机制。以太网采用总线型拓扑结构，所有计算机都共享同一条总线，如图 4-8 所示。以太网某节点将数据帧以广播的方式通过共享介质发送到其他各个节点，其他节点则根据数据帧的目的地址决定是否接收或丢弃该帧。那么，这些计算机以怎样的方式来协调和使用共享总线，是以太网要解决的头等问题。

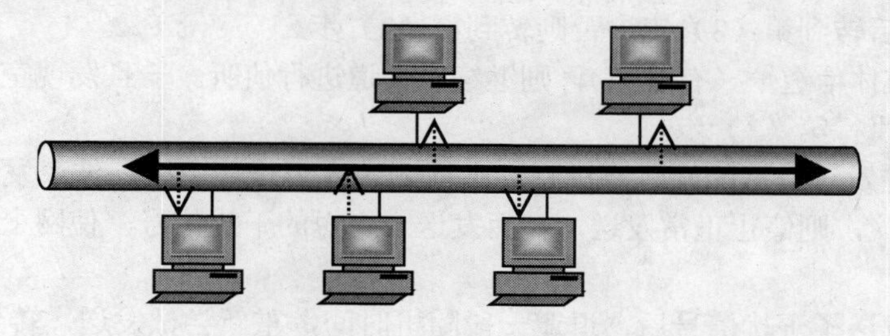

图 4-8　以太网 CSMA/CD 工作原理

载波侦听是指工作站在发送数据之前，首先需要侦听网络是否空闲。即媒体上有无传输的数据帧，也就是载波是否存在。

多路访问是指多个站点可同时访问总线，一个站点发送的数据帧也可以被多个站点所接收。

所谓冲突，是指两个信号相互干扰。冲突检测是指当一个站点占用总线发送数据帧时，要边发送边检测总线是否有冲突发生。如果两个工作站同时试图进行传输，将会造成冲突，形成废帧，这种现象称为碰撞。

以太网是通过采用载波侦听、多路访问和碰撞检测（CSMA/CD）机制，来解决共用总线、争用及冲突问题的，它确保了在同一时刻总线上只有一台计算机在发送信息。CSMA/CD 被广泛地应用于局域网的 MAC 子层，是 IEEE 802.3 的核心协议，也是著名的以太网所采用的协议。

CSMA/CD 工作流程如图 4-9 所示。

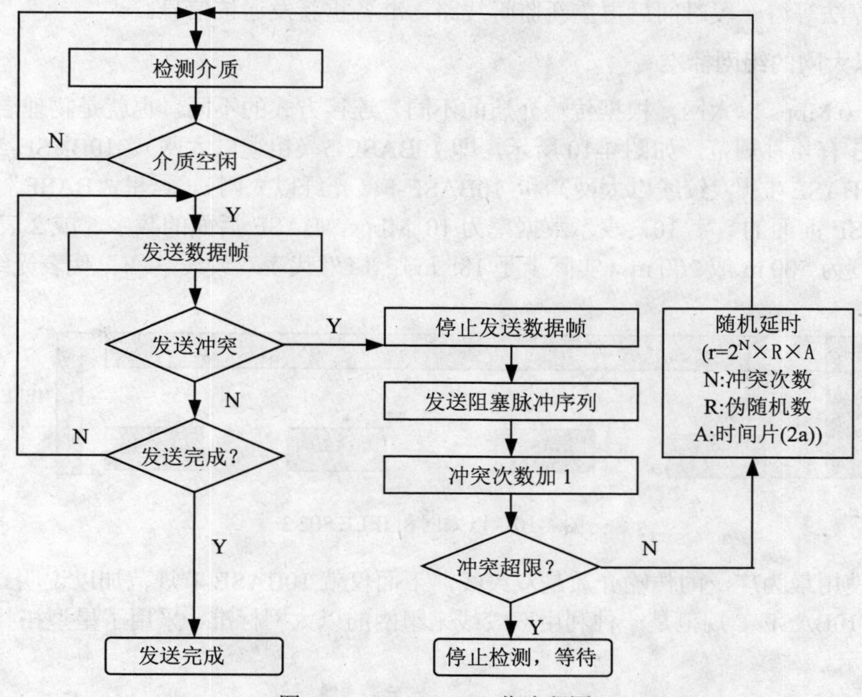

图 4-9　CSMA/CD 工作流程图

（1） 任一工作站在发送数据之前，首先需要侦听网络是否空闲。如果媒体信道空闲，则进行发送，之后转到第（3）步；否则转到第（2）步。

（2） 如果媒体信道忙（有载波），则继续对信道进行侦听。一旦发现空闲，向信道上发送数据包，并将执行第（3）步。

（3） 站点在发送数据的同时要进行冲突检测，直至传输完成，结束发送。如果在发送过程中检测到碰撞，则停止正常发送，转而发送一个短的干扰信号，使网上所有站都知道出现了碰撞。

（4） 站点发送了干扰信号后，退避一段随机时间，重新尝试发送，转到第（1）步。

提示： 冲突是不可能完全避免的。

为什么会产生冲突呢？因为电磁波在总线上是以有限的速率传播的，需要一定的传输时间。假设以太网中站点 A 向站点 B 发送的数据报未达 B 的时侯，B 的载波监听还检测不到 A 发送的信号，如果此时站点 B 向到站点 A 发送数据，则站点 A 和站点 B 发送的信号必然会发生碰撞。

由于载波监听不能完全避免冲突，所以在以太网的收发器中设立了冲突检测机构。发送数据帧的节点一面将信息流送至总线上，一面经接收器从总线上将信息流接收下来。然后将接收到的信息与发送的信息进行比较，如果两者相同，则继续发送；如果不一致，就表明发生了冲突，应停止发送信息，并发送干扰信号警告所有的其他站点已检测到冲突。然后采取某种退避算法等待一段时间后再重新监听线路，准备重新发送该信息。

4. 以太网的组网标准

对于 10 Mbps 以太网，根据传输介质的不同、连接方式的不同，也就是物理层的不同，IEEE 802.3 有 4 种规范，如图 4-10 所示，即 10BASE-5（粗缆以太网）、10BASE-2（细缆以太网）、10BASE-T（双绞线以太网）和 10BASE-F（光纤以太网）。这里“BASE”表示基带信号，BASE 前面的数字 10，表示数据率为 10 Mbps，BASE 后面的数字 5 或 2 表示每一段电缆的长度为 500 m 或 200 m（实际上是 185 m）；“T”代表双绞线，“F”代表光纤。

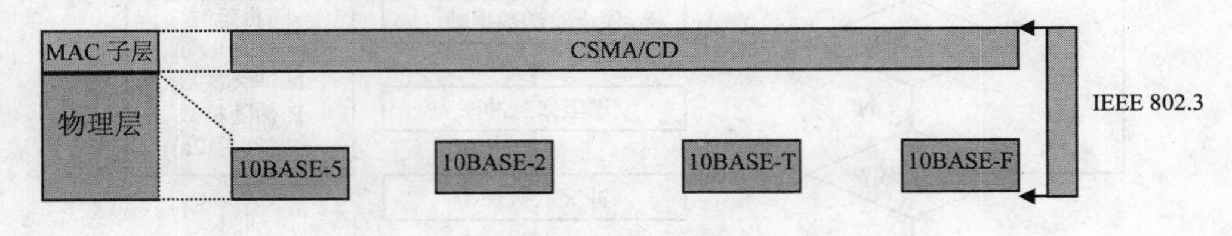

图 4-10 以太网和 IEEE 802.3

目前使用最为广泛的传输介质是双绞线，下面仅就 10BASE-T 规范加以说明。

（1） 10BASE-T 规范是一种利用双绞线来组网的以太网标准，采用了星型拓扑结构，如图 4-11 所示。

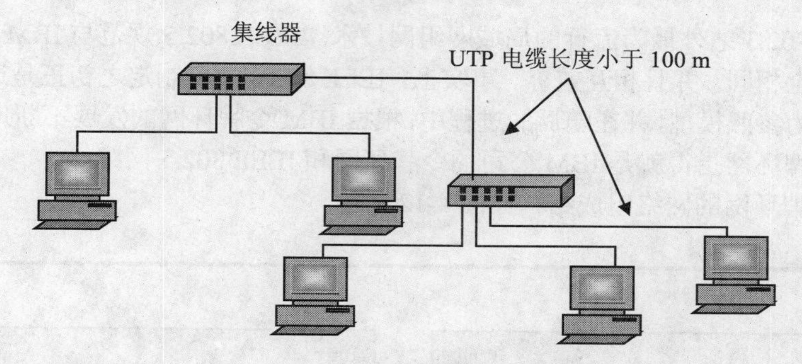

图 4-11 10BASE-T 组网规则

（2） 10BASE-T 的硬件主要由 RJ—45 连接器、双绞线电缆、网络适配器（网卡）和集线器（HUB）四部分组成。

① 10BASE-T 要求网络内所有站点均通过双绞线连接到一个中心集线器（HUB）上。这种结构使得增添或移去站点变得十分简单，并且很容易检测到电缆故障。

采用 HUB 连接的以太网在逻辑上仍然是总线型网络。

② 10BASE-T 要求电缆的最大有效长度为距集线器 100 m。

③ 采用 10BASE-T 组网，能接入网络的计算机数目与集线器的端口数有关，当要接入网络的计算机数目大于集线器的端口数时，则需要采用集线器级联的方法组成树型网络。

④ 10BASE-T 要求两个计算机端点之间最多允许有 4 个集线器和 5 个非屏蔽双绞线电缆段，即 10BASE-T 网络所允许端到端的最大电缆长度为 500 m。

⑤ 10BASE-T 的连接采用 RJ—45 接头。

（3） 10BASE-T 的传输速率为 10 Mbps。

（4） 10BASE-T 采用 CSMA/CD 媒体访问控制方法。

5. 双绞线组网连接方法

当需要连网的节点数超过单一集线器的端口数时，通常需要采用多集线器的级联结构。

例如，要组建一个有 36 台计算机的局域网，使用单一集线器结构肯定是不行的，可以使用多台集线器级联结构组网。

（1） 需要的硬件设备

① 10 Mbps、24 口集线器 2 台。

② 30 台计算机各安装一块 10 Mbps、具有 RJ—45 接口的以太网卡。

③ 长度足够，且已按照 EIA/TIA 568B 标准做好 RJ—45 接头的直通双绞线 37 根。

（2） 组网方法

① 使用直通双绞线，通过集线器的普通 RJ—45 端口与 UP-link 口实现级联。

② 使用直通双绞线，双绞线一端的 RJ—45 接头插入集线器的任一普通 RJ—45 接口内，另一端的 RJ—45 接头插入网络适配器的 RJ—45 接口内。

4.3.2 IEEE 802.5 标准与令牌环网

1. 令牌环网概述

令牌环网是由 IBM 公司在 70 年代初开发的一种网络技术，目前已经发展成为除

Ethernet/IEEE 802.3 之外最为流行的局域网组网技术。IEEE 802.5 规范与 IBM 公司开发的令牌环网几乎完全相同，并且相互兼容。事实上，IEEE 802.5 规范制定之初正是选取了 IBM 的令牌环网络作为参照模型，并在随后的过程中，根据 IBM 令牌环网的发展不断地进行了调整。通常来说，令牌环网指得就是 IBM 公司的令牌环网和 IEEE 802.5 网络。

典型的令牌环网的网络组成结构如图 4-12 所示。

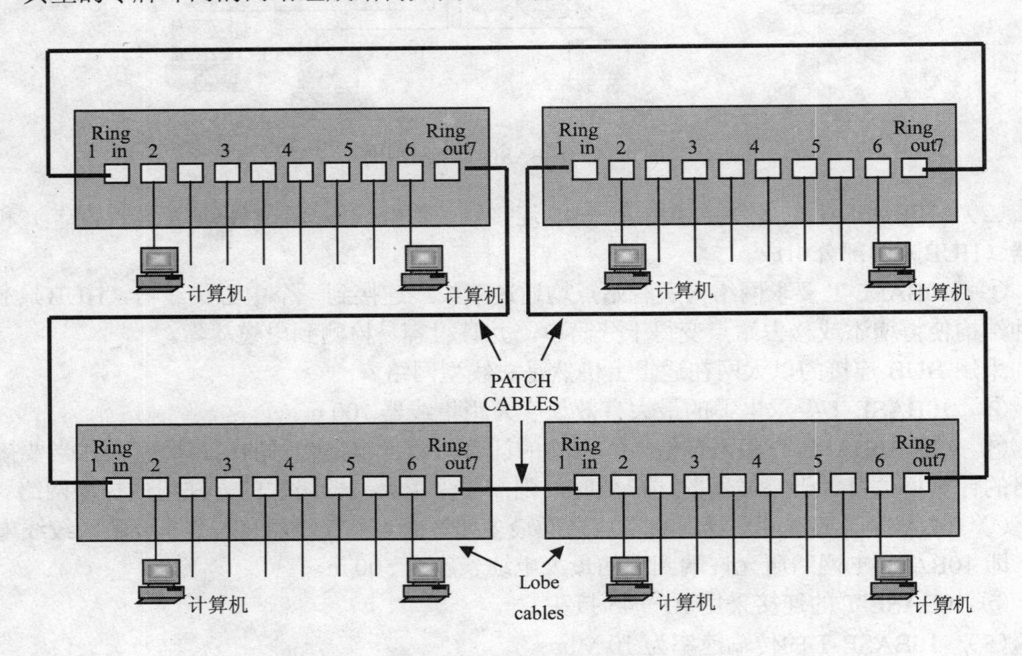

图 4-12　令牌环网的网络组成结构

令牌环网中的各工作站都直接与 MSAU 连接，多台 MSAU 设备连接在一起形成一个大的圆形环路。一台 MSAU 最多可以连接 8 台工作站，左右两端的 Ring In 和 Ring Out 端口是用来连接不同 MSAU 的，它们不能用于连接工作站设备。MSAU 中包括旁路中继电路，可以将工作站从网络环路中断开。

2. 令牌环网的工作原理

令牌环网采用令牌环介质访问控制方法。当环上的一个工作站希望发送帧时，必须首先等待令牌。帧在环上传送时，不管帧是否是针对自己工作站的，所有工作站都进行转发，直到回到帧的始发站，并由始发站撤消该帧。工作站在发送完一帧后，释放令牌，以便让给其他站使用。

3. 令牌环网的管理与维护

从令牌环网的工作过程可以看出，对令牌环网管理和维护显得尤为重要。原因是环容易出现物理故障导致环的中断或令牌的丢失；不管什么情况，都会导致环的不正常工作。

为了便于令牌环的管理和维护，常采用分布式的管理方法，也就是增加了许多用于令牌环管理和维护的命令（控制帧）。同时令牌环网还引入了监控站（monitor station），由它来监控整个网的正常工作。

监控站的职责是：确保令牌不丢失；在环断开时采取行动；当环中出现破损帧时清除掉；

查看有无主帧出现。例如，当信息帧的发送设备失效时，将无法清除已经发出的信息帧（即出现了无主帧），使信息帧在网络环路中持续传递下去，影响其他工作站正常发送信息，并有可能最终导致整个网络瘫痪。为了避免上述情况的发生，令牌环网中的监控站可以及时检测并清除网络中出现的错误帧，并自动生成新的令牌发送到网络当中。

令牌环网采用了一种较为复杂的优先级系统，只有那些具有与令牌相同或更高优先级别的工作站才可以获得令牌。在令牌被获取并被改换为数据帧之后，只有那些具有比数据帧发送方更高优先级别的工作站才能够预约在下一个循环周期中使用令牌。

提示： 令牌环网实时性较强，适合负载较重的网络；而以太网实时性较差，适合负载较轻的网络。

4.4 交换式局域网

在共享介质局域网中，所有节点共享一条公共通信传输介质，所有节点将平均分配整个带宽。因此，当网络通信负荷加重时，冲突与重发现象将大量发生，网络效率将会急剧下降。为了克服网络规模与网络性能之间的矛盾，解决的方法就是使用交换式局域网代替共享式局域网。而交换式局域网的核心设备是局域网交换机。

尽管局域网交换机和集线器在外型上非常相似，但它们在工作原理上有着根本的区别。由交换机构建的网络称为交换式网络，交换机的每个端口都能独享带宽，所有端口都能够同时进行并发通信，并且能够在全双工模式下提供双倍的传输速率。而集线器构建的网络为共享式网络，在同一时刻，只有一个接收数据端口和一个发送数据端口进行通信，所有的端口分享固有的带宽。

局域网交换机是一种基于 MAC 地址识别，能完成封装转发数据帧功能的网络设备。交换机可以“学习”MAC 地址，并把其存放在内部地址表中，在数据帧的信源和信宿之间建立临时的交换路径，使数据帧直接由源节点到达目的节点。

4.4.1 数据传输技术

在计算机网络中数据传输技术主要有“共享”(Share)和“交换”(Switch)两种技术。集线器采用“共享”技术，而交换机采用“交换”技术。

如果把“共享”方式理解为来回车辆共用一个车道的单车道公路，则“交换”方式就是来回车辆各用一个车道的多车道公路，如图 4-13 所示。

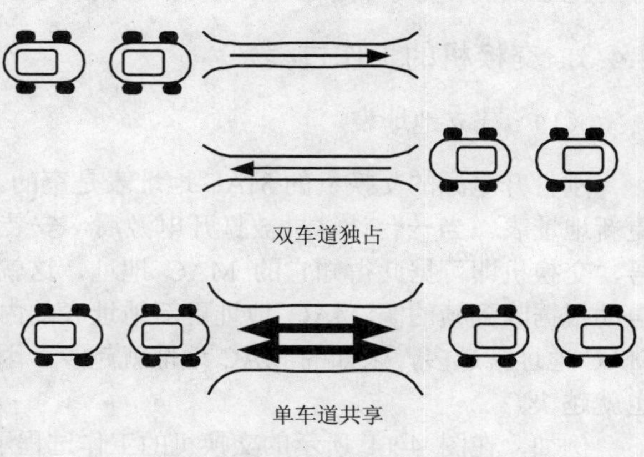

图 4-13 共享和交换

单车道每次只允许一个方向的车辆经过桥，这显然容易出现塞车现象。而双车道则允许同一时刻沿两个方向的车辆同时通过桥，即每辆车独占车道（带宽）。交换机解决了集线器那种共享单车道容易出现的“塞车”现象。这种独享带宽的情况被称为“交换”，而这种网络环境则称为“交换式网络”。显然，共享式网络的效率非常低，在任一时刻只能有一个方向的数据流，这个数据流占用了网络的全部带宽。

共享式网络在数据流量大的时候效率会降低，因为同一时刻只能进行单一数据传输任务。数据流量变大时就很容易出现数据碰撞、争抢信道的现象。而交换机就很少出现这种情况，因为各数据流有自己的信道，基本上不太可能争抢信道。

4.4.2 数据传递方式

集线器的数据包传递方式是广播方式，同一时刻只有两个节点在传递数据，而交换机则分别通过多条通道并发传递数据。

交换机能够通过网卡的 MAC 地址，了解到连接在每个端口上的所有计算机，形成一个端口与 MAC 地址的对应表。从交换机的一个端口发过来的数据中都会含有目的 MAC 地址，交换机在地址表里查找与这个 MAC 地址相对应的端口，若存在，就在这两个端口间架起一条临时专用通道。这样多条临时专用通道，形成了立体交叉的并发结构。

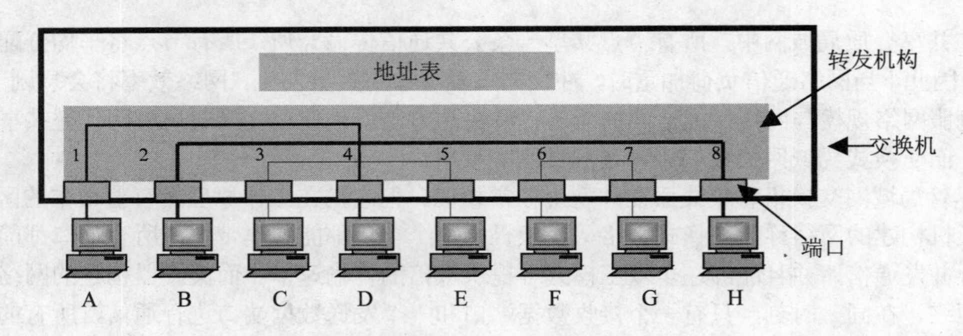

图 4-14　交换机的工作过程示意图

例如，在图 4-14 所示的 8 口以太网交换机中，端口 1～8 分别连接了节点 A～H。此时节点 A 和节点 D 之间、节点 B 和节点 H 之间、节点 C 和节点 E 之间、节点 F 和节点 G 之间分别建立了一条临时专用通道，形成了 4 条并发通道。数据帧将分别通过这 4 条通道并发传输。

4.4.3 交换机的工作过程

（1） 建立地址表

刚打开电源的交换机的 MAC 地址表是空的。交换机将根据其接收帧中的源 MAC 地址更新地址表。当一台计算机被打开电源后，安装在该系统中的网卡会定期发出空闲包或信号，交换机即可据此得知它的 MAC 地址，这就是所谓的自动地址学习。由于交换机能够自动根据收到帧的源 MAC 地址更新地址表的内容，所以交换机使用的时间越长，学到的 MAC 地址就越多，未知的 MAC 地址就越少，因而广播的包也越少，当然数据转发的速度也就越快。

例如，在图 4-14 所示的交换机的工作过程示意图中，通过以太网交换机的“端口号／MAC 地址映射表”就可以得到端口号与节点 MAC 地址的对应关系，通过“学习”建立起如表 4-2 所示的地址表（A～H 实际上应是一个 48 位的二进制数）。

表 4-2 地址表

端口号	1	2	3	4	5	6	7	8
MAC 地址	A	B	C	D	E	F	G	H

如果此时节点 A、B 和 C 同时要发送数据，那么它们将分别在帧的目的地址字段中填上该帧的目的地址 D、H 和 E。当节点 A、节点 B 和节点 C 同时通过交换机传送帧时，交换机的交换控制中心根据“端口号 / MAC 地址映射表”的对应关系找出对应帧目的地址的输出端口号，那么它就可以为节点 A 到节点 D 建立端口 1 到端口 4 的连接，为节点 B 到节点 H 建立端口 2 到端口 8 的连接，同时为节点 C 到节点 E 建立端口 3 到端口 5 的连接。也就是说可以在多个端口之间建立多个并发连接。

（2） 更新地址表

由于交换机中的内存有限，交换机不会永久性地记住所有的端口号/MAC 地址关系，它能够记忆的 MAC 地址的数量也是有限的。因此，就必须赋予其相应的忘却机制，从而吐旧纳新。事实上，工程师为交换机设定了一个自动老化时间，若某 MAC 地址在一定时间内（以太网默认为 300 s）不再出现，那么，交换机将自动把该地址从地址表中清除。而当该 MAC 地址重新出现时，将被当作新地址处理。

（3） 并发传递数据

交换机与集线器最大差别在于交换机能够记忆站点连接的端口。因此，除广播帧和未知 MAC 地址的数据帧外，交换机将该帧直接转发至目的端口。由于不必广播，所以，不同端口间的转发可以并行操作，也就是说交换机的每个端口都是一个独立的冲突域。即在各端口间建立起了一座立交桥，使得不同流向的数据各行其道，每个端口均能够独享固定带宽，传输速率几乎不受计算机数量增加的影响。

（4） 过滤与转发

交换机可以把网络“分段”，通过对照地址表，将不允许通过的数据帧过滤，仅转发允许通过的无差错数据帧，进行必要的网络流量控制。交换机的过滤和转发可以有效地隔离广播风暴，减少差错帧的传递，避免共享冲突。

提示：交换机的每个端口都是一个独立的冲突域，但交换机不能够隔离广播域。

4.4.4 交换机的交换方式

以太网交换机传送数据帧的方式通常有直通式、存储转发式和碎片隔离方式三种。

1. 直通交换方式

采用直通交换方式的以太网交换机可以理解为在各端口间是纵横交叉的线路矩阵电话交换机。它在输入端口检测到一个数据帧时，仅检查该帧头，获取帧目的地址后，查找地址表，在输入与输出端口的交叉处接通，把数据帧直接转发到相应的端口，实现交换功能。

（1） 优点

由于直通交换方式的交换机只检查数据帧头（通常只检查 14 个字节），不需要存储，所以它传输数据时延迟小（延迟是指数据帧进入一个网络设备到离开该设备所花的时间）、交换速度快。

（2） 缺点

直通交换方式不进行差错检测。因为数据帧内容并没有被交换机保存下来，所以无法检查所传送的数据帧是否有误。

直通交换方式也不进行速率转换。因为输入/输出端口间有速度上的差异，就必须提供缓存。但直通交换方式的交换机没有缓存，只能将具有不同速率的输入/输出端口直接接通，容易丢包。

实现困难。当交换机的端口增加时，交换矩阵变得越来越复杂，实现起来也就越困难。

2. 存储转发方式

存储转发（Store and Forward）是计算机网络领域使用得最为广泛的技术之一，以太网交换机的控制器先将端口输入的数据帧缓存起来，进行 CRC 校验，丢弃有差错帧或冲突帧，确定帧正确后，取出目的地址，通过查找地址表，找到与目的地址所对应的输出端口，最后将该帧转发出去。

（1） 优点

存储转发方式的交换机对进入交换机的数据帧进行错误检测，并且能支持不同速度的输入/输出端口间的交换，保持高速端口和低速端口间协同工作。

（2） 缺点

由于需要对数据帧进行存储、校验、转发处理，因此存储转发方式的交换机传输数据时延时较大。

3. 碎片隔离式

碎片隔离式（Fragment Free）是介于直通式和存储转发式之间的一种解决方案。它在转发前先检查数据帧的长度是否达到 64 B，如果小于 64 B，说明是残帧，则丢弃该帧；如果大于 64 B，则发送该帧。从而确保碰撞碎片不通过网络传播，能够在很大程度上提高网络传输效率。该方式的数据处理速度比存储转发方式快，比直通式慢，但由于能够避免残帧的转发，所以被广泛应用于低档交换机中。

提示： *局域网交换机具有低传输延迟、高传输带宽、支持虚拟局域网技术等特点。*

4.5 高速局域网

以太网和令牌环网的传输速率较低。随着通信技术的发展以及用户对网络带宽需求的增加，迫切需要建立高速的局域网。下面将介绍高速局域网技术。

4.5.1 快速以太网技术

1. 快速以太网技术的发展

IEEE 802 委员会于 1995 年 6 月正式批准了快速以太网（Fast Ethernet）标准，该标准被命名为 802.3u。

快速以太网的传输速率比普通以太网快 10 倍，数据传输速率达到了 100 Mbps。快速以太网保留着传统以太网的所有特征，包括相同的数据帧格式、介质访问控制方法与组网方法，只是将每个比特的发送时间由 100 ns 降低到了 10 ns。之所以这样处理主要考虑到下面 3 个原因。

（1） 与现存成千上万个 10 Mbps 以太网相兼容。

（2） 担心制定新的协议可能会出现不可预见的困难。

（3） 不需要引入更多新技术便可完成网络升级工作。

由于保留了 CSMA/CD 协议，从而保证不需对工作站的以太网卡的软件和上层协议做任何修改，就可以使传统局域网站点和快速以太网站点间相互通信，并且不需要进行协议转换。这样，在提高了网络性能的同时，降低了系统的造价和升级费用，增加了灵活性。

2. 快速以太网简介

IEEE 802.3u 标准在 LLC 子层仍使用 IEEE 802.2 标准，在 MAC 子层依然采用 CSMA/CD，只是在物理层作了一些必要的调整，定义了新的物理层标准（100 BASE-T）。100 BASE-T 标准定义了介质专用接口（MII，media independent interface），它将 MAC 子层与物理层分隔开来。这样，物理层在实现 100 Mbps 速率时所使用的传输介质和信号编码方式的变化将不会影响到 MAC 子层。

3. 快速以太网技术标准

100BASE-T 标准可以支持多种传输介质。目前，100 BASE-T 有以下 3 种有关传输介质标准：100BASE-T4、100BASE-TX 和 100BASE-FX。

（1） 100BASE-T4 需要 4 对 3 类双绞线：一对专用于发送，一对专用于接收，另两对则是双向的。

（2） 100BASE-TX 需要两对高质量的双绞线：一对用于发送数据，另一对用于接收数据。这种电缆类型主要是 5 类非屏蔽双绞线（Category 5）。

一般把 100BASE-TX 和 100BASE-T4 统称为 100BASE-T。100BASE-T 站点与集线器的最大距离不超过 100 m。

（3） 100BASE-FX 的标准电缆类型是内径为 62.5 μm、外经为 125 μm 的多模光缆。光缆仅需一对光纤：一路用于发送，一路用于接收。100BASE-FX 可将站点与服务器的最大距离增加到 185 m，服务器和工作站之间（无集线器）的最大距离增加到约 400 m；而使用单模光纤时可达 2 km。如表 4-3 所示，给出了快速以太网 3 种不同的物理层标准。

表 4-3 快速以太网 3 种物理层传输介质

特　点	100BASE-TX	100BASE-FX	100BASE-T4
支持全双工	是	是	否
电缆对数	两对双绞线	一对光纤	四对双绞线
电缆类型	UTP Cat5	多模/单模光纤	UTP Cat5
最大距离	100 m	200 m，2 km	100 m
接口类型	RJ—45 或 DB9	MIC，ST，SC	RJ—45

4. 组网方法示例

（1） 基本硬件设备

100 Mbps 交换机 1 台；100 Mbps 共享集线器 1 台；已安装 100 Mbps 以太网网卡服务器 1 台、计算机若干台；五类双绞线若干长度。

（2） 组网方法

考虑到 100 Mbps 交换机比 100 Mbps 共享式集线器的价格高得多，而很多网络工作组用户并不需要专用的 100 Mbps 传输速率。这样，可以将服务器连接到交换机上；将各个计算机连接到 100 Mbps 共享式集线器上，然后再将共享式集线器连接到 100 Mbps 交换机上，这种方式不仅投资较少，而且不容易形成网络传输瓶颈，100BASE-T 组网如图 4-15 所示。

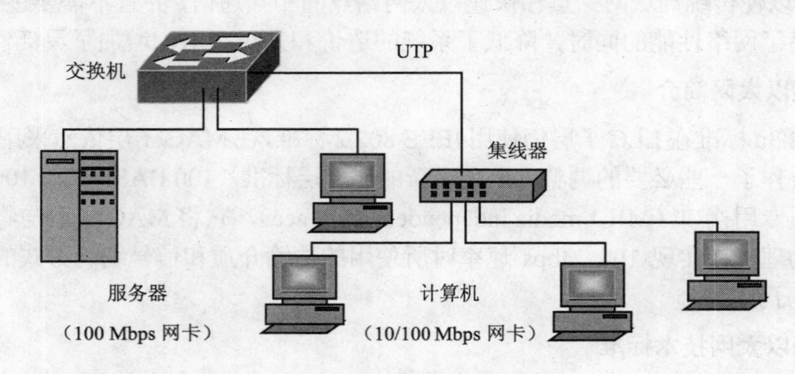

图 4-15 100BASE-T 组网示意图

4.5.2 千兆位以太网

1. 千兆位以太网简介

制定千兆位以太网标准的工作是从 1995 年开始的。1995 年 11 月，IEEE 802.3 委员会成立了高速网研究组。1996 年 8 月，成立了 802.3 工作组，主要研究使用多模光纤与屏蔽双绞线的千兆位以太网物理层标准。1997 年初，成立了 802.3ab 工作组，主要研究使用单模光纤与非屏蔽双绞线的千兆位以太网物理层标准。1998 年 2 月，IEEE 802 委员会正式批准了千兆位以太网标准（IEEE 802.3z）。

千兆位以太网（1 000 Mbps）仍采用 IEEE 802.3 的帧格式以及 CSMA/CD 介质访问控制方式，可以与现有的以太网兼容。

目前，千兆位以太网已经发展成为主流网络技术。大到成千上万人的大型企业，小到几十人的中小型企业，在建设企业局域网时都会把千兆位以太网技术作为首选的高速网络技术。

2. 千兆位以太网标准

IEEE 802.3z 标准在 LLC 子层仍使用 IEEE 802.2 标准，在 MAC 子层依然使用 CSMA/CD 方法，只是在物理层作了一些必要的调整，它定义了新的物理层标准（1000BASE-T）。1000BASE-T 标准定义了千兆位介质专用接口（GMII，gigabit media independent interface），它将 MAC 子层与物理层分隔开来。这样，物理层在实现 1 000 Mbps 速率时所使用的传输介质和信号编码方式的变化不会影响到 MAC 子层。

1000BASE-T 标准可以支持多种传输介质。目前，1000BASE-T 有以下几种相关传输介质标准。

（1） 1000BASE-T。它使用 5 类非屏蔽双绞线，双绞线长度可以达到 100 m。

（2） 1000BASE-CX。它是针对低成本、优质的屏蔽双绞线或同轴电缆的短途铜线缆而制定的 IEEE 802.3z 标准，连接距离可达 25 m。

（3） 1000BASE-LX。它是针对工作于单模或多模光纤上的长波长（1 300 nm）激光收发器而制定的 IEEE 802.3z 标准，当使用 62.5 μm 的多模光纤时，连接距离可达 440 m；当使用 50 μm 的多模光纤时，连接距离可达 550 m；在使用单模光纤时，连接距离可达 3 000 m。

（4） 1000BASE-SX。它是针对工作于多模光纤上的短波长（850 nm）激光收发器而制定的 IEEE 802.3z 标准，当使用 62.5 μm 的多模光纤时，连接距离可达 260 m；当使用 50 μm 的多模光纤时，连接距离可达 550 m。

3. 组网示意图

如图 4-16 所示，给出了典型的千兆位以太网的设备连接示意图。

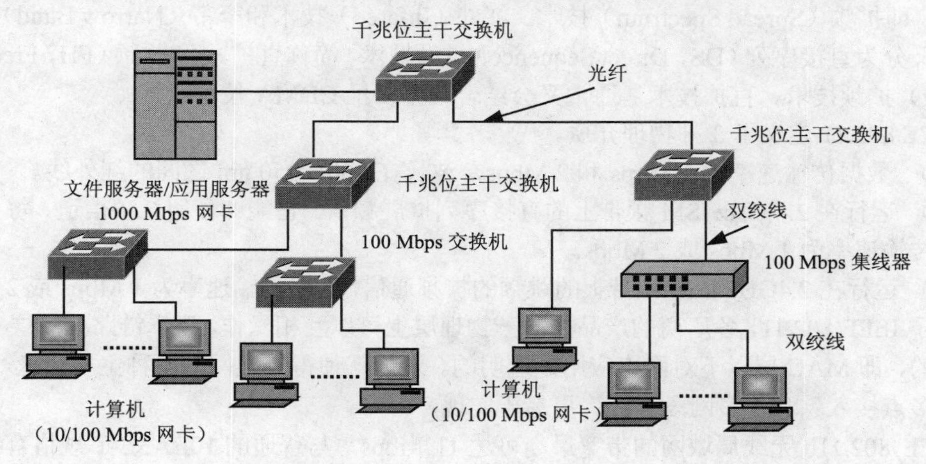

图 4-16 典型的千兆位以太网组网方法示意图

4.6 无线局域网

有线网络在某些场合要受到布线的限制，比如布线、改线工程量大，线路容易损坏，网中的各节点不可移动等。特别是当要把相距较远的节点连接起来时，铺设专用通信线路的布线施工难度大、费用高、耗时长，而无线局域网可以解决有线网络中的这些问题。

4.6.1 无线局域网概述

1. 无线局域网的概念

无线局域网（WLAN，Wireless Local area Network）是 90 年代计算机网络与无线通信技术相结合的产物。无线局域网是指以无线信道作传输介质的计算机局域网，是采用与有线网络同样的工作方法把 PC 机、服务器、工作站、无线适配器和访问点等通过无线信道连接起来的网络。它提供了使用无线多址信道的一种有效方法来支持计算机之间的通信。

无线局域网的应用范围非常广泛，室内应用包括大型办公室、车间、智能仓库、临时办公室、会议室、证券市场等；室外应用包括城市建筑群间通信、学校校园网络、工矿企业厂区自动化控制与管理网络、银行金融证券城区网、矿山、水利、油田、港口、码头、江河湖坝区、野外勘测实验、军事流动网、公安流动网等。

目前无线网络技术已相当成熟，高速无线网络的传输速率已达到 11 Mbps 完全能满足一般的网络传输要求，包括传输文字、声音、图像等。

2. 无线局域网的标准

IEEE 802 标准委员会于 1990 年 11 月着手制定无线局域网标准，研究 1 Mbps 和 2 Mbps 数据速率、工作在 2.4 GHz 开放频段的无线设备和网络发展的全球标准，并于 1997 年 6 月制定出了全球第一个无线局域网标准 IEEE 802.11，IEEE 小组在两年后又相继推出了 802.11b 和 802.11a 两个新标准。IEEE 802.11 主要是对网络的物理层和介质访问控制 MAC 进行了规定，其中对 MAC 层的规定是重点。在 MAC 层以下的物理层，802.11 规定了 3 种发送及接收技术：即扩频（Spread Spectrum）技术、红外（Infared）技术和窄带（Narrow Band）技术。而扩频又分为直接序列（DS，Direct Sequence）扩频技术（简称直扩），和跳频（FH，Frequency Hopping）扩频技术。直扩技术，通常又会结合码分多址 CDMA 技术。

IEEE 802.11 定义了 3 种物理介质。

（1） 数据传输速率为 1 Mbps 和 2 Mbps，波长在 850～950 nm 之间的红外线。

（2） 运行在 2.4 GHz ISM 频带上的直接序列扩展频谱。它能够使用 7 条信道，每条信道的数据传输速率为 1 Mbps 或 2 Mbps。

（3） 运行在 2.4GHz ISM 频带上的跳频的扩频通信，数据传输速率为 1 Mbps 或 2 Mbps。

有了 IEEE 802.11，各厂商的产品在同一物理层上可以互相操作，逻辑链路控制层（LLC）是一致的，即 MAC 层以下对网络应用是透明的。这样就使得无线网的两种主要用途“（同网段内）多点接入”和“多网段互连”更易于实现。

IEEE 802.11b 无线局域网的带宽最高可达 11 Mbps，与普通的 10BASE-T 规格有线局域网几乎是处于同一水平。作为公司内部的设施，可以基本满足使用要求。IEEE 802.11b 使用的是开放的 2.4 GB 频段，不需要申请就可使用。既可作为对有线网络的补充，也可独立组网，从而使网络用户摆脱网线的束缚，实现真正意义上的移动应用。

IEEE 802.11b 无线局域网与我们熟悉的 IEEE 802.3 以太网的原理很类似，都是采用载波侦听的方式来控制网络中信息的传送。不同之处是 802.11b 无线局域网引进了冲突避免技术，从而避免了网络中冲突的发生，大幅度提高了网络效率。

3. 介质访问控制规范

IEEE 802.11 工作组决定采用分布式基础无线网（DFW）的介质访问控制算法。将 MAC 层分为两个子层：分布式协调功能（DCF）子层与点协调功能（PCF）子层。

分布式协调功能（DCF）子层使用了一种简单的 CSMA 算法，但没有冲突检测功能。CSMA 的介质访问规则将进行如下两项工作。

（1） 如果一个节点要发送帧，它需要先侦听介质，如果介质空闲，则节点可以发送帧；如果介质忙，节点就要推迟发送，继续监听，直到介质空闲。

（2） 节点延迟一个空隙时间片，再次侦听介质。如果发现介质忙，则节点按照二进制拼指数退避算法延时，并继续监听介质，返回第（1）项。

4.6.2 无线局域网组网方法

在 IEEE 802.11b 标准中，无线局域网组网结构有“对等（Peer-To-Peer，即点对点）”和“主从（Master-Slave）”两种标准形式。“点对点”结构用于连接个人计算机或便携式计算机，允许各台计算机在无线网络所覆盖的范围内移动并自动建立点对点的连接，使不同计算机之间可以直接进行信息交换。而“主从”结构中所有工作站都直接与中心天线或访问节点 AP（Access Point）连接，由 AP 承担无线通信的管理及与有线网络连接的工作。无线站点在 AP 所覆盖的范围内工作时，无需为寻找其他站点而耗费大量的资源，是理想的低功耗工作方式。目前无线局域网采用的拓扑结构主要有对等方式、接入方式、中继方式三种。

1. 对等方式

对等方式下的无线局域网，不需要 AP，所有的基站都能对等地相互通信。但并不是所有号称兼容 802.11 标准的产品都具有这种工作模式，无线产品对应的这种模式是 Ad Hoc Demo Mode。在该模式的局域网中，一个基站会自动设置为初始站，对网络进行初始化，使所有同域的基站成为一个局域网，并且设定基站协作功能，允许有多个基站同时发送信息。在 MAC 帧中，包含源地址、目的地址和初始站地址。这种模式采用了 NetBEUI 协议，不支持 TCP/IP，适合于组建临时性的网络，如野外作业、临时流动会议等。每台计算机仅需一张网卡，经济实惠。其结构如图 4-17 所示。

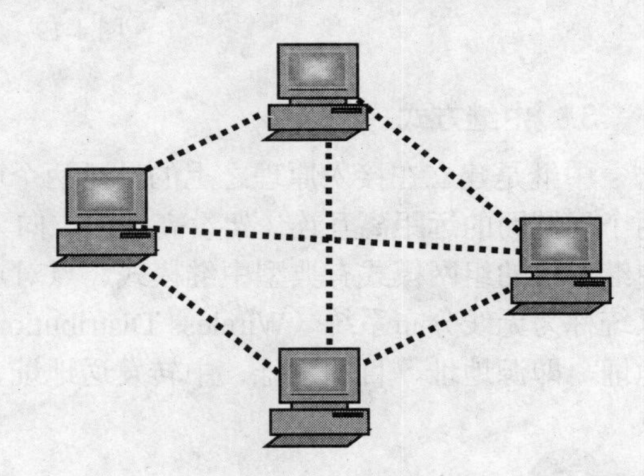

图 4-17 对等方式

2. 接入方式

这种方式以星型拓扑结构为基础，以接入点 AP 为中心，如图 4-18 所示。所有基站的通信都要通过 AP 接转，在 MAC 帧中，包含源地址、目的地址和接入点地址。通过各基站的响应信号，接入点 AP 能在其内部建立一个“桥连接表”，将各个基站和端口一一联系起来。当接收转发信号时，AP 就通过查询“桥连接表”进行转发。

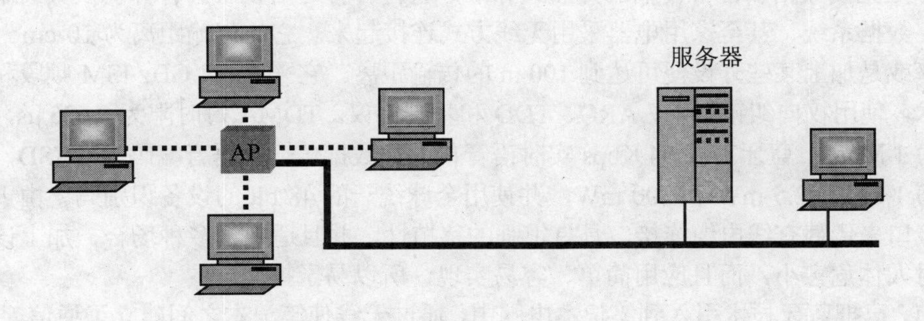

图 4-18 接入方式

当室内布线不方便、原来的信息点不够用或计算机的相对移动较多时，可以利用无线接入方式。由于无线局域网的 AP 都有以太网接口，这样，既能以 AP 为中心独立建立一个无线局域网，也能将 AP 作为一个有线网的扩展部分，如图 4-19 所示。这样就可以使插有无线网卡的客户共享有线网络资源，实现有线无线的共享连接。可以在办公大楼放置多个 AP，利用其无缝漫游功能，建立较大的无线局域网。

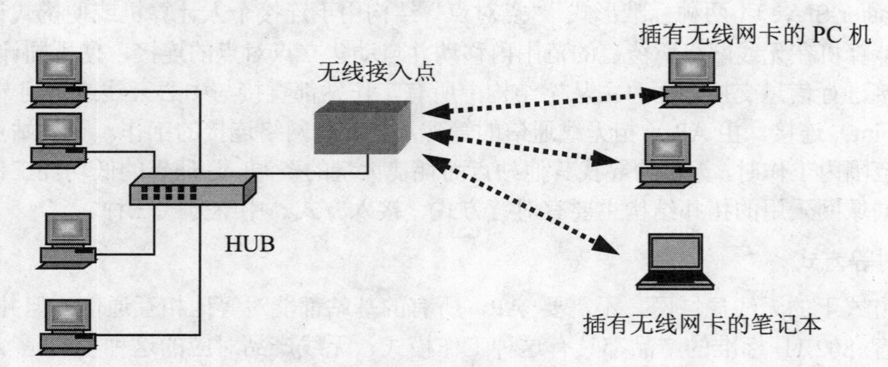

图 4-19　室内有线扩展

3. 中继方式

中继是建立在接入原理之上的，是两个 AP 点对点的连接，由于独享信道，比较适合于两个局域网的远距离互连（架设高增益定向天线后，传输距离可达到 50 km）。无线网络采用中继方式的组网模式有典型中继模式、点对点模式、点对多点模式，由于形式多种多样，所以统称为无线分布系统（Wireless Distribution System）。在这种模式下，MAC 帧使用了四个地址，即源地址、目的地址、中转发送地址、中转接收地址。

提示： *接入方式和中继方式支持 TCP/IP 和 IPX 等多种网络协议，是 IEEE 802.11 标准极力推广的无线网络组网方式。*

4.6.3 蓝牙技术简介

蓝牙是无线数据和语音传输的开放式标准，它将各种通信设备、计算机及其终端设备、各种数字数据系统、甚至家用电器采用无线方式连接起来。它的传输距离为 10 cm～10 m，增加功率或是加上某些外设便可达到 100 m 的传输距离。它采用 2.4 GHz ISM 频段和调频、跳频技术，使用权向纠错编码、ARQ、TDD 和基带协议。TDMA 每时隙为 0.625 μs，基带符合速率为 1 Mbps。蓝牙支持 64 Kbps 实时语音传输和数据传输，语音编码为 CVSD，发射功率分别为 1 mW、2.5 mW 和 100 mW，并使用全球统一的 48 bit 的设备识别码。由于蓝牙采用无线接口来代替有线电缆连接，具有很强的移植性，并且适用于多种场合，加上该技术功耗低、对人体危害小，而且应用简单、容易实现，所以易于推广。

目前，已把蓝牙技术引入到笔记本电脑中，通过无线使笔记本之间建立了通信。打印机、PDI、桌型电脑、传真机、键盘、游戏操纵杆及所有其他的数字设备都可以成为蓝牙技术系统的一部分。除此之外，蓝牙无线技术还为已存在的数字网络和外设提供通用接口以组建一个远离固定网络的个人特别连接设备群。任意蓝牙技术设备一旦搜寻到另一个蓝牙技术设备，马上就可以建立联系，而无须用户进行任何设置，在无线电环境非常混乱的环境下，它的优势就更加明显。

4.7 项目实训——小型局域网的组建

4.7.1 实训准备工作

1. 计算机每个学生一台。
2. 软件环境要求安装 Windows 2000 Server 或 Windows Server 2003。

4.7.2 实训步骤

1. 设备连接

各组使用网线分别将本组计算机的网卡与交换机按照如图 4-20 所示的星型拓扑连接，并连接 2 台交换机，打开电源后，检查连接的网卡信号灯亮否及颜色。

（1） 设置 IP 地址

依次选择“网上邻居→属性→本地连接→属性→TCP/IP→属性→使用下面的 IP 地址→输入各机的 IP 地址→子网掩码（255.255.255.0）→确定”。

（2） 设置各计算机的标识和工作组名

依次选择“我的电脑→属性→网络标识→属性→输入计算机名和工作组名→确定”。

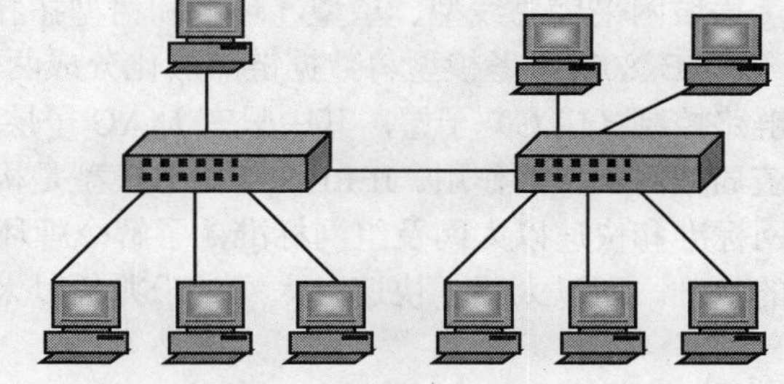

图 4-20 小型局域网星型拓扑示意图

2. 多机连接（计算机－交换机或集线器）

（1） 使用直通线分别与各组 1、2、3 号微机与交换机或集线器连接。

（2） 打开主机电源后，检查网卡信号灯亮否。

（3） 设置 IP 地址，方法同上。

3. 网络测试（Ping 命令）

（1） 测试网卡是否正常

Ping 127.0.0.1 若测试不成功，则表示网卡或操作系统本身的网络功能出现了问题。

（2） 测试网络连接

Ping 同一个子网中其他主机的 IP 地址。如果各主机网卡工作正常，就 Ping 同一个子网中其他主机的 IP 地址。例如，某主机的 IP 地址为：192.168.1.2，则 Ping 192.168.1.2。如果 Ping 成功，表明网络正常；否则可能是 TCP/IP 设置或交换机设备或网线发生故障。

Ping 机器名称。如果测试成功，表明网络工作正常；否则可能是 TCP/IP 设置或交换机设备或网线发生故障。

（3） 查找本机的 MAC 地址

查找方法：依次选择“开始→运行”菜单项，在弹出窗口中输入 cmd，然后输入 DOS 命令 ipconfig /all。

4. 共享目录设置与访问

请在 1 号主机上创建目录 test1、test2、test3，并将三个目录设置为共享，以便对等网工作组中的其他机器能访问该目录。三个目录的共享类型分别为只读、完全和利用密码访问。

小结

局域网（LAN）在计算机网络中占有非常重要的地位，它目前已被广泛应用于办公自动化、企业管理信息系统、辅助教学系统、软件开发系统和商业系统等方面。

局域网最主要的特点是：网络为一个单位所拥有，且地理范围和站点数目均有限。

局域网最主要优点是：能方便地共享昂贵的外部设备、主机以及软件、数据。从一个站点可访问全网；便于系统的扩展和逐渐演变，各设备的位置可灵活调整和改变；提高了系统的可靠性、可用性和残存性。

局域网采用总线型、星型、环型和树型拓扑结构。

IEEE 802 参考模型将数据链路层化分成两个子层，即介质访问控制（MAC）子层和逻辑链路控制（LLC）子层，其中只有 MAC 子层才与具体的物理介质有关，LLC 子层则起着屏蔽局域网类型的作用。IEEE 802 参考模型是构建局域网的规范和标准，掌握以太网技术及组网标准和快速以太网及组网标准，了解令牌环网、无线网络及组网标准，是构建和维护网络的基础。而以太网、快速以太网、千兆位以太网是目前采用的主要组网方法。

习题

1. 试画出自己学校行政办公大楼的网络设备连接示意图。
2. 简述 CSMA/CD 工作原理。
3. IEEE 802 标准规定了哪些层次？
4. 试比较以 802.3、802.4 及 802.5 标准配置的局域网的优缺点，它们适用的场合是什么？
5. 试比较集线器与交换机的异同。
6. 10 Mbps/100 Mbps 自适应交换机，它的各个端口既可连接 10 Mbps 的设备，也能连接 100 Mbps 的设备。当它同时与若干台 10 Mbps 的工作站或若干台 100 Mbps 的工作站连接时，实际上在其内部形成了 10 Mbps 和 100 Mbps 两个网段，请说出这两个网段互连采用的机制是什么？分析这种交换机的优缺点。
7. 千兆位以太网技术的优势是什么？
8. 是什么原因使以太网有最小帧长和最大帧长的限制？
9. 在 10BASE-2 和 10BASE-T 中，“10”、“BASE”、“2”、和“T”，各代表什么含义？

项目五　综合布线系统

在网络的规划和建设中，综合布线是一个不可或缺的环节，解决好布线问题可以提高网络系统的可靠性。综合布线能够满足对数据、语音和视频等的传输要求，已成为计算机网络的有力支撑环境。

项目学习目标

- 了解综合布线系统及其优点。
- 熟悉综合布线的标准及设计要点。
- 掌握综合布线各子系统的功能，了解设计中应注意的要点。
- 了解综合布线的施工和验收过程，及应注意的事项。
- 通过综合布线的案例分析，系统了解布线方法和步骤。

5.1　综合布线概述

建筑物（大厦或园区）的布线系统作为提供信息服务的最末端，其性能的优劣将直接影响到信息服务质量。传统布线通常是不同应用系统（电话、计算机系统、局域网、楼宇自控系统等）的布线各自独立，不同的设备采用不同的传输线缆构成各自的网络，同时，由于连接线缆的插座、模块及配线架的结构和生产标准不同，相互之间达不到共用的目的，加上施工时期不同，造成布线系统存在极大差异，难以互换通用。这种传统布线方式由于没有统一的设计，施工、使用和管理都不方便。当工作场所需要重新规划，设备需要更换、移动或增加时，只能重新铺设线缆，安装插头、插座，并需中断办公，非常费时、耗资，效率也很低。因此，传统的布线不利于布线系统的综合利用和管理，限制了应用系统的变化以及网络规模的扩充和升级。

为了克服传统布线系统的缺点，美国 AT&T 公司贝尔实验室的专家们经过多年的潜心研究，在 80 年代末率先推出了 SYSTIMAX PDS 综合布线系统。

5.1.1　综合布线系统的概念

综合布线系统（PDS，Premises Distribution System）是针对计算机与通信的配线系统而设计的，它可以满足各种不同的计算机与通信的要求。其中包括：

（1）模拟与数字的话音系统。

（2）高速与低速的数据系统。

（3）传真机、图形终端、绘图仪等需要传输的图像资料。

（4）电视会议与安全监视系统的视频信号。

（5）传输 28 个 VHF 宽带视频信号。

（6） 建筑物的安全报警和空调控制系统的传感器信号。

PDS 可满足建筑物内部及建筑物之间的所有计算机通信，以及建筑物自动化系统设备的配线需求。由于 PDS 是一套综合系统，因此它可以使用相同的电缆与配线端子板、相同的插头与模块化插孔以供话音与数据的传递，可以不必顾虑各种设备的兼容性问题。PDS 采用模块化设计，因而易于对配线进行扩充和重新组合。PDS 采用星型拓扑结构，并同电信、EIA/TIA-568 所遵循的建筑物配线方式相同。因为在星型拓扑结构中，工作站是由中心节点向外增设的，而每条线路都与其他线路无关。所以，在更改和重新布置设备时，只是影响到与此相关的那条路线，而对其他所有线路毫无影响。另外这种结构会使系统中的故障分析工作变得非常容易。一旦系统发生故障，便可迅速地找到故障点，加以排除。

PDS 使用标准的双绞线和光纤，支持高速率的数据传输。它包括一系列专用的插座和连接硬件，使用户可以把设备连接到标准的话音/数据信息插座上，使安装、维护、升级和扩展都非常方便，并节省了费用。PDS 使用的星型拓扑结构，使系统的集中管理成为可能，也使每个信息点的故障、改动或增加不至于影响到其他信息点。

5.1.2 综合布线的优点

（1） 结构清晰，便于管理维护

综合布线采取标准化的统一材料、统一设计、统一布线、统一安装、统一施工，做到结构清晰，便于集中管理和维护。

（2） 材料统一先进，适应今后发展的需要

综合布线系统采用了先进的材料，如 5 类非屏蔽双绞线，传输的速率在 100 Mbps 以上，完全能够满足 5～10 年发展的需要。

（3） 灵活性强

综合布线系统使用标准插座，既可接入电话，又可用来连接计算机终端等，实现语音/数据点互换，可适应各种不同的需求，使综合布线系统使用起来非常灵活。

（4） 便于扩充

综合布线系统采用的冗余布线和星型结构的布线方式，既提高了设备的工作能力又便于用户扩充。

5.1.3 综合布线的组成

结构化综合布线系统（SCS）将所有的话音、数据、图像及监控设备的布线组合在一套标准的布线系统上，采用统一的线缆、插头、插座及配线架，当终端机的位置发生变化时，只需将其插入到新地点的插座上，然后作一些跳线就行了，不需要再布放新的线缆，也不需要安装新的插孔。另一方面，它采用模块化设计和星型拓扑结构，系统的管理维护及故障的检查和排除也非常方便。

如图 5-1 所示，应用广泛的建筑与建筑群综合布线系统结构，可分为 6 个独立的子系统：工作区子系统、水平干线子系统、管理间子系统、垂直干线子系统、建筑群子系统和设备间子系统。

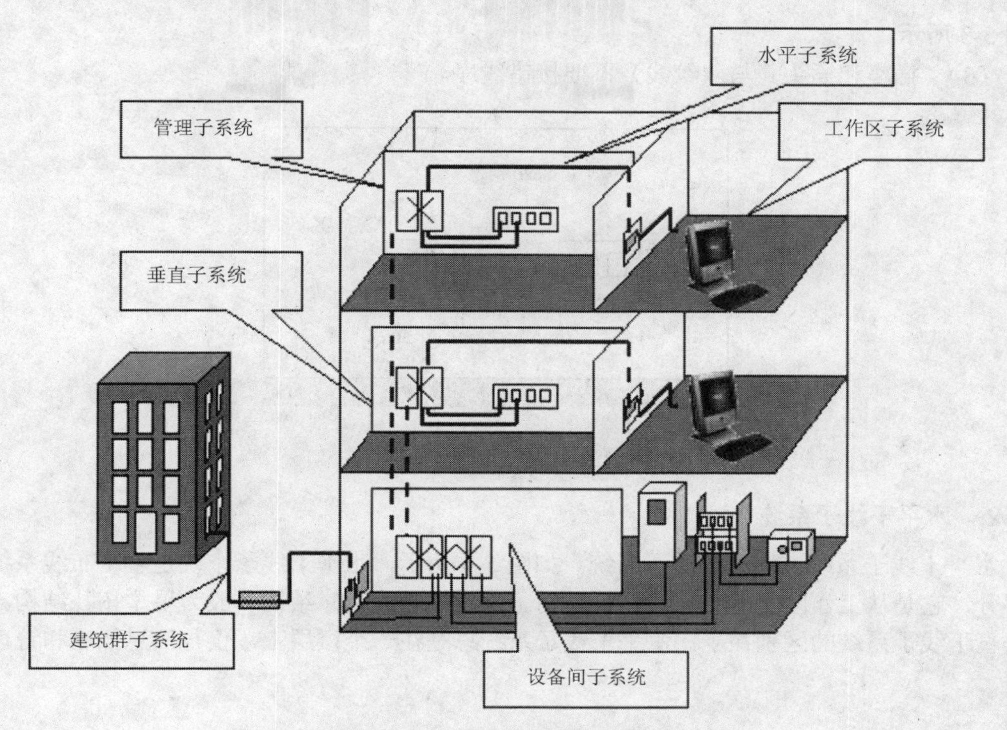

图 5-1 结构化综合布线系统组成

大楼的综合布线系统是将各种不同的组成部分构成一个有机的整体，而不是像传统的布线那样自成体系，互不相干。

1. 工作区子系统

工作区子系统又称为服务区子系统，它是由 RJ—45 跳线与信息插座所连接的设备（终端或工作站）组成的。其中，信息插座有墙上型、地面型、桌上型等多种，如图 5-2 所示。

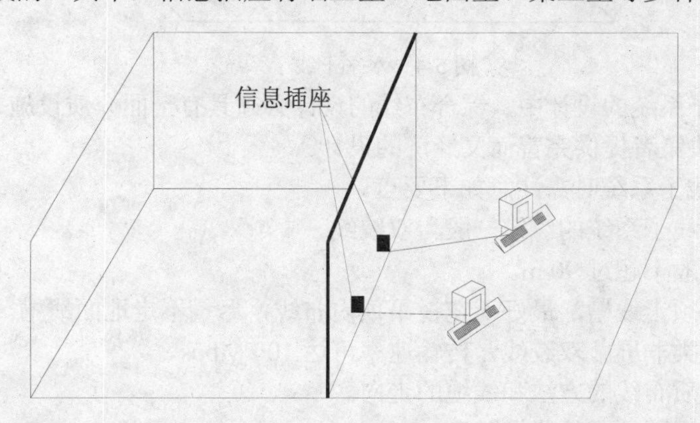

图 5-2 工作区子系统

工作区子系统设计时要注意如下要点。

（1） 从 RJ—45 插座到设备间的连线要采用双绞线，一般不要超过 5 m。

（2） RJ—45 插座须安装在墙壁上或不易碰到的地方，插座距离地面须 30 cm 以上，如图 5-3 所示。

（3） 插座和插头（与双绞线）不要接错线序。

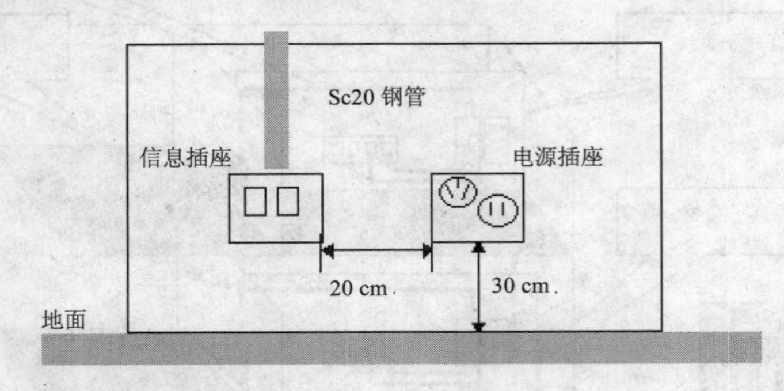

图 5-3 插座位置

2. 水平干线子系统

水平干线子系统也称为水平子系统。如图 5-4 所示，水平干线子系统是整个布线系统的一部分，它是从工作区的信息插座到管理间子系统的配线架，结构一般为星型拓扑结构。它与垂直干线子系统的区别在于：水平干线子系统总是在一个楼层上，仅与信息插座和管理间连接。

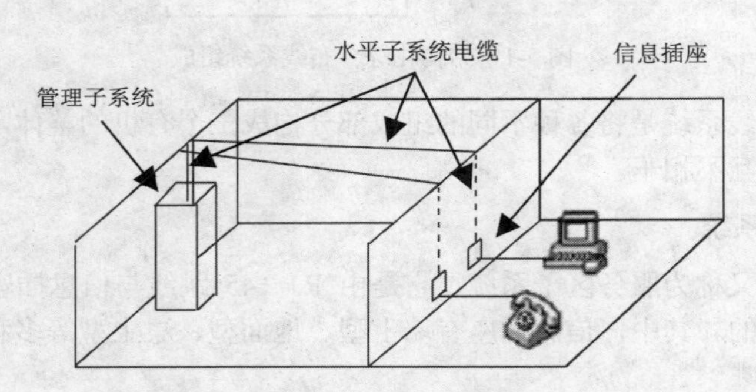

图 5-4 水平干线子系统

在水平干线子系统的设计中，综合布线的设计必须具有全面介质设施方面的知识，能够向用户或用户的决策者提供完善而又经济的设计。

设计水平干线子系统时需注意如下要点。

（1） 水平干线子系统的线缆一般为双绞线。

（2） 长度一般不超过 90 m。

（3） 用线必须走线槽，最好天花板吊顶内布线，尽量不走地面线槽。

（4） 采用 5 类非屏蔽双绞线，传输速率可达 100 Mbps。

（5） 确定介质布线的方法和线缆的走向。

（6） 计算水平区所需的线缆长度。

3. 管理间子系统

管理间子系统可为连接其他子系统提供手段，它是连接垂直干线子系统和水平干线子系统的设备，其主要设备是配线架、HUB、机柜和电源。

设计管理间子系统时要注意如下要点。

（1） 配线架的配线对数可由管理的信息点数决定。

（2） 利用配线架的跳线，可使布线系统实现灵活、多功能的能力。

（3） 配线架一般由光配线盒和铜配线架组成。

（4） 管理间子系统应有足够的空间放置配线架和网络设备（HUB、交换机等）。

（5） 有 HUB、交换机的地方需要配有专用稳压电源。

（6） 保持一定的温度和湿度，保养好设备。

4. 垂直干线子系统

垂直干线子系统也称骨干子系统，如图 5-5 所示，它是整个建筑物综合布线系统的一部分。它提供建筑物的干线电缆，负责连接管理间子系统到设备间子系统。一般使用光缆或选用大对数的非屏蔽双绞线。该子系统通常是在两个单元之间特别是在位于中央节点的公共系统设备处提供多个线路设施。该子系统是由所有的布线电缆组成，或由导线和光缆以及将此光缆连到其他地方的相关支撑硬件组合而成的。传输介质可包括一幢多层建筑物楼层之间垂直布线的内部电缆，或从主要单元如计算机房或设备间和其他干线接线间接来的电缆。

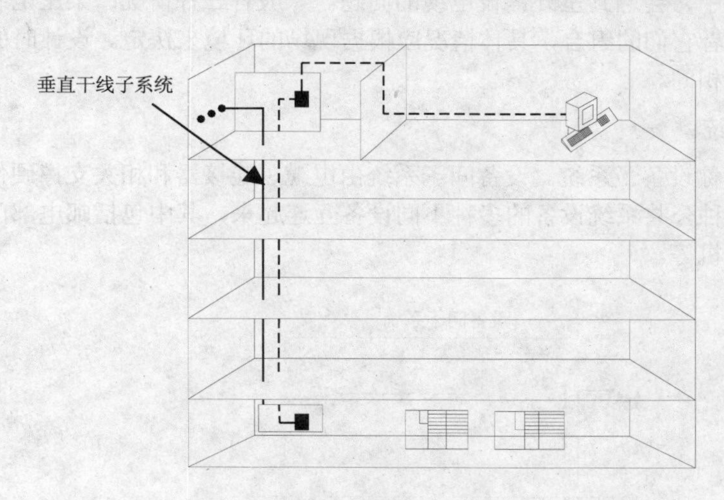

图 5-5　垂直干线子系统

设计垂直干线子系统时要注意如下要点。

（1） 垂直干线子系统一般选用光缆，以提高传输速率。

（2） 光缆可选用多模或单模的。

（3） 垂直干线电缆的拐弯处，不要直角拐弯，要有一定的弧度，以防光缆受损。

（4） 垂直干线电缆要防遭破坏（如埋在路面下，要防止挖路、修路对电缆造成的危害），架空电缆要防止雷击等。

（5） 确定每层楼的干线需求。

（6） 满足整幢大楼干线需求和防雷击的设施。

5. 建筑群子系统

建筑群子系统是将一个建筑物中的电缆延伸到另一个建筑物的通信设备和装置，通常是由光缆和相应设备组成的，如图 5-6 所示。建筑群子系统是综合布线系统的一部分，它支持楼宇之间通信所需的硬件，其中包括导线电缆、光缆以及防止电缆上的脉冲电压进入建筑物的电气保护装置。

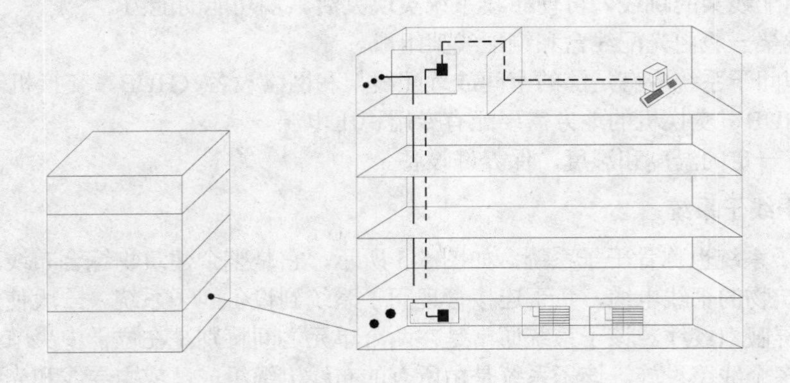

图 5-6　建筑群子系统

在建筑群子系统中，会遇到室外铺设电缆的问题，一般有三种情况：架空电缆、直埋电缆、地下管道电缆或者它们的组合，具体情况应根据现场的环境来决定。设计时的要点与垂直干线子系统的要点相同。

6.　**设备间子系统**

设备间子系统也称设备子系统。设备间子系统由电缆、连接器和相关支撑硬件组成，如图 5-7 所示。它把各种公共系统设备的多种不同设备互连起来，其中包括邮电部门的光缆、同轴电缆、程控交换机等。

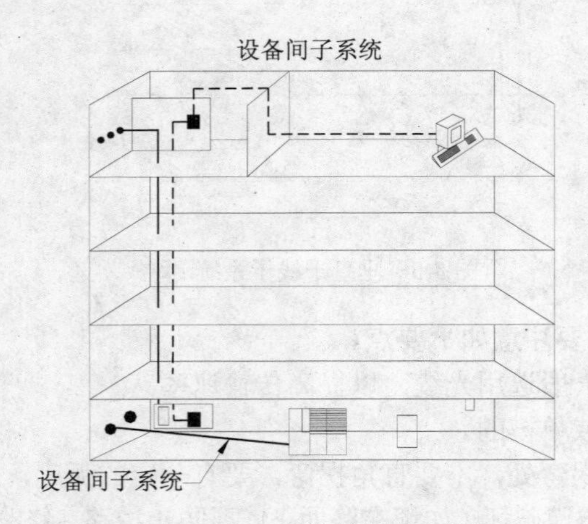

图 5-7　设备间子系统

设计设备间子系统时注意的要点如下。

（1）　设备间要有足够的空间，保障设备的存放。

（2）　设备间要有良好的工作环境，如温度、湿度等。

（3）　设备间的建设标准应按机房建设标准设计。

5.2 综合布线标准及设计要点

5.2.1 综合布线标准

目前综合布线系统标准一般为 CECS92:97 和美国电子工业协会、美国电信工业协会的EIA/TIA 综合布线系统制定的一系列标准。

1. 主要的综合布线标准

（1） EIA/TIA—568 民用建筑线缆标准。
（2） EIA/TIA—569 民用建筑通信通道和空间标准。
（3） EIA/TIA—民用建筑中有关通信接地标准。
（4） EIA/TIA—民用建筑通信管理标准。

2. 所支持计算机网络标准

（1） IEEE 802.3 总线局域网络标准。
（2） IEEE 802.5 环形局域网络标准。
（3） FDDI 光纤分布数据接口高速网络标准。
（4） CDDI 铜线分布数据接口高速网络标准。
（5） ATM 异步传输模式。

5.2.2 综合布线设计的要点

1. 目的

（1） 规范一个通用语音和数据传输的电信布线标准，以支持多设备、多用户的环境。
（2） 为服务于商业的电信设备和布线产品的设计提供方向。
（3） 能够对商用建筑中的结构化布线进行规划和安装，使之能够满足用户的多种需求。
（4） 为各种类型的线缆、连接件，以及布线系统的设计和安装建立性能和技术标准。

2. 范围

（1） 标准针对的是“商业办公”电信系统。
（2） 布线系统的使用寿命要求在 10 年以上。
（3） 标准内容包括所用介质、拓扑结构、布线距离、用户接口、线缆规格、连接件性能、安装程序等。
（4） 几种布线系统涉及的范围

① 水平干线布线系统：涉及水平跳线架，水平线缆，线缆出入口 /连接器，转换点等。

② 垂直干线布线系统：涉及主跳线架、中间跳线架，建筑外主干线缆、建筑内主干线缆等。

③ UTP 布线系统：目前主要使用 5 类、超 5 类。

④ 光缆布线系统：在光缆布线中分水平干线子系统和垂直干线子系统，它们分别使用不同类型的光缆。

水平干线子系统：62.5/125 μm 多模光缆（出入口有 2 条光缆），多数为室内型光缆。

垂直干线子系统：62.5/125 μm 多模光缆或 10/125 μm 单模光缆。

⑤ 综合布线系统标准是一个开放型的系统标准，它能被广泛应用。

⑥ 综合布线系统的设计方案不是一成不变的，而是随着环境和用户要求来确定的。

（5） 几种布线系统的设计要点

① 尽量满足用户的通信要求。

② 了解建筑物、楼宇间的通信环境。

③ 确定合适的通信网络拓扑结构。

④ 选取适用的介质。

⑤ 以开放式为基准，尽量与大多数厂家产品和设备兼容。

⑥ 将初步的系统设计和建设费用预算告知用户。

⑦ 在征得用户意见并订立合同书后，再制订详细的设计方案。

5.3 综合布线的施工

5.3.1 布线工程开工前的准备工作

网络工程经过调研，确定方案后，下一步就是工程的实施，而工程实施的第一步就是开工前的准备工作，要求做到以下几点。

（1） 设计综合布线实际施工图

设计综合布线实际施工图，确定布线的走向位置，供施工人员、督导人员和主管人员使用。

（2） 备料

网络工程施工过程需要许多施工材料，这些材料有的必须在开工前就备好料，有的可以在开工过程中备料。主要有以下几种材料。

① 双绞线、插座、信息模块、服务器、稳压电源、集线器等落实购货厂商，并确定提货日期。

② 符合规格的塑料槽板、PVC 防火管、蛇皮管、自攻螺丝等布线用料就位。

③ 集线器是集中供电时，应准备好导线、铁管并制订好电器设备安全措施，且供电线路必须按民用建筑标准规范进行。

④ 施工进度表（要留有适当的余地，施工过程中意想不到的事情，随时可能发生，并可能要求立即协调）。

（3） 向施工单位提交开工报告

5.3.2 施工过程中要注意的事项

（1） 施工现场督导人员要认真负责，及时处理施工进程中出现的各种情况，协调处理各方意见。

（2） 如果现场施工碰到不可预见的问题，应及时向工程单位汇报，并提出解决办法供工程单位当场研究解决，以免影响工程进度。

（3） 对工程单位计划不周的问题，要及时妥善解决。

（4） 对工程单位新增加的点，要及时在施工图中反映出来。

（5） 对部分场地或工段要及时进行阶段检查验收，确保工程质量。

（6） 制定工程进度表。

在制定工程进度表时，要留有余地，还要考虑其他工程施工时可能对本工程带来的影响，避免出现不能按时完工、交工的问题。因此，建议使用督导指派任务表、工作时间施工表。督导人员对工程的监督管理也要做成监理日程表。

5.3.3 测试

要测试的对象如下。

（1） 工作间到设备间连通状况。

（2） 主干线连通状况。

（3） 信息传输速率、衰减率、距离接线图、近端串扰等因素。

5.3.4 工程施工结束后的注意事项

工程施工结束后的注意事项如下。

（1） 清理现场，保持现场清洁、美观。

（2） 对墙洞、竖井等交接处要进行修补。

（3） 各种剩余材料汇总，并把剩余材料集中放置一处，并登记还可使用的数量。

（4） 做总结材料。总结材料主要有：开工报告、布线工程图、施工过程报告、测试报告、使用报告和工程验收所需的验收报告。

5.4 综合布线的验收

对网络工程验收是施工方向用户方移交的正式手续，也是用户对工程的认可。验收是用户对网络工程施工工作的认可，检查工程施工是否符合设计要求和有关施工规范。用户要确认，工程是否达到了原来的设计目标，质量是否符合要求，是否有不符合原设计中有关施工规范的地方。

验收共分两部分进行，第一部分是物理验收；第二部分是文档验收。

5.4.1 现场（物理）验收

甲方、乙方共同组成一个验收小组，对已竣工的工程进行验收。网络综合布线系统，物理上的主要验收点如下。

1. 工作区子系统验收

对于众多的工作区不可能逐一验收，而是由甲方抽样挑选工作间。其验收的重点如下。

（1） 线槽走向、布线是否美观大方，符合规范。

（2） 信息座是否按规范进行安装。

（3） 信息座安装是否做到一样高、平、牢固。

（4） 信息面板是否都固定牢靠。

2. 水平干线子系统验收

水平干线验收主要验收点如下。

（1） 槽安装是否符合规范。

（2） 槽与槽，槽与槽盖是否接合良好。

（3） 托架、吊杆是否安装牢靠。

（4） 水平干线与垂直干线、工作区交接处是否出现裸线，有没有按规范去做。

（5） 水平干线槽内的线缆有没有固定。

3. 垂直干线子系统验收

垂直干线子系统的验收除了类似于水平干线子系统的验收内容外，还要检查楼层与楼层之间的洞口是否封闭，以防成为一个隐患点；线缆是否按间隔要求固定，拐弯线缆是否留有孤度。

4. 管理间、设备间子系统验收

主要检查设备安装是否规范、整洁。甲方验收不一定要等工程结束时才进行，往往有的内容是随时验收的，通常要检查的项目如下。

（1） 环境要求，施工材料的检查和安全、防火要求。

（2） 检查设备安装。

（3） 双绞线电缆和光缆安装。

（4） 室外光缆的布线。

（5） 线缆终端安装。

提示： 上述 5 点均应在施工过程中由甲方和督导人员随工检查。发现不合格的地方，做到随时返工，如果完工后再检查，出现问题就不好处理了。

5.4.2 文档与系统测试验收

文档验收主要是检查乙方是否按协议或合同规定的要求，交付所需要的文档。系统测试验收就是由甲方组织的专家组，对信息点进行有选择的测试，检验测试结果。需要测试的内容如下。

1. 电缆的性能测试

（1） 5 类线要求：接线图、长度、衰减、近端串扰要符合规范。

（2） 超 5 类线要求：接线图、长度、衰减、近端串扰、时延、时延差要符合规范。

2. 光纤的性能测试

（1） 类型（单模/多模、根数等）是否正确。

（2） 衰减。

（3） 反射。

3. 系统接地

当验收通过后，就进行鉴定程序，形成正式文档。

5.5 综合布线方案分析与实例

5.5.1 项目分析

（1） 需求单位：某办公大楼综合布线系统。

（2） 所在行业：政府办公楼。

（3） 需求分析：能够满足语音、数据、影像等多方面的要求，建立单元化、标准化、国际化标准平台，并要求系统具有开放性，不会限制未来系统模式，能支持连接不同厂商、不同型号的电脑和交换机，并能够预留接口以适应未来扩充的需要。

（4） 项目概述：办公大楼总建筑面积为 48 651 m^2，地下 2 层，地上办公主楼 19 层，裙房 3 层（局部 4 层），分为 3 个区。大楼综合布线系统采用全 6 类铜缆及一部分光纤到桌面方案，水平布线到桌面的铜缆语音信息点数为 3 514 点，铜缆数据信息点数为 3 606 点，铜缆总信息点数为 7 120 点，多模光纤到桌面的光纤点共有 53 个。铜缆信息点为全 6 类 1 000 Mbps 配置，具有较高的性能价格比，既考虑到经济性又兼顾到将来的网络发展需求。每个信息点能够灵活应用，可随时转换接插电话、微机或数据终端，并可随着用户的进一步应用需求，通过相应适配器或转换设备，满足门禁系统、视频监控以及多媒体会议电视等系统的传输应用。每个多模光纤信息点对应 2 条 2 芯多模光纤。

5.5.2 系统设计

办公大楼综合布线系统采用星型拓扑结构，任何一个子系统都相对独立，改变任何一个子系统时，不会影响其他子系统。当用户因发展而需增加设备时，不会因此改动整个系统。下面给出各子系统的组成。

（1） 工作区子系统

工作区子系统由终端设备和连接到信息插座的连线组成，它包括装配软线、适配器和连接所需的扩展软线，并在终端设备和 I/O 之间搭桥。本项目中采用了 D8CM-7（6 类）的 RJ45—RJ45 高速数据跳线。

（2） 水平子系统

水平子系统将干线子系统线路延伸到用户工作区，大多数使用 4 对或 25 对非屏蔽双绞线，它们能支持现代通信设备。在对宽带需求较大的应用时采用光缆。应用于本次设计中语音和数据部分的产品为 MPS300E-262 超 5 类信息模块和 86 系列双孔面板。根据工作区信息点的数量及用户的要求，语音和数据均采用 6 类 4 对非屏蔽双绞线，可支持 1 Gbps 信息传输，光纤到桌面信息点采用 LGBC 室内多模光纤。

（3） 垂直主干子系统

它提供建筑物的干线线缆的路由，通常由垂直大对数铜缆或光缆组成。它的一端接在设备机房的主配线架上，另一端通常接在楼层接线间的各个管理分配线架上。本项目中语音主干采用 3 类 25 对大对数线缆，数据主干采用 LGBC-006D 室内 6 芯多模光纤。

（4） 管理子系统

由交联、互联配线架、信息插座式配线架以及跳线组成。管理点为连接其他子系统提供连接手段，交联和互联可以将通信线路定位或重定位到建筑物的不同部分，以便能更容易地管理通信线路。

本项目采用的是 110DW2-100FT 110 型配线架、PM2151B-24GS 和 PM2151B-48GS 铜缆配线架。全部采用机柜式安装方式，这样既便于系统的连接和管理，又安全可靠、美观大方。

（5） 设备间子系统

由设备间的线缆、连接器和相关支撑硬件组成，能把公共系统的各种不同设备互联起来。本项目采用的是 PM2151B-24GS 和 PM2151B-48GS 铜缆配线架和 600A 型光纤配线架等，它主要提供主机设备的连接，由电话站引来外线，通过此系统完成与外界的连接。

5.5.3 该综合布线系统特点

（1） 为各部门以及千差万别的应用环境提供技术先进灵活，且模块化完整的布线系统，统一规划布线，实现系统优化，节省费用，综合语音、数据、图形、影像等各方面的要求，形成"信息高速公路"结点，建立单元化、标准化和国际化平台。

（2） 采用开放式布线，不会限制未来系统模式，能支持不同厂商、不同型号的电脑和交换机。

（3） 采用预留式布线，能适应未来扩充的需要。

（4）布线具有独立性，可先行布线，建成以后再选择设备，建立系统。布线要符合 EIA/TIA 推荐的大楼布线系统，符合 CCITT 建议的 ISDN 布线标准。布线施工和系统维护容易。

（5） 采用集中式管理，管理简便，非电气专业人员也可管理整个系统。

（6） 使用高品质非屏蔽双绞线，符合高速 LAN、FDDI 和 ATM 高速数据传输介质标准。

5.5.4 总体分析

本综合布线系统所具有的良好的兼容性、开放性、灵活性、可靠性及先进性等优点得到了体现。它通过非屏蔽双绞线将语音、数据和图像等信号集成在单一的介质中传输，并提供标准的信息插座和组合式卡接方式，以连接各种不同类型的终端。

提示：选择集成商（安装商）要注意什么？

综合布线施工单位需要有信息产业部或建设部颁发的资质证书，用户在选择集成商（安装商）时最好选择有资质的单位进行施工。但由于拥有这样资质的单位数量有限，因此市场上租用资质的现象较为普遍，且又存在工程分包现象。因此，用户能够确保的是：同自己签订合同的公司实体是合法的，有资质的，并且在合同中规定严格的验收条款，以使自己的利益得到最大限度的保障。

提示： *选择布线方案最该注意什么？*

一个布线系统的质量主要受以下几方面因素的影响：产品的质量、工程的设计水平和施工的工艺水平。这 3 方面是相互作用相互制约的，产品的质量是整个布线工程的基础，但是如何确保自己所选购的是合格的产品一直困扰着大多数用户，这里有几点经验。

（1） 不要贪图便宜。

（2） 不要迷信国外品牌。

（3） 使用前一定要进行抽测。

（4） 选材既要实用，避免浪费投资，又要考虑到未来的发展。

5.6 项目实训——参观综合布线系统

5.6.1 实训准备工作

参观校园网的某一子系统，如学生宿舍、教学楼、实训楼、办公楼。

5.6.2 实训步骤

1. 现场勘测该校园网子系统，从老师处获取用户需求和建筑结构图等资料，掌握大楼建筑结构，熟悉用户需求，确定布线路由和信息点分布。

2. 根据勘测结果及建筑结构图，给出该大楼的综合布线图，包含网络设备点和信息点。

3. 在现有的综合布线方案基础上给出改进方案，包括设备、布线、信息点和网络设备铺设的多方改进方案。

小结

综合布线系统的设计、实施与验收是网络工程建设中的一个重要环节，它关系到网络性能、投资效益、使用效果和日常维护等多方面的问题，也是整个计算机网络系统中不可分割的部分。本章阐述了综合布线的概念、优点、标准及设计要点，重点是应用广泛的建筑与建筑群综合布线系统结构各子系统的功能，包含主要设备以及设计中应注意的要点，介绍了在综合布线的施工和验收过程中应注意的事项。

习题

1. 什么是综合布线系统？它与传统的布线比较有哪些优点？

2. 试述楼宇结构化综合布线系统的组成、功能以及各模块的主要设备有哪些？

3. 布线系统常用哪些通信介质？以太网的传输介质可以选用哪些？为什么？
4. 综合布线的标准及设计要点有哪些？
5. 综合布线施工过程中应注意的主要事项有哪些？
6. 针对某个单位进行网络综合布线，大致的设计步骤是什么，应该特别注意哪些问题？

项目六　网络互连技术

互联网结构已经成为网络应用系统的基本结构模式。学习和运用网络应用技术就必须了解网络互连的基本知识。而多个网络的互连设备包括中继器、网桥、交换机、路由器和网关等。

项目学习目标

- 了解网络互连的类型和网络互连的优点。
- 熟练掌握网桥、交换机、路由器和网关的用途。
- 掌握交换机的基本配置方法。
- 掌握 VLAN 的工作机制和 VLAN 的配置方法。
- 了解路由器的功能，熟悉路由器的工作原理。
- 了解路由协议，掌握 IP 路由和路由表的概念。
- 掌握路由器的基本配置方法。
- 能够进行网络间的互连。

6.1　网络互连的概念

由于单一的局域网资源比较有限，因此需要将若干个局域网连成更大的网络，使各个不同网络的用户能够互相通信、交换信息和共享资源。要实现网络互连，必须有相应的硬件和软件支持，通常把实现网络互连的硬件称为网络互连设备，而把用于实现网络互连协议的软件，称为网络互连软件。

计算机网络互连的关键是对单个网络的影响减少到最小，并且不能改变原网络的软硬件平台和协议。而其面临的问题是如何让使用不同协议的计算机能够相互通信。

6.1.1　网络互连的类型

1. 几个概念

（1）　网络连接：网络连接是指网络在应用级的互连。它是对连接于不同网络的各种系统之间的互连，它主要强调协议的接续能力，以便完成端到端之间数据的传递。

（2）　网络互连：是指不同的网络在物理上的连接。两个网络之间借助于相应的网络设备至少有一条连接的线路，它为两个网络的数据交换提供了可能性，但这样仍不能保证两个网络一定能够进行数据交换，这要取决于两个网络的通信协议是否相互兼容。网络互连主要涉及到网络产品、处理过程和互连技术。

（3）　网络互联：是指网络在逻辑上的连接。

（4）　网络互通：是指两个网络之间不依赖于其具体连接形式而可以交换数据。

（5） 互操作：是指网络中不同计算机系统之间具有访问对方资源的能力。互操作是由高层软件来实现的。

2. 网络互连的目的

网络互连的目的是扩大网络覆盖和资源共享的范围或容纳更多的用户，以实现数据流通，使各个不同网络的用户能够互相通信、交换信息和共享资源。

多个互连的网络可以视为一个虚拟网络，当互连网络上的主机进行通信时，彼此看不见互连的各个网络的细节，它们就像在同一个网络上通信一样。

3. 网络互连的类型

网络互连的类型主要有局域网与局域网的互连，局域网与广域网的互连，两个局域网经广域网的互连，广域网与广域网的互连等。

（1） 局域网与局域网的互连（LAN—LAN）

局域网互连包括同构网络的互连和异构网络的互连。同构网络互连是指相同协议局域网的互连，例如，两个以太网之间的互连。这种局域网互连的设备有交换机、网桥等。而异构网的互连是指两种不同协议局域网的互连，例如一个以太网与一个令牌环网之间的互连。这种局域网互连的设备需要支持互连的网络所使用的协议。

（2） 局域网与广域网的互连（LAN—WAN）

局域网与广域网的互连是目前常见的方式之一。路由器或网关是实现局域网与广域网互连的主要设备。

（3） 两个局域网经广域网的互连（LAN—WAN—LAN）

将两个分布在不同地理位置的局域网通过广域网实现互连。当几个要互连的局域网相距较远时，无法再用局域网互连的方法实现其互连，这时可通过广域网实现其互连，即让这些局域网都与广域网互连，这样就可以实现局域网的互连。路由器或网关是实现局域网经广域网互连的主要设备。

（4） 广域网与广域网的互连（WAN—WAN）

广域网与广域网是通过路由器或网关互连起来的。

6.1.2 网络互连的层次

网络互连主要解决的是不同网络的通信问题，因为不同的网络可以采用不同的网络体系结构和网络协议。网络互连要解决的主要问题就是协议的转换，而需要转换的只是那些不同的协议，若协议相同也就不需要转换了。

网络互连的目的则是向高层隐藏低层网络技术的细节，为用户提供统一的通信服务。因此，网络互连实质上就是按层次结构找到一个互连层，在互连层以上各层需要有相同的层次和协议，在互连层及其以下各层可以具有不同的层次和协议。

根据网络层次的结构模型，可以将网络互连的层次从通信协议的角度分为：物理层互连、数据链路层互连、网络层互连和高层互连。

1. 物理层互连

物理层互连主要解决的是在不同的电缆段之间复制位信号的问题。物理层的连接设备主要是中继器（Repeater），中继器主要是在不同的电缆段之间复制、放大和再生位信号。中继器是最低层的物理设备，用来连接同一个区域的不同网段。因此，中继器只是局域网网段连接设备而不是网络互连设备，中继器的使用正在逐渐减少。

集线器是一个多端口的中继器。

提示： *严格地说，物理层的互连设备——中继器是网段连接设备而不是网络互连设备。*

2. 数据链路层互连

若两个网络的链路层及其下层物理层的协议不同时，则只能在数据链路层实现其互连。数据链路层主要是解决网络之间是如何存储转发数据帧的。

数据链路层的互连设备是网桥（Bridge），它可以在不同网络之间存储转发帧。网桥在网络互连中起到数据接收、地址过滤与数据转发的作用，用来实现多个网络之间的数据交换。

交换机是一个多端口的网桥。

3. 网络层互连

若两个网络的网络层及其以下各层的协议是不相同的，则只能在网络层实现其互连。网络层互连主要是实现在不同的网络之间存储转发分组。

网络层的互连设备主要是路由器（Router），它具有路由选择、拥塞控制、差错处理与分段等。如果网络层协议相同，则互连设备主要解决的是路由选择问题；如果网络层协议不同，则还需要使用多协议路由器进行协议之间的转换。

4. 高层互连

传输层及其以上各层协议不同的网络之间的互连属于高层互连。实现高层互连的设备是网关（Gateway）。高层互连允许两个互连网络的应用层及其以下各层的网络协议都可以是不同的。

一般来说，参加互连的网络差异越大，协议的转换工作也越复杂，当然互连设备也变得越复杂。中继器是最简单的局域网网段互连设备，它只能实现同一局域网网段的互连。网关是最复杂的互连设备，它可以实现体系结构完全不同的网络互连。

6.1.3 网络互连的要求

在互连网络中，每个网络中的网络资源都应成为互联网中的资源。互连网络资源的共享服务与物理网络结构是分离的。互连网络结构对网络用户来说是透明的。互连网络应该屏蔽各子网在网络协议、服务类型与网络管理等方面的差异。

1. 网络互连的基本要求

（1） 在互连的网络之间要提供有通路，至少要有物理线路，若不存在通路，一个网络的信息就不可能传输到另一个网络中去。

（2） 在不同网络节点的进程之间要提供适当的路由来交换数据、传输数据。

（3） 提供网络记账服务，记录网络资源使用情况，提供各用户使用网络的记录及有关状态信息。

（4） 提供各种互连服务，应尽可能不改变互联网的结构。这就要求网络互连应能够协调各个网络之间不同的网络特性。

2. 网络互连的方法

进行网络互连时必须考虑网络的拓扑结构和协议。网络互连主要就是如何把使用不同传输介质、不同网络协议、不同网络拓扑结构、不同网络操作系统的网络集成在一起。网络互连需要根据要互连的网络的需求，选择相应的传输介质、网络互连设备和相应的拓扑结构将这些网络互连起来。

6.2 网桥互连方式

网桥（Bridge）工作在 OSI/RM 参考模型的数据链路层。它是一种将两个独立的、仅在低两层实现上有差异的子网互连起来的存储转发设备。网桥最早是为具有相同物理层和介质访问控制子层的局域网互连起来而设计的，后来也用于具有不同 MAC 协议局域网的互连。

单一的局域网很难适合一个单位的需求，采用网桥连接多个局域网，可以使数据帧在局域网间转发，提供数据流量控制和差错控制，把多个物理网络连接成一个逻辑网络，使得这个逻辑网络的行为就像一个单独的物理网络一样。

6.2.1 网桥的特点

一个单位有上千台计算机，若将它们连接在单个局域网中，则需要更宽的带宽和更长的电缆，这将是很难实现的；如果将它们根据需要分别连接到不同的局域网中，然后再将这些局域网互连起来，则可以较容易地实现。一方面可以把通信量限制在每一个局域网内，另一方面也延长了网络的距离，以后扩展也更加方便。

1. 网桥的特点

网桥具有“过滤和转发”功能，它能够接收它所连接局域网中的所有帧，通过检查帧的目的地址和协议类型进行过滤。其特点如下。

（1） 需要网桥互连的网络在数据链路层以上各层应采用相同或兼容的协议。

（2） 网桥能互连两个采用不同数据链路层协议、不同传输介质与不同传输速率的网络，如图 6-1 所示。

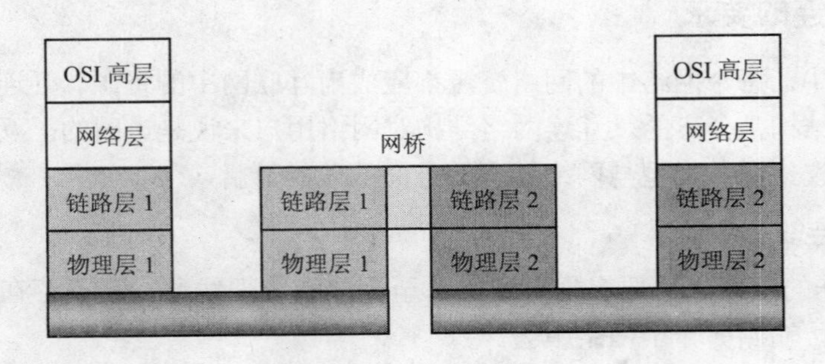

图 6-1 链路层

（3） 网桥以接收、存储、地址过滤和转发的方式来实现互连网络之间的通信，实现了更大范围局域网的互连。

① 转发监控，防止错误扩散。网桥的工作过程包括接收帧、检查帧和转发帧三个部分。它能够对被转发的帧进行差错校验，网桥不会把有差错的帧转发到其他子网上。

② 地址过滤，减少网络拥塞。利用网桥互连的网络可以容纳不同数据链路层的编址（MAC 地址）格式，因此，网桥能够识别 MAC 地址，并根据数据帧的地址，有选择地让部分数据帧穿越网桥。允许用户进行设置，滤去不希望被转发的帧，减少了数据流量。例如，可以单向地禁止对某个子网的访问，以确保该子网的安全性。

③ 帧限制。网桥不对数据帧进行分段，只进行必要的帧格式转换，以适应不同的子网。若数据帧的长度超过目的站点所在子网的帧长限制时，则该帧将被网桥丢弃。因此，采用网桥进行局域网之间的互连时，更高层的协议应当保证被传送信息长度的一致性。

帧限制的另一方面是为了维护各个子网的独立性，不允许控制帧和要求应答的信息帧穿越网桥。

④ 缓冲能力。网桥具有一定的缓冲即存储转发能力，这可以解决穿越网桥的信息量临时超载的问题。同时可以解决数据传输不匹配的子网之间的互连。事实上，即使是速率相同的网络进行互连，这种缓冲能力也是必需的。

⑤ 使用网桥扩展了局域网的有效长度，增加了局域网的跨度。

（4） 网桥可以分隔两个网络之间的广播通信量，有利于改善互连网络的安全性及其性能。

2. 网桥的常用场合

网桥常用于以太网与以太网、以太网与 FDDI、以太网与令牌环及以太网与 ATM 网之间的连接。

以下几种需求，可以考虑采用网桥来实现网络的互连。

（1） 连接部门间的局域网

一个单位内部有许多不同的部门，由于各部门的工作性质不同，而选用了不同的局域网，如有的工作站要求有较高的保密性，有的站则要求具有较强的实时性，同时，这些部门又需要交换信息和共享资源，这就需要利用网桥把多个局域网互连起来，如图 6-2 所示。

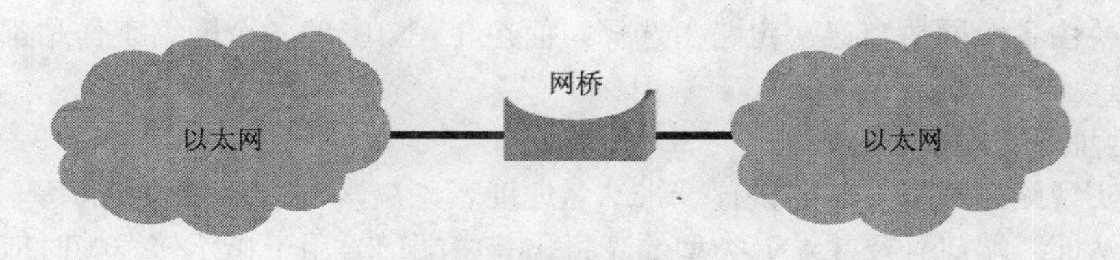

图 6-2 连接部门间的局域网

（2） 连接同构型的局域网

当有若干个遵循 IEEE 802 标准的局域网时，如 CSMA/CD 总线网、令牌总线网、令牌环网等，它们具有相同的 LLC 子层，这时就可用网桥将它们连接起来，形成一个更大规模的局域网，如图 6-3 所示。若网桥读出从 LAN A 发来的所有帧，经过地址识别后，仅接收其中需要转发到 LAN B 的帧。然后按照 LAN B 的介质访问规程，经过帧转换后，将新形成的帧转发给 LAN B。

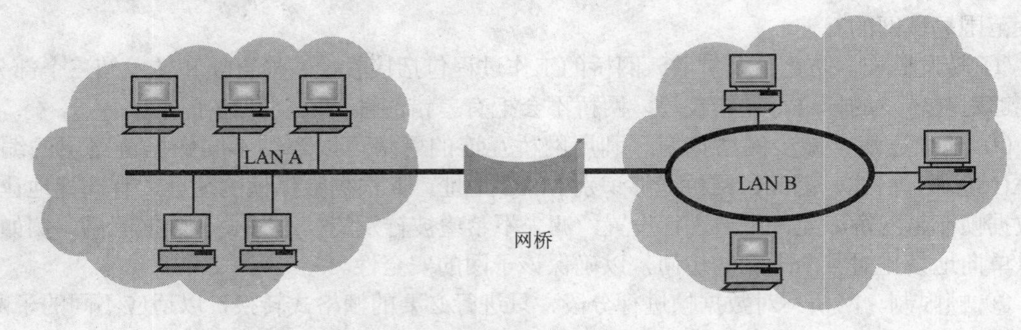

图 6-3 连接同构型局域网

（3） 改变网络性能

一般来说，局域网或广域网的性能将随着其连接设备数量或介质长度的增加而降低。将这些设备分别集中起来，使得在局域网内部的通信大大超过跨越局域网间的通信，这时采用多个更小的局域网通过网桥连接，往往可以获得更好的性能。

（4） 延伸网络的跨距

一个单位在地理位置上较分散，无法将它们连在同一个局域网内，此时可以将局域网分段，在各段之间通过网桥连接，可以增加工作站的物理距离。

6.2.2 网桥技术

网桥连接了多个不同的局域网网段，一个网桥连接的局域网的数量并没有限制。每个站点都有一个全局唯一的 MAC 地址，网桥的正常运行依赖于这一地址。网桥与每个相连的局域网的连接处都有一个端口，而网桥内部保存了该端口和与其连接的所有站地址的对应映射表，即网桥知道到达每个站要经过的端口。

网桥标准有两个，是由 IEEE 802.1 分委员会和 IEEE 802.5 委员会分别制定的。它们的区别在于路由选择策略的不同。基于这两种标准的网桥分别是透明网桥与源路选网桥。

1. 透明网桥

透明网桥由各个网桥自己决定路由选择，而在 LAN 上的各个网络工作站都不需设置路由选择功能。

（1） 地址表

网桥为实现路由选择，需要设置一张站名地址表，在该表中为网络上的每一个工作站建立一个含有站址、端口号及 LAN 类型的表目。其中端口号用于指示转发帧时应使用的端口号；LAN 类型用于标识 MAC 规程，以便了解是否需要进行协议转换。

提示： *网桥在运行过程中，站名地址表将会不断地被补充和更新，以适应工作站在运行过程中的不断变化，如打开、关闭或新增计算机。*

（2） 网桥的工作过程

网桥收到一个帧时，将执行三种重要的功能：地址表扩充（学习）、过滤和转发。网桥在工作时使用如下策略。

① 网桥采用混杂侦听，接收所经过的每一个数据帧。

② 转发或广播帧。网桥对于收到的每一个数据帧，都将查找地址表，确定与该帧的目的地址对应的端口。如果帧的源地址端口与目的地址端口相同，表示源站与目标站处于同一个网络中，网桥就无需进行转发而丢弃这个帧。

如果源、目的地址的端口不相同，表明源站和目标站不在同一个 LAN 中，则网桥将根据所查得的端口号进一步查找其所连接的 LAN 类型，如果相邻网络属于不同类型的 LAN，则网桥还要进行 MAC 帧格式和物理层规程的转换，然后将转换后形成的新帧从查得的端口发往相邻的 LAN，进行帧转发。

如果网桥在地址表里没找到这个地址端口条目，网桥将把这个帧转发给除接收此帧端口外的所有端口。与此类似，当遇到组播目的地址时，网桥也向各个端口转发该组播帧。

③ 地址表扩充。网桥是通过逆向学习算法来填写端口地址表的。网桥记录它所接到帧的源地址和接收该帧的端口，新建一个端口地址表项，并对源地址表进行更新，动态地建立端口地址表。

随着站点不断地发送帧，网桥就会知道所有活动站的地址与端口的对应关系。

例如，在图 6-4 中，网桥 B1 并不能区分 LAN2 和 LAN3 上的站点。B1 只能意识到它连接着两个 LAN，LAN1 连接到端口 1，LAN2 连接到端口 2，因此 B1 并不知道 B2 的存在。

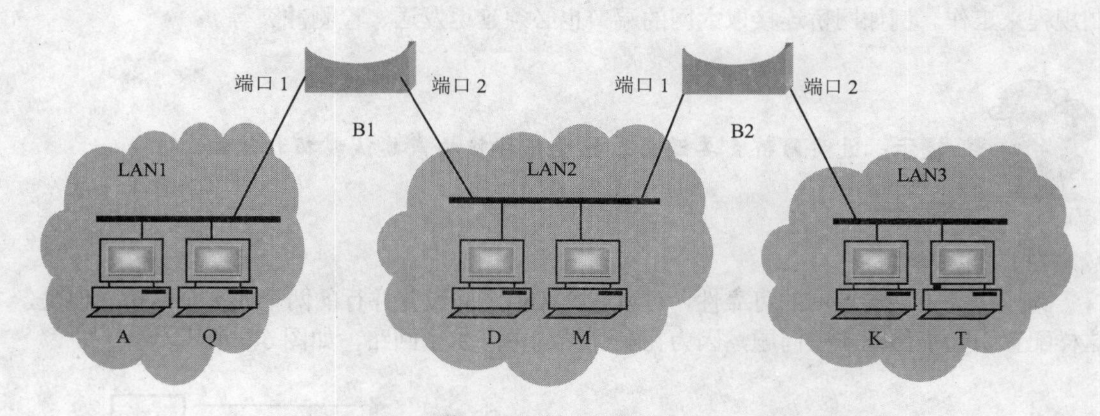

图 6-4 网桥地址表扩充

现在假定站点 A 要发送一个帧 P 给站点 K，B1 从端口 1 中收到 P，通过查看 P 的源地址，B1 知道 A 在其端口 1 的那端并登记到 B1 的地址表中。但网桥 B1 还不知道站点 K 位于何处，所以它把 P 向所有端口（端口 1 除外）转发。此时 B2 就将从端口 1 中收到 P，通过查看 P 的源地址并登记到 B2 的地址表。但网桥 B2 还不知道站点 K 位于何处，它把 P 转发到端口 2，于是站点 K 便可以接收到帧 P。

如果站点 Q 发送了一个帧 P1 给 A，B1 判断出 Q 在其端口 1 的那端并登记到地址表中。而网桥 B1 已经知道 A 也位于端口 1 的位置，因而对 P1 不转发而丢弃。

当所有站点都发送过一些帧以后，这两个网桥便形成了各自的地址表，如表 6-1 所示。

表 6-1　网桥 B1、B2 的地址表

网桥 B1		网桥 B2	
端　口	地　址	端　口	地　址
端口 1	A	端口 1	A
端口 1	Q	端口 1	Q
端口 2	D	端口 1	D
端口 2	M	端口 1	M
端口 2	K	端口 2	K
端口 2	T	端口 2	T

在帧的转发过程中注意以下几点。

当网桥转发帧时，转发帧的源地址始终是该帧最初发送者的主机地址，而不是网桥自己的地址。无论帧的目的地址是什么，网桥都接收下来并把它们以最初发送者的地址转发出去，它从不把自己的地址加入到转发的帧中。

事实上，站点意识不到网桥的存在。发送者并不知道某个网桥在为它转发帧。接收站把所有的帧都看作是如同发送者和接收者在同一个 LAN 网段上的帧一样，因此，网桥是透明的。

当通过某个端口向 LAN 上其他有关的站发送帧时，它必须按照端口正常的介质访问控制规程来工作。例如网桥连接以太网的端口也必须延迟发送、检测冲突等。

提示：透明网桥主要适用于树型拓扑结构或总线型拓扑结构。

（3）生成树算法

为了提高扩展局域网的可靠性，可以在 LAN 之间设置并行的两个或多个网桥。但是，这样配置引起了另外一些问题，因为在拓扑结构中产生了回路，如图 6-5 所示。

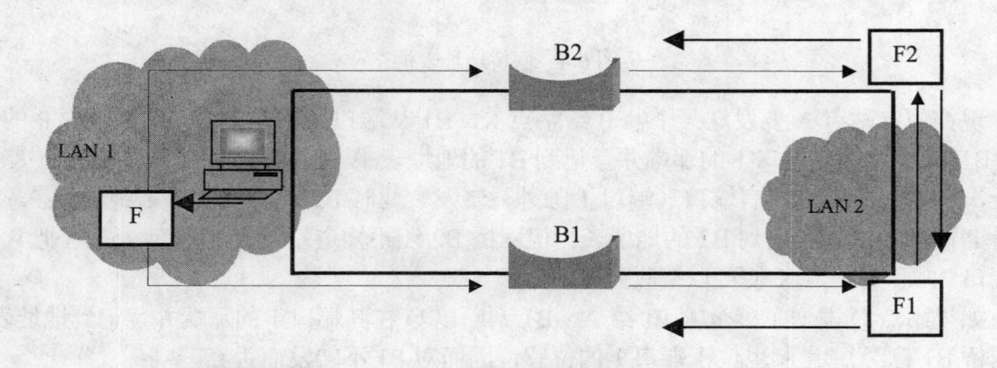

图 6-5　构成回路的网桥

按照前面提到的算法，对于目的地址不明确的帧，每个网桥都要进行扩散。在图 6-5 中，从 LAN1 的某站点发送的帧 F，网桥 B1、B2 不知道其目的地址时，B1 将把 F 复制到 LAN2

中，产生一个新帧 F1；B2 也将把 F 复制到 LAN2 中，产生一个新帧 F2；紧接着，桥 B1 看见目的地址不明确的帧 F2，将其复制转发到 LAN1，产生一个新帧 F3；类似地，桥 B2 也将 F1 复制转发到 LAN1，产生 F4。随后，桥 B1 又复制转发 F4，而桥 B2 则复制转发 F3……这样无限循环下去。

解决这个问题的方法是采用生成树算法。这种算法是由 IEEE 802.1d 标准定义的。生成树算法的目标有两个：其一是为了确保帧在网络中不会无休止地转发下去；其二是沿最有效的路径来转发帧。生成树算法的目的是让网桥动态地发现拓扑结构的一个无回路子集，并且保证足够的连通度，使得每两个 LAN 之间仅存在一条路径。

下面是构造扩展局域网的生成树算法的步骤。

① 确定根网桥。根据生成树算法，MAC 地址低的网桥优先级较高，MAC 地址最小的网桥优先级最高。在所有 LAN 的网桥中，选择 MAC 地址最小的网桥为生成树的根网桥。其他网桥则根据其 MAC 地址来确定其优先级。

② 确定每个 LAN 上的指定桥。指定桥是提供每个网段 LAN 到根网桥代价最小（如到根网桥的路径最短）的桥。如果有多个桥到根的代价相同，则选择 MAC 地址最小的桥作为该网段的指定桥。只有指定桥才可以在网段间转发帧。

③ 确定每个网段的指定端口。每个网段与其指定桥相连的端口叫作指定端口。

④ 最后每个网桥将非根端口和非指定端口设置为阻塞状态，即该端口不转发帧。

此算法的结果是建立起从每一个 LAN 到根的唯一路径，它也是到每个其他 LAN 的唯一路径。当生成树建立以后，此算法还要继续工作，以便自动地检查拓扑结构的变化及更新该树。同时，根网桥每隔几秒钟发送一次 Hello 探测帧。如果其他的网桥没有在给定时间内收到该探测帧，它就假设根网桥已经离线或出现故障。首先检测到这种情况的网桥便要求重新确立另一个根网桥。

2. 源路选网桥

源路选网桥的核心思想是发送方知道目的站的位置，并将路径中所经过的网桥地址包含在帧头中一并发出，途经网桥依照帧头中的下一站网桥地址将帧一一转发，直到将帧传送到目的地。

（1） 如果发送的源节点知道所发送帧的确切传输路径，就直接传输。它便将源节点到目的节点的确切路径放在源节点发送的帧中。网桥将按照帧内指定的路径存储并转发帧。

（2） 如果源节点不知道路径，则源节点发送一个具有探测功能的广播帧，然后执行下列操作。

① 接到广播帧的网桥检查广播帧，如果本网桥号已经在帧中，不作任何处理。

② 否则，收到这个探测帧的每个网桥都会向该帧中的数据区加进路由信息，并把它复制到自己所有的输出端口中，将该帧转发到与之连接，且网络号未在帧中出现的其他网络。

③ 当目的节点接到该测试帧后，根据积累的路由信息做出响应。向源发节点返回一个应答帧，并沿着测试帧途径的路径反向传递，应答帧中包含了所需的路径信息。

④ 由于广播的缘故，源发节点可能会回收到多个应答帧。通常通过某种算法从中选择一条（最佳）路径。选择最佳路径一般由 3 种因素决定：被接收返回的第 1 个帧采取的路径、到达目标地址经最少节点的路径，以及使用最大长度帧的传输路径。

源路选网桥可以获得最佳的路径，其缺点是测试帧的发送增加了网络的信息流量，有可能会形成“广播风暴”，甚至可能导致网络拥塞现象。

例如，在图 6-6 中，主机 H1 想向 H2 发送数据帧，则 H1 首先发送一个测试帧以检测 H2 是否与 H1 在同一网段上；如果测试后发现 H2 与 H1 不在同一网段上，则 H1 将进行下列操作。

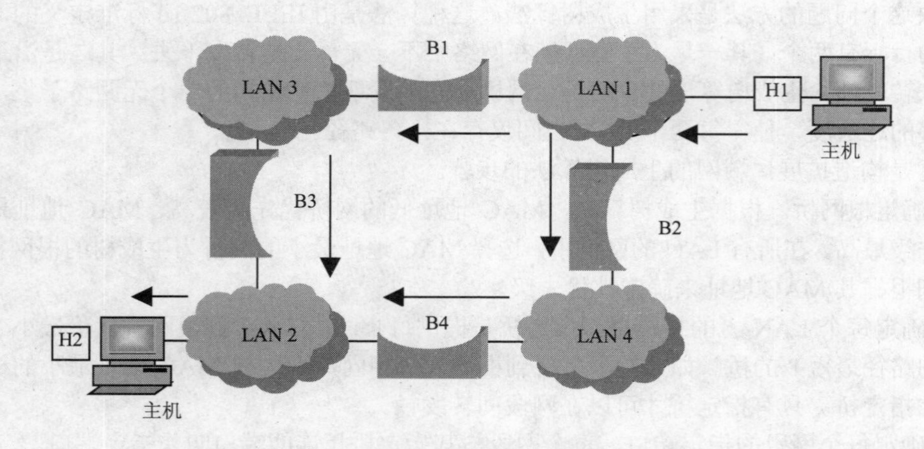

图 6-6　源路选网桥的工作原理

（1）　H1 发出一个探测帧，探测 H2 的所在位置。

（2）　网桥 B1 和 B2 都收到 H1 发出的探测帧，它们分别在探测帧中加进各自的路由信息，然后将探测帧分别转发到 B3 和 B4。

（3）　网桥 B3 收到 B1 转发来的探测帧，在该探测帧中加进自己的路由信息，然后将探测帧转发给 H2；网桥 B4 收到 B1 转发来的探测帧，在该探测帧中加进自己的路由信息，然后也将探测帧转发给 H2。

（4）　H2 收到两个探测帧后，分别检查探测帧中累积的路由信息，然后分别沿着探测帧发来的路径发送响应帧。

（5）　H1 收到 H2 发来的两个响应帧，从而得知有两条路径可以到达 H2，分别为 H1→B1→B3→H2 和 H1→B2→B4→H2。

（6）　最后 H1 选择其中一条路径如 H1→B1→B3→H2，将路由信息加到数据帧中再发送给 H2。

提示： 传统的交换机实际上是一个多端口网桥。因此，可以使用局域网交换机实现网络在链路层的互连。

6.3　VLAN 技术与交换机配置基础

交换机是在网桥基础上发展起来的网络设备。随着网络技术的发展，交换机产品也日益丰富，交换机技术也得到了空前的发展。为了满足各个层次用户对交换机的不同要求，出现了很多新的交换机技术，其中链路聚合技术、堆叠技术、虚拟局域网（VLAN）技术和第三层技术得到了广泛的应用。

6.3.1 VLAN 技术

广播在网络中起着非常重要的作用。然而，随着网络内计算机数量的增多，广播包的数量也会急剧增加，当广播包的数量占到总量30%时，网络的传输效率将会明显下降。特别是当某个网络设备出现故障后，会不停地发送广播包，从而导致广播风暴，使网络通信陷于瘫痪。所以，当网络内的计算机数量多到一定程度后（通常限制在200台以内），就必须采取措施将网络分隔开来，将一个大的广播域划分为若干个小的广播域，以减小广播可能造成的损害。

在标准以太网出现后，交换机的每个端口都是一个独立的冲突域，所以连接在交换机下的主机进行点对点的数据通信时，已不再影响其他主机的正常通信。但是，广播报文仍然不受交换机端口的局限，而是在整个广播域中任意传播，甚至在某些情况下，单播报文也被转发到整个广播域的所有端口。为了降低广播报文的影响，可以使用路由器来减小以太网上广播域的范围，从而降低广播报文在网络中的比例，但这也不能解决同一交换机下的用户隔离。并且，使用路由器来划分广播域，无论是在网络建设成本上，还是在管理上以及转发速度上都存在很多不利因素。为此，IEEE 协会专门设计规定了一种 802.1q 协议标准，这就是虚拟局域网技术。它实现了两层广播域的划分，很好地解决了路由器划分广播域存在的困难。

1. VLAN 的优点

VLAN 技术划分广播域有无与伦比的优势。VLAN 逻辑上把网络资源和网络用户按照一定的规则进行划分，把一个物理上的网络划分成若干个小的逻辑网络。这些小的逻辑网络形成各自的广播域，也就是虚拟局域网（VLAN）。如图 6-7 所示，同一办公大楼的几个部门都使用一个中心交换机，但是各个部门属于不同的 VLAN，形成各自的广播域，广播报文不能跨越这些广播域传送。

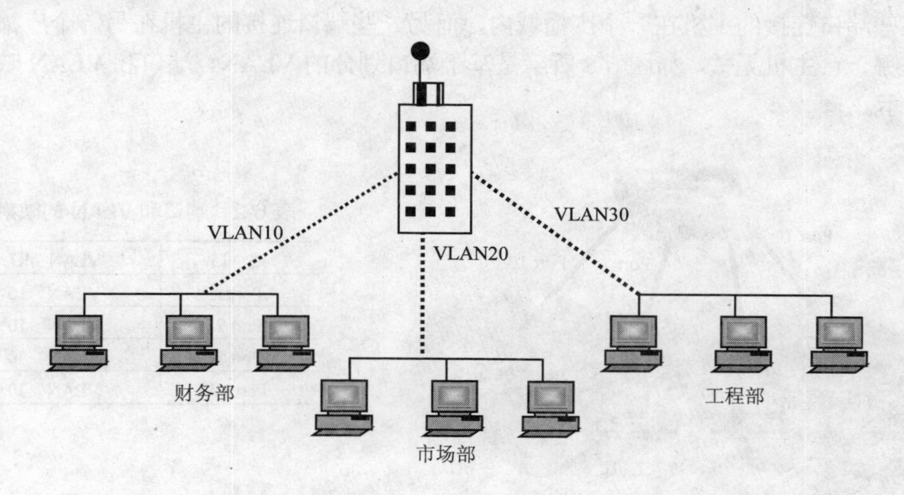

图 6-7 虚拟局域网

VLAN 在功能和作用上与传统的物理分隔完全相同，所不同的是，逻辑子网中的成员与其物理位置无关，既可连接至同一台交换机，也可连接至不同交换机。VLAN 的优点表现在以下几个方面。

（1） VLAN 与工作站的连接位置无关

在使用物理手段划分子网时，如果需要把一台计算机从一个子网转移到另一个子网，则只能采用将其与原来子网的连接断开，然后再连接到另一个子网的方式。当用户变更比较频繁时，这种迁移所耗费的精力和时间是不可忽略的。而如果使用 VLAN，迁移的工作只是由网络管理员通过管理计算机重新定义，这样可以降低移动和变更工作时的管理成本。

（2） 控制广播风暴的产生

同一个 VLAN 中的广播只有 VLAN 中的成员才能听到。由于所有的广播都只在本地 VLAN 内进行，不再扩散到其他 VLAN 上，这将大大减少广播对网络带宽的占用，提高带宽传输效率，并可有效地避免广播风暴的产生。

（3） 增强网络安全性与健壮性

VLAN 的一个重要好处就是提高了网络安全性，由于交换机只能在同一 VLAN 内的端口之间交换数据，不同 VLAN 的端口不能直接相互访问，同时，可以将网络故障限制在一个 VLAN 之内。从而避免了这些故障可能对其他用户造成的负面影响。

（4） 网络监督和管理

网络管理员可以通过网管软件查到 VLAN 间和 VLAN 内数据报的通信细目分类信息以及应用数据报的细目分类信息，而这些信息对于确定路由系统和经常被访问的服务器的最佳配置十分有用。通过划分 VLAN，可以使网络管理变得更加简单、轻松和有效。

2. VLAN 的划分

VLAN 的主要目的就是划分广播域。在规划网络时，可以根据交换机的物理端口、网卡的 MAC 地址、网络层地址和 IP 广播组来划分 VLAN。

（1） 基于交换机端口的 VLAN 划分

基于交换端口的 VLAN 划分方法是用以太网交换机的端口来划分广播域的。也就是说，交换机某些端口连接的主机在一个广播域内，而另一些端口连接的主机在另一个广播域，与连接的是哪一台主机无关，如图 6-8 所示是基于端口划分的 VLAN，端口和 VLAN 映射表如表 6-2 所示。

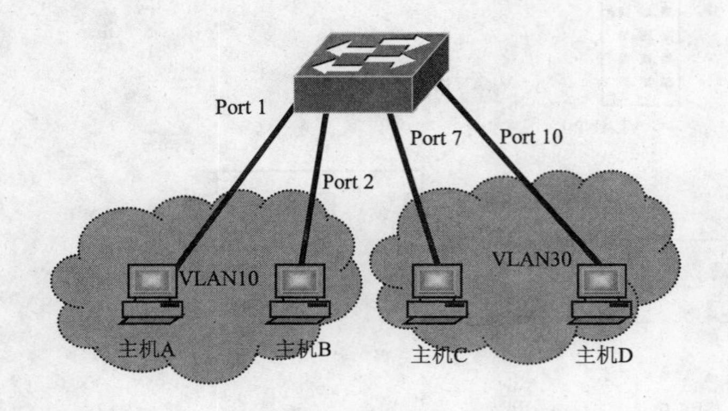

图 6-8 基于端口划分的 VLAN

表 6-2 端口和 VLAN 的映射表

端 口	VLAN ID
Port 1	VLAN 10
Port 2	VLAN 10
Port 7	VLAN 30
Port 10	VLAN 30

如果指定交换机的端口1和端口2属于VLAN 10，端口7和端口10属于VLAN 30，此时，主机A和主机B在同一VLAN，主机C和主机D在另一VLAN下。如果将主机A和主机C交换连接得端口，则VLAN表仍将保持不变，但主机A却变成与主机D在同一VLAN——VLAN 10，而主机B和主机C属于VLAN 30。

如果网络中存在多个交换机，还可以指定不同交换机的端口属于同一VLAN。这同样可以实现VLAN内部主机的通信，也隔离广播报文的泛滥。

① 优点：定义VLAN成员非常简单，只需要指定交换机的端口即可。

② 缺点：如果VLAN用户离开原来的接入端口，而连接到新的交换机端口，就必须重新指定新连接的端口所属的VLAN ID。

注意：*基于交换机端口划分的VLAN的同一端口不能同时属于两个VLAN。*

（2） 基于MAC地址的VLAN划分

基于MAC地址的VLAN划分是根据网卡的MAC地址来划分广播域的。也就是说，某个计算机属于哪一个VLAN只和它的MAC地址有关，而和它连接在哪个端口或者IP地址都没有关系。在VLAN配置完成后，会形成一张如表6-3所示的MAC地址和VLAN的映射表。

表6-3 MAC地址和VLAN的映射表

MAC地址	VLAN ID
00-14-2A-22-3C-8A	VLAN 10
00-14-2A-22-3C-6A	VLAN 20
00-14-2A-22-3C-8C	VLAN 20
…	…

① 优点：当用户改变计算机的物理位置即改变交换机的接入端口时，不需要重新配置主机或交换机；安全性较高。

② 缺点：这种方法的初始配置工作量很大，需要针对每台计算机进行VLAN配置。

（3） 基于网络层地址的VLAN划分

在IP网络中，基于网络层地址的VLAN划分方法是根据网络主机使用的IP地址所在的子网来划分广播域的。也就是说，IP地址属于同一个子网的主机属于同一个广播域，而与主机的其他因素没有任何关系。在交换机上完成配置后，会形成一张如表6-4所示的子网和VLAN的映射表。

表6-4 子网和VLAN的映射表

子 网	VLAN ID
10.0.1.0/24	VLAN 10
10.0.2.0/24	VLAN 20
10.0.3.0/24	VLAN 30
10.0.4.0/24	VLAN 40

① 优点：这种划分方法可以按照协议类型组建VLAN，网络用户可以随意移动工作站而无需重新配置网络地址。

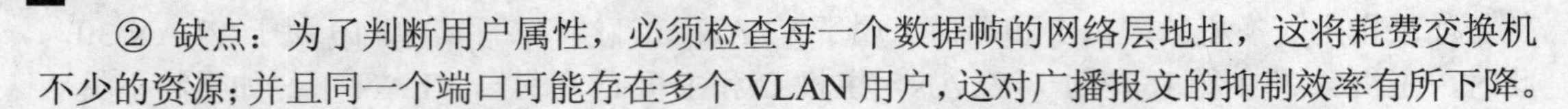

② 缺点：为了判断用户属性，必须检查每一个数据帧的网络层地址，这将耗费交换机不少的资源；并且同一个端口可能存在多个 VLAN 用户，这对广播报文的抑制效率有所下降。

3. VLAN 帧格式和帧的传输

IEEE 802.1q 协议标准规定了 VLAN 技术，它定义同一个物理链路上承载多个子网的数据流的方法。其主要内容如下。

- VLAN 的架构。
- VLAN 技术提供的服务。
- VLAN 技术涉及的协议和算法。

为了保证不同厂家生产的设备能够顺利互通，802.1q 标准严格规定了统一的 VLAN 帧格式以及其他重要参数。在此我们重点介绍标准的 VLAN 帧格式。

（1） VLAN 的帧格式

802.1q 标准规定在原有的标准以太网帧格式中要增加一个特殊的标志域——Tag 域，用于标识数据帧所属的 VLAN ID，它的帧格式如图 6-9 所示。

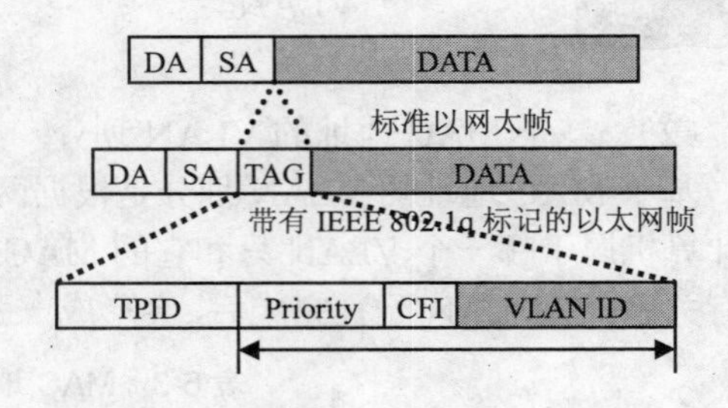

图 6-9 标准以太网帧和带标记的以太网帧

从两种帧格式我们可以知道 VLAN 帧相对于标准以太网帧在源 MAC 地址后面增加了 4 字节的 Tag 域。它包含了 2 字节的标签协议标识（TPID）和 2 字节的标签控制信息（TCl, Tag Control Information））。其中 TPID （Tag Protocol Identifier）是 IEEE 定义的新的类型，表示这是一个加了 802.1q 标签的帧。TPID 包含了一个固定的 16 进制值 0x8100。TCl 又分为 Priority、CFI 和 VLAN ID 3 个域。

Priority：该域占用 3 个比特，用于标识数据帧的优先级。该优先级决定了数据帧的重要紧急程度，优先级越高，就越优先得到交换机的处理。这在 QoS 的应用中非常重要。它一共可以将数据帧分为 8 个等级。

CFI（Canonical Format Indicator）：该域仅占用 1 个比特，如果该位为 0，表示该数据帧采用规范帧格式，如果该位为 1，表示该数据帧为非规范帧格式。它主要用在令牌环/源路由 FDDI 介质访问方法中来指示数据帧中所带地址的比特次序信息。在 802.3 Ethernet 和透明 FDDI 介质访问方法中，它用于指示是否存在 RIF 域，并结合 RIF 域来指示数据帧中地址的比特次序信息。

VLAN ID：该域占用 12 bit，它明确指出该数据帧属于某一个 VLAN。所以 VLAN ID 表示的范围为 0～4 095。

另外，Cisco 开发了专有的 VLAN 标记——ISL（Inte-Switch Link）标记，IEEE 802.1q 和 ISL 不一样，它的格式取决于使用它的介质。例如，ISL 一般只适应快速以太网和千兆位以太网，而 802.1q 几乎适应所有的不同介质，其中包括 FDDI 和令牌环。

IEEE 802.1q 的标记报头将随使用介质的不同而发生变化。按 IEEE 802.1q 标准，标记实际上嵌在源 MAC 地址和目标 MAC 地址后。由于这个标记要比 Cisco 的 ISL 小，所以将出现一些额外开销。Cisco 通常将这种中继封装的方法称为“dot1q”，IEEE 802.1q 标记格式需要 Catalyst IOS 4.1 以上。

（2） VLAN 数据帧的传输

目前我们任何主机都不支持带有 Tag 域的以太网数据帧，即主机只能发送和接收标准的以太网数据帧，而认为 VLAN 数据帧为非法数据帧。所以支持 VLAN 的交换机在与主机和交换机进行通信时，需要区别对待。当交换机将数据发送给主机时，必须检查该数据帧，并删除 Tag 域。而发送给交换机时，为了让对端交换机能够知道数据帧的 VLAN ID，它应该将从主机接收到的数据帧增加 Tag 域后再发送。其数据帧在传播过程中的变化如图 6-10 所示。

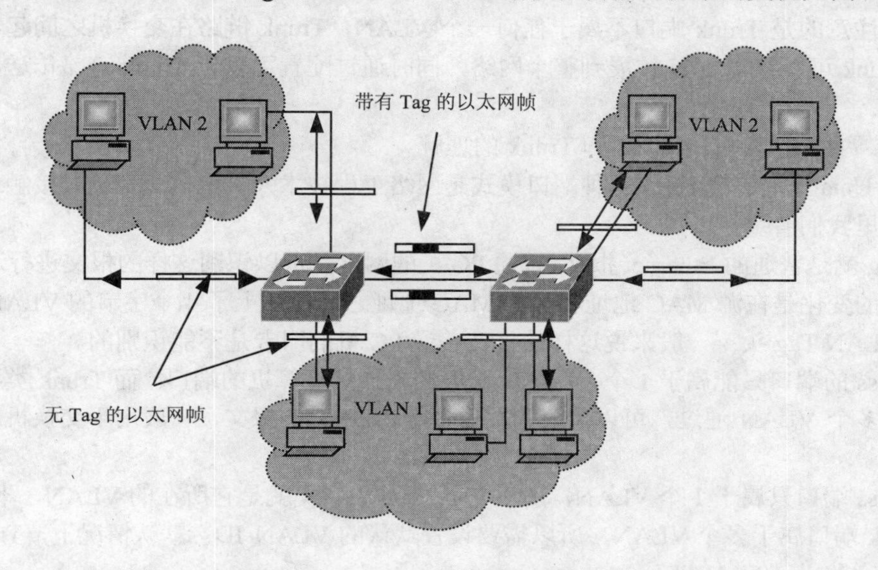

图 6-10 VLAN 数据帧传输过程

当交换机接收到某数据帧时，交换机将根据数据帧中的 Tag 域或者接收端口的默认 VLAN ID 来判断该数据帧应该转发到哪些端口。如果目标端口连接的是普通主机，则删除 Tag 域（如果数据帧包含 Tag 域）后发送数据帧，如果目的端口连接的是交换机，则添加 Tag 域（如果数据帧不包含 Tag 域）后发送数据帧。（为了保证交换机之间的 Trunk 链路上能够接入普通主机，以太网交换机还有特殊处理。即当检查到数据帧的 VLAN ID 和 Trunk 端口的默认 VLAN ID 相同时，数据帧不会增加 Tag 域。而到达对端交换机后，交换机发现数据帧没有 Tag 域时，就确认该数据帧为接收端口的默认 VLAN 数据。）

4. 干道连接

（1） 干道连接（Trunking）

交换机端口可以运行在接入模式（Access mode）或者干道模式（Trunk mode），相应的交换机所连接的链路也被称为接入链路和干道链路。他们在处理 VLAN 数据帧上是不同的。同样可以将交换机的端口分为两类：一类是运行在接入模式下，只能传送标准以太网帧的端口，被称为 Access 端口；另一类是运行在干道模式下，既可以传送有 VLAN 标签的数据帧，也可以传送标准以太网帧的端口，称为干道（Trunking）端口。

在接入模式下，Access 端口属于且仅属于一个 VLAN，主要是用来连接不支持 VLAN 技术的终端设备的端口，这些端口接收到的数据帧都不包含 VLAN 标签，而向外发送数据帧时，必须保证数据帧中不包含 VLAN 标签。

而干道（Trunk）则负责在同一个点对点的链路上同时传送多个 VLAN 的通信。Trunk 是一条点对点的链路，在 Trunking 协议中，多个 VLAN 在一条链路上实现复用。

同样 Trunk 端口是指那些连接支持 VLAN 技术的网络设备（如交换机或路由器）的端口，这些端口接收到的数据帧一般都包含 VLAN 标签（Trunk 只允许默认 VLAN 的报文发送时不打标签），而向外发送数据帧时，必须保证接收端能够区分不同 VLAN 的数据帧，故常常需要添加 VLAN 标签（数据帧 VLAN ID 和端口默认 VLAN ID 相同除外）。

需要注意的是 Trunk 端口不属于任何一个 VLAN，Trunk 链路在交换机之间起着管道的作用。Trunk 可以将 VLAN 扩展到整个网络，同时通过配置可以让 Trunk 链路传送部分或所有 VLAN。

（2） 两种端口模式 Access 和 Trunk 的理解

Tag，Untag 以及交换机的各种端口模式是网络工程技术人员调试交换机时接触最多的概念，在这里我们着重予以说明。

Untag 就是普通的 Ethernet 报文，普通 PC 机的网卡是可以识别这样的报文进行通信。Tag 报文结构的变化是在源 MAC 地址和目的 MAC 地址之后，加上了 4 个字节的 VLAN 信息，也就是 VLAN Tag 头；一般来说这样的报文普通 PC 机的网卡是不能识别的。

Access 的端口只能属于 1 个 VLAN，一般用于连接计算机的端口。而 Trunk 类型的端口可以允许多个 VLAN 通过，可以接收和发送多个 VLAN 的报文，一般用于交换机之间连接的端口。

Access 端口只属于 1 个 VLAN，所以它的默认 VLAN 就是它所在的 VLAN，不用设置。

Trunk 端口属于多个 VLAN，所以需要设置默认的 VLAN ID。默认情况下，Trunk 端口的默认 VLAN 为 VLAN 1。

如果设置了端口的默认 VLAN ID，当端口接收到不带 VLAN Tag 的报文后，则将报文转发到属于默认 VLAN 的端口；当端口发送带有 VLAN Tag 的报文时，如果该报文的 VLAN ID 与端口默认的 VLAN ID 相同，则系统将去掉报文的 VLAN Tag，然后再发送该报文。

提示： 对于华为交换机默认的 VLAN 被称为“Pvid Vlan”，对于思科交换机默认的 VLAN 被称为“Native Vlan”。

交换机接口出入数据处理过程如下。

Acess 端口收报文：收到一个报文，判断是否有 VLAN 信息。如果没有则打上端口的 PVID，并进行交换转发；如果有则直接丢弃（默认）。

Acess 端口发报文：将报文的 VLAN 信息剥离，直接发送出去。

Trunk 端口收报文：收到一个报文，判断是否有 VLAN 信息。如果没有则打上端口的 PVID，并进行交换转发；如果有，则判断该 Trunk 端口是否允许该 VLAN 的数据进入。如果可以则转发，否则丢弃。

Trunk 端口发报文：比较端口的 PVID 和将要发送报文的 VLAN 信息，如果两者相等则剥离 VLAN 信息，再发送；如果不相等则直接发送。

6.3.2 交换机配置基础

根据网络需求对交换机做必要的配置可以提高网络传输效率，实现网络安全和管理。下面以 Cisco 交换机为例，介绍交换机的基本配置方法。

1. 配置连接方式

交换机的配置必须借助于计算机才能实现。通常情况下，管理用的计算机与交换机之间可以通过 Console 端口直接连接或通过集线设备间接连接。

（1） 通过 Console 端口直接连接

① Console 端口。可网管的交换机上都至少有一个 Console 端口，用于对交换机进行配置和管理。它也是配置和管理交换机必经的步骤。虽然还有 Web 方式、Telnet 方式等，但是，这些方式必须通过 Console 端口进行基本配置之后才能进行。

不同类型交换机的 Console 端口所处的位置并不相同，通常在 Console 端口的上方或侧方都会有“CONSOLE”字样的标识，如图 6-11 所示。

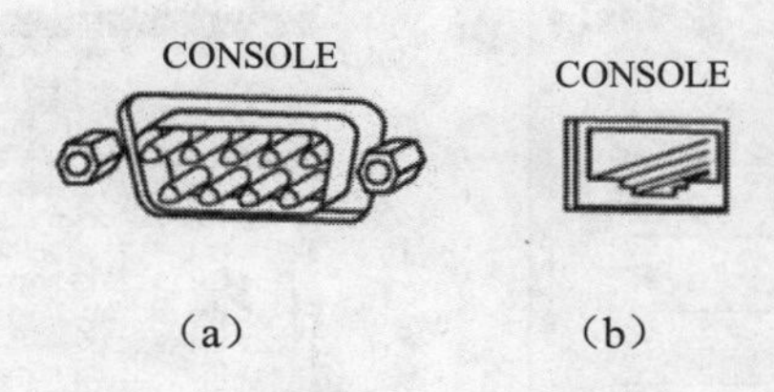

图 6-11 交换机的 Console 端口

除位置不同之外，Console 端口的类型也有所不同，绝大多数都采用 RJ—45 端口，如图 6-11（a）所示，如 Catalyst 1900 和 Catalyst 4006；但也有少数采用 DB-9 串口端口如图 6-11（b）所示，如 Catalyst 3200；或 DB-25 串口端口，如 Catalyst2900。

② Console 线。无论交换机采用 DB-9 或 DB-25 串行接口，还是采用 RJ—45 接口，都需要通过专门的 Console 线连接至配置用计算机（通常称作终端）的串行口。

Console 线也分为两种：一种是串行线，即两端均为串行接口，两端分别插入至计算机的串口和交换机的 Console 端口；另一种是两端均为 RJ—45 接头的扁平线，无法直接与计算机串口进行连接，必须同时使用一个 RJ—45—to—DB-9（或 RJ—45—to—DB-25）的适配器。

③ 设备连接。按照如图 6-12 所示的方式，利用 Console 线将计算机的串口与交换机的 Console 端口连接在一起。

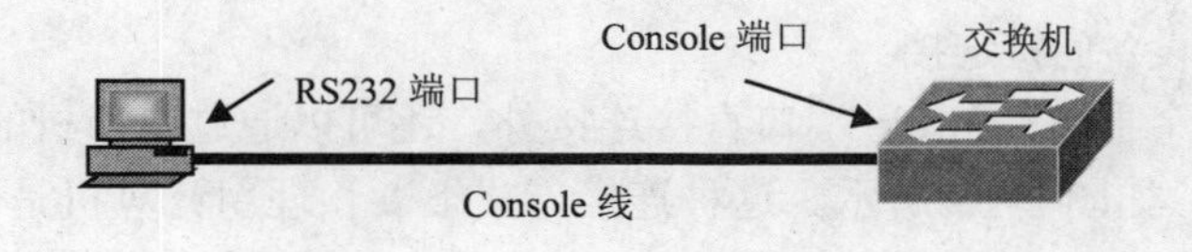

图 6-12 用 Console 线连接计算机和交换机

④ 计算机与交换机通信。在计算机与交换机通信之前，应确认已经做好了以下准备工作。

- 利用 Console 线将计算机与交换机连接在一起。
- 计算机中安装有 Windows 操作系统，且安装有“超级终端”（Hyper Terminal）组件。

- 为交换机分配了 IP 地址、域名或名称。

连接计算机和交换机的步骤如下。

第 1 步，依次选择“开始→程序→附件→通信→超级终端”，双击“Hypertrm”图标，显示“位置信息”对话框，输入“区号”如 0378，单击“确定”按钮后，将打开“新建连接-超级终端”对话框。

第 2 步，在“名称”文本框中键入名称，如键入“switch”，用于标识与 Cisco 交换机的连接。单击“确定”按钮，将打开“连接到”对话框。

第 3 步，通常情况下，使用串行口 1 选项。这里选择“COM1”，单击“确定”按钮，显示如图 6-13 所示的“COM1 属性”对话框。

第 4 步，在“波特率”下拉列表框中选择“9600”，“数据控制”下拉列表框中选择“无”，其他各选项均采用默认值。单击“确定”按钮，显示“switch 超级终端”窗口。

第 5 步，打开交换机电源后，连续按 Enter 键，即可在“超级终端”窗口显示交换机初始界面，如图 6-14 所示。

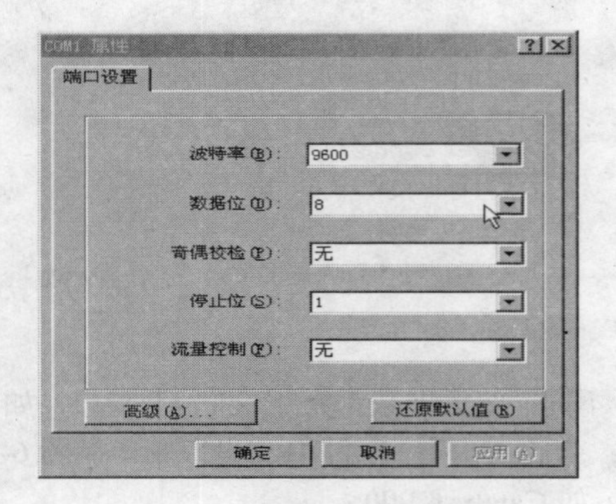

图 6-13 “COM1 属性”对话框

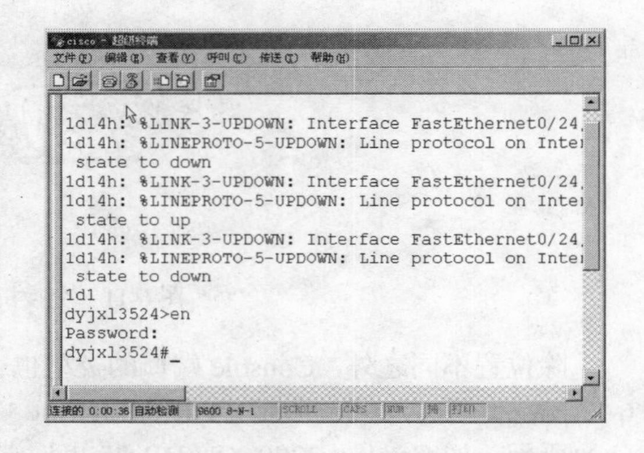

图 6-14 超级终端正确连接

计算机与交换机连接成功之后，就可以用菜单（Menus）方式或命令行（Command Line）方式对交换机进行配置和管理了。

提示： *如果在屏幕上未能显示交换机的启动过程，则可能是通信端口选择错误或参数设置有问题，需重新配置超级终端。当然，也有可能是 Console 线或连接有问题，可逐一检查。*

（2） 通过集线设备间接连接

① 设备连接。除通过 Console 端口直接连接外，还可以通过交换机的普通以太网端口实现与计算机的连接，如图 6-15 所示。这种连接方式下，管理用计算机是以 Telnet 或 Web 浏览器的方式实现与被管理交换机间的通信的。当然，实现这种连接的前提是必须已经为交换机配置好 IP 地址了。否则，计算机根本无法找到欲管理的交换机。

② Telnet 方式。Telnet 协议是一种远程访问协议，可以用它登录到远程计算机、网络设备等。Windows 都内置有 Telnet 客户端程序，用于实现与远程交换机的通信。

在使用 Telnet 连接至交换机前，应当确认已经做好以下准备工作。

- 在被管理的交换机上已经配置好IP地址信息（通过Console端口进行设置），并建立了具有管理权限的用户账户。如果没有建立新的账户，则Cisco交换机默认的管理员账户为“Admin”。
- 在用于管理的计算机中安装有TCP/IP协议，并配置好与被管理交换机处于同一网段的IP地址信息。

第1步，单击“开始”按钮，选择“运行”命令，显示如图6-16所示的“运行”对话框。键入格式为telnet ip_address（ip_address表示被管理交换机的IP地址）的命令，这里假设交换机的IP地址为192.168.0.1，则键入telnet 192.168.0.1。

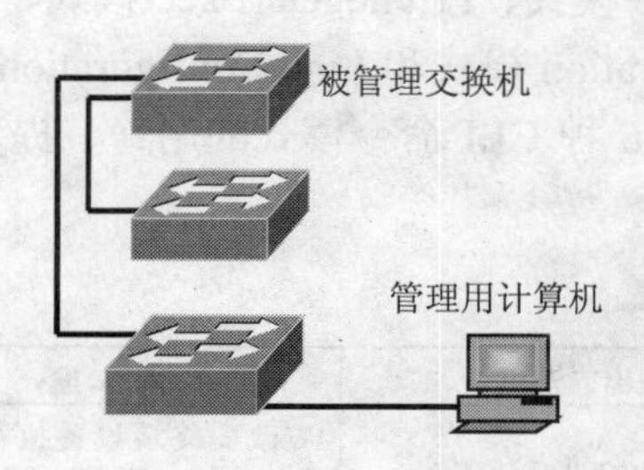

图6-15 设备连接图

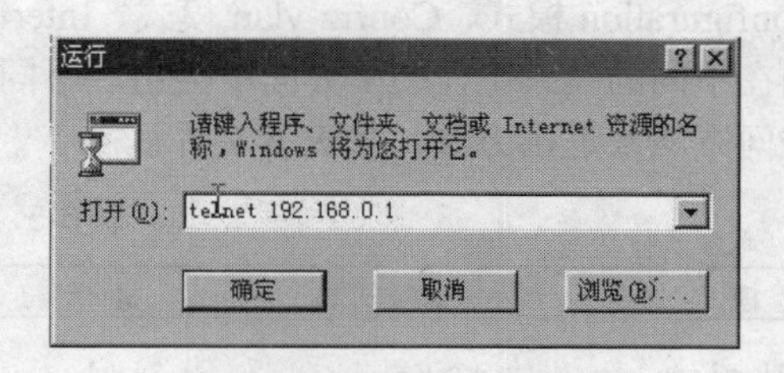

图6-16 “运行”对话框

第2步，单击“确定”按钮，建立与远程交换机的连接。

然后就可以根据实际需要对该交换机进行相应的配置和管理了。

③ Web界面访问方式。当利用Console口为交换机设置好IP地址信息并启用HTTP服务后，即可通过Web浏览器访问交换机，并可通过Web浏览器修改交换机的各种参数并对交换机进行管理。通过Web界面，可以对交换机的许多重要参数进行修改和设置，并可实时查看交换机的运行状态。

在利用Web浏览器访问交换机之前，应当确认已经做好以下准备工作。

- 在用于管理的计算机中安装TCP/IP协议，并且在管理用计算机和被管理的交换机上都已经配置好同一网段的IP地址。
- 在被管理的交换机上建立了拥有管理权限的用户账户和密码。被管理交换机的IOS支持HTTP服务，并且已经启用了该服务。

用Web浏览器访问交换机的步骤如下。

第1步，运行Web浏览器，在“地址”栏中键入被管理交换机的IP地址（如192.168.0.1）或为其指定的域名。按下Enter键，显示对话框，要求输入用户名和密码。

第2步，分别在“用户名”和“密码”文本框中，键入拥有管理权限的用户名和密码。用户名/密码应当事先通过Console端口进行设置。

第3步，单击“确定”按钮，建立与被管理交换机的连接，Web浏览器中显示交换机的管理页面。

接下来，通过Web界面查看交换机的各种参数和运行状态，并可根据需要对交换机的某些参数做必要的修改和配置。

2. CLI命令模式与使用

Cisco交换机所使用的软件系统为Catalyst IOS。CLI（Command-Line Interface）是一个

基于DOS命令行的软件系统，不区分大小写。CLI可以采用缩写命令与参数，只要它包含的字符足以与其他当前可用命令和参数区分开即可。虽然对交换机的配置和管理也可以通过多种方式实现，但相比较而言，命令行方式的功能更强大，掌握起来难度也更大些。

通过CLI配置和管理交换机，既可采用Console线直接连接方式，也可采用通过集线设备间接连接至被管理交换机的方式。

（1） CLI命令模式

Cisco IOS命令需要在各自的命令模式下才能执行，因此，如果想执行某个命令，必须先进入相应的配置模式。例如，interface type_number命令只能在Global cennguration模式下执行。

Cisco IOS共包括6种不同的命令模式：User Exec模式、Privileged Exec模式、Global Configuration模式、Config-vlan模式、Interface Configuration模式和Line Configuration模式。当在不同的模式下，CLI界面中会出现不同的提示符。6种CLI命令模式的用途、提示符、访问方法及退出方法，如表6-5所示。

表6-5 CLI命令模式

模 式	访问方法	提 示 符	退出方法	用 途
User Exec	开始一个进程	Switch>	键入logout或quit	改变终端设置执行基本测试显示系统信息
Privileged Exec	在UserExec模式中键入enable命令	Switch#	键入disable退出	校验键入的命令。该模式由密码保护
Global Configuration	在Privileged Exec模式中键入configure命令	Switch (config)#	键入exit或end或按下Ctrl+Z组合键，返回至Privileged Exec模式	将配置的参数应用于整个交换机
Config-vlan	在Global configuration模式中键入vlan-Id	Switch (configvlan)#	键入exit返回至Global Configuration模式；按下Ctrl+Z组合键或键入end，返回至Privileged Exec模式	配置VLAN参数。当VTP模式处于透明模式时，创建扩展序列的VLAN（VLAN ID大于1005），并将配置文件保存至启动文件
Interface Configuration	在Global Configuration模式中，键入interface命令	Switch (config-if)#	键入exit返回至Global Configuration模式或按下Ctrl+Z组合键或键入end，返回至即Privileged Exec模式	为Ethernet interfaces配置参数
Line Configuration	Global Configuration中，为1ine vty or lineconsole命令指定一行	Switch (config-line)#	键入exit返回至Global Configuration模式或按下Ctrl+Z组合键或键入end，返回至Privileged Exec模式	为Terminalline配置参数

（2） CLI的帮助与缩略方式

在任何命令模式下，只须键入“?”，即可显示该命令模式下所有可用到的命令及其用途。另外，还可以在一个命令和参数后面加“?”并按下Enter键，以寻求相关的帮助。

例如，如果想查看“show”命令的用法，则只需键入“show ?”，然后按下Enter键即可。

另外，“?”还具有局部关键字查找功能。也就是说，如果只记得某个命令的前几个字符，则可以使用“?”让系统列出所有以该字符或字符串开头的命令。但是，在最后一个字符和“?”之间不得有空格。例如，在Privileged Exec模式下键入“c?”，系统将显示以“c”开头的所有命令。

Cisco IOS 命令均支持缩写命令，只要键入的命令所包含的字符长到足以与其他命令区别就足够了，根本没有必要键入完整的命令和关键字。例如，可将“configure terminal”命令缩写为“conft”，然后按下 Enter 键即可。

（3） 指定模块、端口、VLAN、MAC 和 IP

① 指定交换机的模块和端口。在有用户配置端口的模块上，最左边的端口为第 1 端口（port）。当在指定模块上指定特定端口时，其命令语法为 mod_num/port_num（模块号/端口号）。例如，3/1 表示指定位于模块 3 上的端口 1。

在许多命令中，必须键入端口列表在指定端口的列表时，使用逗号“，”可指定一个个单独的端口，使用连字符“-”可指定两个号码之间的所有端口。连字符优先于逗号。

例如：2/8　　指定模块 2 上的端口 8。

3/2-5　　指定模块 3 上的端口 2、3、4、5。

5/2，5/7-9，6/11　　指定模块 5 上的端口 2、7、8 和 9，及模块 6 上的端口 11。

提示： 固定配置的交换机上的端口都位于 0 模块。

② 指定 VLAN。在 VLAN 后加一个数字即为 VLAN ID，用于识别 VLAN。在指定 VLAN 列表时，使用逗号“，”（不能插入空格）可指定一个单独的 VLAN，使用连字符“-”可指定 VLAN 范围（两个号码之间的所有 VLAN）。

指定 VLAN 或 VLAN 范围的示例如下。

8　　指定 VLAN 8。

2，5，10　　指定 VLAN 2、VLAN 5 和 VLAN 10。

2-5，11　　指定 VLAN 2 至 VLAN 5，及 VLAN 11。

③ 指定 MAC 地址。在命令中指定 MAC 地址时，必须使用标准格式。MAC 地址必须是以连字符分开的 6 组 16 进制数，例如 00-00-e8-77-8a-b9。

④ 指定 IP 地址。在命令中指定 IP 地址时，必须使用点分十进制格式。例如 192.168.0.10。

（4） 口令

Cisco 交换机的口令有两种，即“secret password”和“password”，其中，前者被加密存储，安全性较强，后者则未被加密，安全性较差。两种口令都可包括 1～26 个大写或小写字母，也可以包括数字，而且空格也被认为是有效的字符，但口令的第一个字符若是空格，将被忽略。两种口令都区分大小写，必须牢记该密码。“secret password”较“password”的级别更高，设置了 secret password 后，将不再能够使用 password。

对于采用 CatIOS 系统的 Cisco 交换机的口令与采用 CLS 系统的稍有不同，前者的 Enable password 口令是分等级的，其中 level 1 等级最低，level 15 等级最高，即特权密码等级。

3. 交换机基本配置

由于现在大部分的 Cisco 交换机都采用 CLS 操作系统，所以，其配置方式和命令虽然略有差别，但大致相差不多。下面，以 Cisco 4006 为例，简单介绍交换机的基本配置。在命令描述中使用如下约定。

- 命令和关键字使用粗体字。
- 需要由使用者根据具体情况进行修改的参数使用斜体字。
- 拥有两个关键字，但每次只能够选择一个关键字被置于“{}”中，并使用“|”将其分割开。
- 可同时选择多个关键字置于“[ ]”中。

（1） 交换机基本配置

第1步，进入配置模式。

Switch# **configure terminal**

第2步，配置交换机口令。

Switch(config)# **enable password** *password* //*password* 是用户自己设定的任意口令

第3步，配置 secret 口令。 // 通常两者只配置一个

Switch(config)# **enable secret** *password*

第4步，配置主机名。// 该命令立即生效

Switch(config)# **hostname** *SW2950*

第5步，配置交换机所在域的域名。

SW2950 (config)# **ip domin-name** *domin-name*

第6步，配置交换机所使用的域名服务器地址。

SW2950 (config)# **ip name-server** *ip-adderss* // 此地址是交换机本身所使用的，与交换机相连的主机应配置自身的域名服务器地址。

（2）配置接口

① 配置接口速率和双工模式。在配置接口速率和双工模式时应当注意以下几个方面的问题。

- 当将接口速率设置为“auto”时，交换机将自动设置双工模式为“auto”。
- 键入“no speed”命令，交换机将自动把接口的速率和双工模式设置为“auto”。
- 当将接入速率设置为 1 000 Mbps 时，工作模式为全双工，不能改变双工模式。
- 当将接口速率设置为 l0 Mbps 或 l00 Mbps 时，如果不明确指定工作模式，将采用半双工模式。当将 10/l00 Mbps 端口速率设置为“auto”时，速率和双工模式均为自适应。

第1步，进入配置模式。

Switch# **configure terminal**

第2步，选择欲配置的接口。

Switch(config)# **interface fastethernet** *slot / interface*

第3步，设置接口速率。

Switch(config-if)#**speed[l0|100|auto]**

② 设置双工模式。1 000 Mbps 端口无法将双工模式由全双工设置为半双工。10/100 Mbps 端口将速率设置为“auto”时，双工模式也为自适应，因此，为自适应端口无须设置双工模式。

第1步，进入配置模式。

Switch# **conf t** // 简略命令方式

第 2 步，选择欲配置的接口。

Switch(config)# **interface fastethernet** *slot / interface*

第 3 步，设置双工模式。

Switch(config-if)# **duplex** [*auto* | *full* | *half*]

③ 显示接口速率和双工模式。使用“show interfaces”命令，可以检查接口速率和双工模式。

Switch# **show interfaces** [fastethernet | gigabitethernet] *slot/interface*

④ 监视接口和控制器状态。

第 1 步，进入配置模式。

Swish# **conf t**

第 2 步，显示所有接口或指定接口的状态和配置。

Swish# **show interfaces** [*type slot / interface*]

第 3 步，显示当前 RAM 中运行的配置。

Switch# **show running-config**

第 4 步，显示配置协议。

Switch# **show protocols** [*type slot / interface*]

第 5 步，显示硬件配置、软件版本、名称、源配置文件和引导映像。

Switch# **show version**

⑤ 清除并重启接口。

Switch# **clear counters** {*type slot/interface*}

⑥ 关闭并重启接口。

第 1 步，进入配置模式。

Switch# **conf t**

第 2 步，选择欲配置的接口。

Switch(config)# **interface** { **vlan** *vlan_ID*} | { { **fastethernet** | **gigabitethernet** } *slot/port* } | { **port-channel** *port_channel_number* }

第 3 步，关闭接口。

Switch(config-if)# **shutdown**

第 4 步，重新启用端口。

Switch(config-if)# **no shutdown**

（3）检查模块和接口状态

① 检查模块状态。对于多插槽交换机而言，可以使用“show module all”命令检查已经安装的模块，以及每个模块的 MAC 地址、版本号及工作状态。当然，也可以只检查指定的模块。

检查所有模块的状态：

Switch# **show module all**

检查指定模块的状态：

Switch# **show module** *mod_num*

② 检查接口状态。当需要查看端口工作状态时，使用“show interfaces status”命令。

Switch# **show interfaces status**

6.3.3 VLAN 配置基础

首先需要说明的是，对于所有支持 VLAN 的交换机而言，VLAN 1 都是一个默认的VLAN，交换机所有的以太网端口都默认属于 VLAN 1。该 VLAN 1 是不能被删除或添加的。我们将以 Cisco 交换机为例讨论交换机的 VLAN 配置过程。

配置 VLAN 大致可以有以下几个方面。

（1） 创建/删除 VALN。

（2） 为管理 VLAN 或逻辑的三层接口配置 IP 地址与子网掩码。

（3） 添加端口到指定 VLAN 中。

（4） 指定端口类型。

（5） 指定默认 VLAN ID。

（6） 指定 Trunk 端口可以通过的 VLAN 数据帧。

1. 配置 VLAN

当交换机是 VTP Server 或处于透明模式时，可以在 Global 模式下(**vlan** *vlan_id* [**name** *vlan_name*])或特权模式下(**vlan database**)配置 VLAN。VLAN 配置被保存于 vlan.dat 文件，使用“show vlan”命令可显示 VLAN 配置。

如果交换机处于透明模式，使用“copy running-config startup-config”命令可以将 VLAN 配置保存至“startup-config”文件。在将运行配置保存为启动配置后，使用"show running-config”和“show startup-config”命令可查看 VLAN 配置。

交换机引导时，如果 startup-config 和 vlan.dat 中的 VTP 域名和 VTP 模式不匹配，交换机将使用 vlan.dat 中的配置。

（1） 创建 VLAN

① 在 Global 配置模式下创建 VALN。

第 1 步，进入配置模式。

Switch# **configure t erminal**

第 2 步，进入 VLAN Configuration 模式并添加以太网 VLAN。使用关键字“no”可以删除 VLAN，不过，默认 VLAN 1 不能被删除。

Switch(config)# **[no] vlan vlan_ID**

Switch(config-vlan)#

第 3 步，设置 VLAN 名

Switch(config-vlan)# **name** *vlan_name*

第 4 步，返回 Privileged Exec 模式。

Switch(config-vlan)# **end**

第 5 步，校验 VLAN 配置。

Switch# **show vlan [id | name]** *vlan_name*

② 在 VLAN Database 模式中配置 VLAN。

第 1 步，进入配置模式。

Switch# **configure terminal**

第 2 步，进入 VLAN configuration 模式。

Switch# **vlan database**

第 3 步，添加 VLAN 及 VLAN 名。

Switch(vlan)# **vlan** vlan_ID **name** *vlan_name*

第 4 步，返回 Privileged Exec 模式。

Switch(config-vlan)# **end**

第 5 步，校验 VLAN 配置。

Switch# **show vlan [id | name]** *vlan_name*

（2） 配置管理 VLAN 或逻辑第三层接口 IP 地址和子网掩码

对于第二层交换机而言，要实现通过 Telnet 访问，就必须为交换机配置管理 IP 地址，而第二层交换机只支持一个 IP 地址，并且是以 VLAN 的接口 IP 地址出现的，这个 VLAN 又叫作管理 VLAN。该 VLAN 一般默认是 VLAN 1，当然，用户可以根据需要指定管理 VLAN。

另外，对于第三层交换机而言，要实现 VLAN 之间的通讯，必须通过第三层接口才能实现，对于第三层交换机而言，其第三层接口有两种。一种是逻辑第三层接口，也就是为 VLAN 接口配置 IP 地址。另一种是物理第三层接口，必须配置支持第三层的接口模块才行。

在配置逻辑第三层接口之前，必须先在交换机上创建和配置 VLAN，并将 VLAN 成员指定到第二层接口。此外，还应启用 IP 路由，并指定 IP 路由协议。

第 1 步，进入配置模式。

Swimh# **configure terminal**

第 2 步，创建 VLAN。

Switch(config)# **vlan** *vlan_ID*

第 3 步，选择欲配置的接口。

Swish(config)# **interface vlan** *vlan_ID*

第 4 步，配置 IP 地址和子网掩码。

Switch(config-iF)# **ip address** *ip_address subnet_mask*

第 5 步，启用接口。

Switch(config-if)# **no shutdown**

第 6 步，退出配置模式。

Switch (config-if)# **end**

第 7 步，将配置保存至 NVRAM（非易失性随机访问存储器）。

Switch# **copy running-config startup-config**

第 8 步，校验配置。

Switch# **show interfaces** [*type slot / interface*]

Switch# **show ip interfaces** [*type slot / interface*]

Switch# **show running-config interfaces** [*type slot / interface*]

Switch# **show running-config interfaces vlan** *vlan_ID*

（3） 添加端口到指定 VLAN 中并指定端口类型

第 1 步，进入配置模式。

Switch# configure terminal

第 2 步，创建 VLAN。

Switch(config)# **interface** [*type slot / interface*]

第 3 步，关闭接口到配置完成。

Switch(config)# **shutdown**

第 3 步，将接口变为永久非中继模式，即 access 端口。

Switch(config-if)# **switchport mode access**

第 4 步，添加端口到指定 VLAN 中。

Switch(config-if)# **switchport access vlan** *vlan-id*

第 5 步，激活端口。 //与关闭端口配合使用有效。

2. 配置 Trunk

（1）第 2 层接口模式

Trunk 是一个或多个以太网交换机接口与其他网络设备（如交换机或交换机）之间的点对点的连接。使用 Trunk 可以有效地通过一条链路解决多 VLAN 之间的传输，并可组建覆 盖整个网络的 VLAN。

在所有以太网接口中，经常使用的中继封装方式有两种，即 ISL 和 802.1q。其中，ISL 是 Cisco 私有中继封装，802.1q 是业界标准中继封装。

可以在某个以太网接口或 Ether Channel 上配置中继。以太网中继接口支持不同中继模式，当封装类型不是自适应模式时，可以由用户指定使用 ISL 封装或是 802.1q 封装。对自适应中继而言，接口必须位于同一 VTP 域。使用“trunk”或“nonegotiate”关键字强制将不同域中的接口加入至中继。

中继协商使用 Dynamic Trunking Protocol(DTP)控制，DTP 支持 ISL 和 802.1q 自适应。第 2 层接口模式及功能如表 6-6 所示。

表 6-6 第 2 层接口模式及功能

模 式	功 能
Switchport mode access	将接口改变为永久非中继模式，并且协商转换链路为非中继连接。即使相邻接口没有改变，该接口也将改变为非中继接口
Switch port mode dynamic desirable	尝试将链路转换为中继连接。如果相邻接口被设置为“trunk”“desirable”或“auto”模式，接口将变为中继端口。该模式为所有以太网接口的默认模式
Switchport mode dynamic auto	如果相邻接口被设置为“trunk”或“desirable”模式，将链路转换为中继连接。该模式为所有以太网接口的默认模式
Switchport mode trunk	将接口改变为永久中继模式，将协商转换链路为中继连接。即使相邻接口没有改变，接口将改变为中继接口
Switchport nonegotiate	将接口改变为永久中继模式，但阻止 DTP 帧。必须手工将相邻端口配置为中继端口，从而创建中继连接

（2） 配置第 2 层中继

第 2 层接口的默认模式为“Switchport mode dynamic auto”。如果相邻接口支持中继，并且被配置为中继模式或动态适应模式，该链路将变成第 2 层中继。默认状态下，中继自适应封装。如果相邻接口支持 ISL 和 802.1q 封装，并且两个接口均设置为自适应封装，则中继将使用 ISL 封装。

第 1 步，进入配置模式。

Switch# **configure terminal**

第 2 步，选择欲配置的接口。

Switch(config)# **interface { fastethernet | gigabitethernet }** *Slot / port*

第 3 步，（可选）关闭接口直到配置完成。

Switch(config-if)# **shutdown**

第 4 步，（可选）指定封装类型。

Switch(config-if)# **switchport trunk encapsulation { isl | dotlq | negotiate }**

第 5 步，将接口配置为第 2 层中继。该步骤只有当接口是第 2 层访问端口或指定中继模式时才是必需的。

Switch(config-if)# **switchport mode { dynemic {auto|desirable} | trunk }**

第 6 步，（可选）指定接口阻塞中继时访问的 VLAN。// 指定默认 VLAN

Switch(config-if)# **switchport access vlan** *vlan_num*

第 7 步，为 802.1q 中继指定本地 VLAN。

Switch(config-if)# **switchport trunk native vlan** *vlan_num*

第 8 步，（可选）在中继配置允许的 VLAN 列表。默认状态下，所有 VALN 都被允许通过。

Switch(config-if)# **switchport trunk allowed vlan { add | except | all | remove }** *vlan_num*1 [，*vlan_num*2 [，*vlan_num*3 [，**....**]]

第 9 步，配置该中继中允许被修剪的 VLAN。默认状态下，除 VLAN1 之外的所有 VLAN 都允许被修剪。

Switch(config-if)#**switchport trunk pruning vlan { add | except | none | remove}** *vlan_num1*[，*Vlan_num2*[，*vlan_num3*[，**....**]]

第 10 步，激活接口。该步骤只有前面关闭接口时才有必要。

Switch(config-if)# **no shutdown**

第 11 步，退出配置模式。

Switch(config-if)# **end**

第 12 步，显示接口的运行配置。

Switch# **show running-config interface { fastethernet | gigabitethernet }** *slot / port*

第 13 步，显示接口的交换机端口配置。

Switch# **show interfaces { fastethernet | gigabitethernet }** Slot/port **switchport**

第 14 步，显示接口的中继配置。

Switch# **show interfaces** [**{ fastethernet | gigabitethernet }** *slot / port*] **trunk**

6.4 路由器互连方式

路由器工作在网络层，它可以实现网络层及其以下各层协议不相同的多个网络之间的互连，如图 6-17 所示。

路由器负责接收来自各个网络入口的分组，并把分组从其相应的出口转发出去，它涉及到两个方面问题：首先要为分组找到相应的出口，这可以通过查找路由表来实现；其次将分组从入口送到出口转发出去。

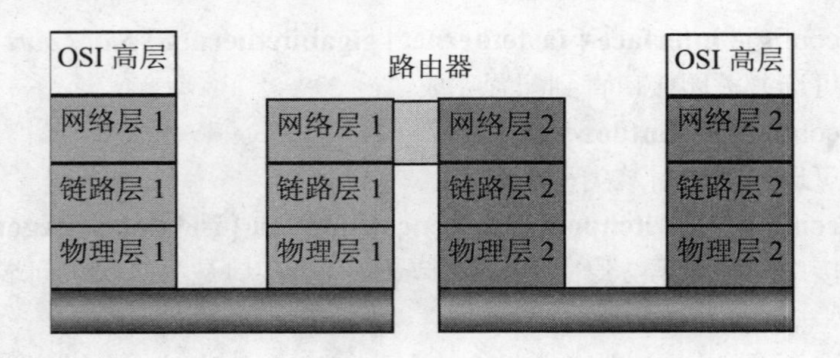

图 6-17　路由器实现网络层互连

使用路由器连接网络，实现多个网络互连的示意图如图 6-18 所示。

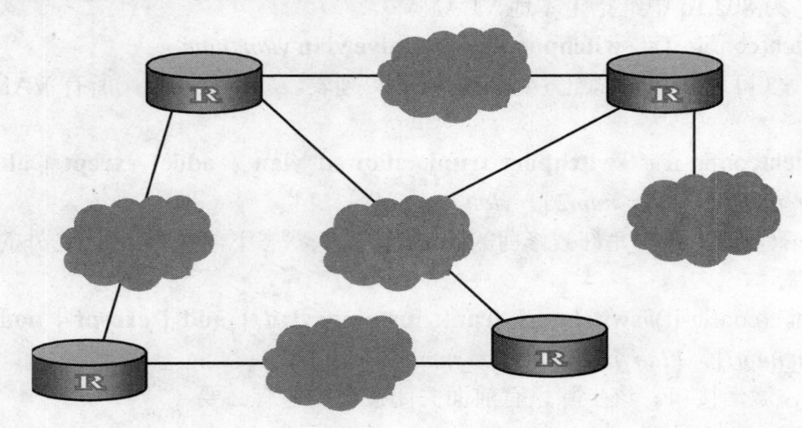

图 6-18　路由器连接网络示意图

6.4.1　路由器的相关概念

1.　IP 路由和路由段

路由器将分组报文从进入网络算起到离开网络为止的一个网络，在逻辑上看成是一个路由单位，称为一跳（Hop）。而相邻的路由器是指这两个路由器都连接在同一个网络上。

例如，在图 6-19 中，主机 A 到主机 C 的最短路径共经过了 3 个网络和 2 个路由器，跳数为 3。

若一节点通过一个网络与另一节点相连接，则此两节点相隔一个路由段，因而在网络中是相邻的。图 6-19 中的粗箭头表示的就是路由段。一个路由器到其直连网络中的某个主机的路由段数为零。

由于网络大小可能相差很大，而每个路由段的实际长度并不相同。因此对不同的网络，可以将其路由段乘以一个加权系数，用加权后的路由段数来衡量通路的长短。

注意，采用路由段数最小的路由有时也并不一定是最理想的。比如，经过三个局域网路由段的路由就可能比经过两个广域网路由段的路由要快得多。

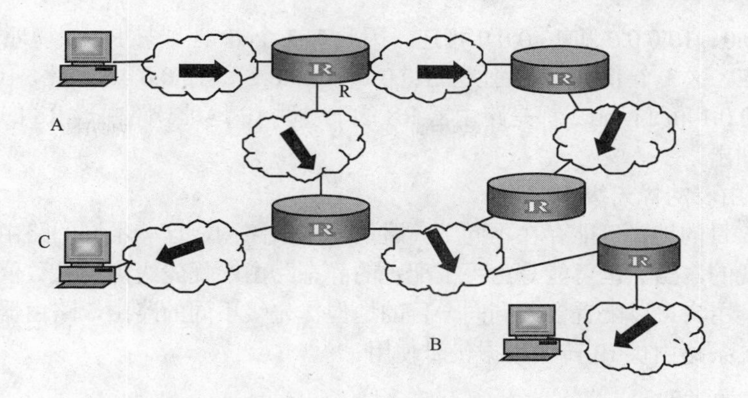

图 6-19　网络通过路由器的连接

2. 路由表

路由表用于为每个 IP 包选择输出端口或下一跳地址。

每台路由器中都保存着一张路由表，用来记录相关网站的地址，路由器转发数据报时选择路径的关键是查找路由表。路由表中每条路由项都指明数据报到某网络或主机时应通过路由器的哪个物理端口发送。路由器根据路由表决定将数据报转发到下一个路由器，或者传送到与其直接相连网络中的目的主机。

（1） 路由表的组成

路由表是由目的地址、子网掩码、输出端口和下一跳 IP 地址组成的，如图 6-20 所示。

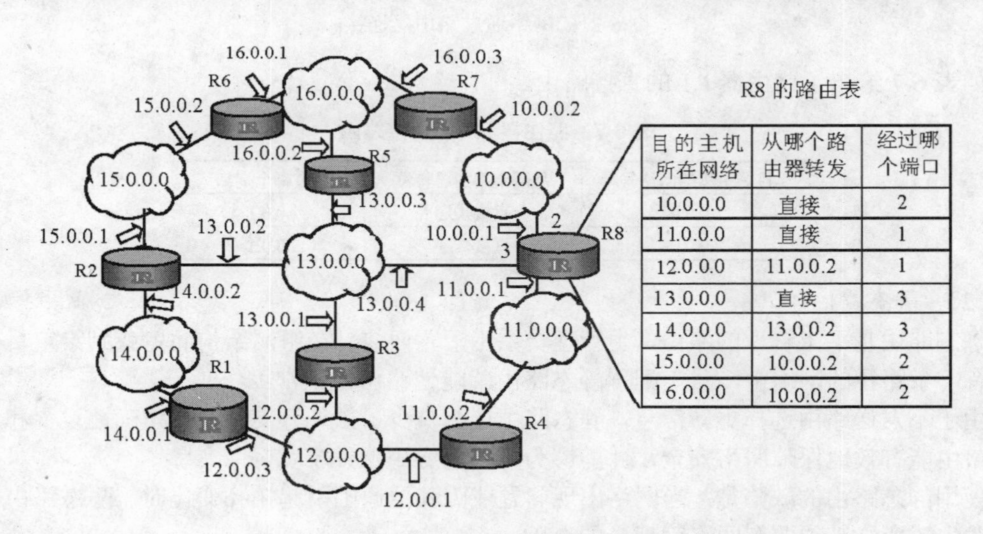

R8 的路由表

目的主机所在网络	从哪个路由器转发	经过哪个端口
10.0.0.0	直接	2
11.0.0.0	直接	1
12.0.0.0	11.0.0.2	1
13.0.0.0	直接	3
14.0.0.0	13.0.0.2	3
15.0.0.0	10.0.0.2	2
16.0.0.0	10.0.0.2	2

图 6-20　路由器 R8 的路由表

① 目的地址：用来标识 IP 数据报的目的地址或目的网络。

② 子网掩码：与目的地址一起来标识目的主机所在的网络地址。

③ 输出端口：说明 IP 数据报将从该路由器的哪个端口转发出去。

④ 下一跳 IP 地址：说明 IP 数据报所经过的下一个路由器的 IP 地址。

在如图 6-20 所示的网络中，各网络中的数字是该网络的网络地址。路由器 R8 分别与 3

个网络 11.0.0.0、10.0.0.0 和 13.0.0.0 相连，因此有 3 个 IP 地址与 R8 的物理端口 1、端口 2、端口 3 相对应，这 3 个 IP 地址分别是 11.0.0.1、10.0.0.1 和 13.0.0.4。因此，10.0.0.2、13.0.0.3、13.0.0.2、13.0.0.1 和 11.0.0.2 都是路由器 R8 的下一跳 IP 地址。路由器 R8 的路由表在图 6-20 的右侧表中列出。

（2） 路由表的优先级

针对同一目的地，可能存在不同下一跳的若干条路由，这些不同的路由可能是由不同的路由协议发现的，当然也可能是由手工配置的静态路由。优先级高的（数值小）将成为当前的最优路由。用户可以配置多条到同一目的地但优先级不同的路由，路由器将按优先级顺序选取唯一的一条路由供 IP 转发数据包时使用。

3. 路由的类型

一般而言，路由分为直连路由、静态路由、默认路由和动态路由。

（1） 直连路由

直连路由是指那些与路由器端口直接相连的网段，路由器在运行过程中根据接口状态和用户配置，自动获得这些直接路由。

例如，在图 6-21 中， 网络 1.0.0.0、2.0.0.0 和网络 3.0.0.0 通过路由器 R1 和 R2 连接起来，其中 1.0.0.1 和 2.0.0.1 是路由器 R1 的端口，2.0.0.2 和 3.0.0.1 是 R2 的端口。

图 6-21 网络通过路由器连接

如表 6-7 给出了路由器 R1 的直接路由。

表 6-7 路由器 R1 的直接路由

目的主机的网络号	从哪个路由器转发	经过哪个端口
1.0.0.0	直接传递	1.0.0.1
2.0.0.0	直接传递	2.0.0.1

（2） 静态路由

静态路由是手工管理的路由，由管理员手工配置而成。在组网结构简单或到给定目标主机只有一条路径的网络中，只需配置静态路由就能使路由器正常工作。

由于不发送路由选择更新信息，静态路由选择减少了额外开支。同时正确地设置和使用静态路由能有效地保障网络安全，并能够为重要的应用保证带宽。

使用静态路由的缺陷是：当网络出现问题或因其他原因引起拓扑变化时，静态路由不会自动发生改变，必须要有网络管理员的介入。

在图 6-21 中，可以为路由器 R1 配置静态路由，其路由表如表 6-8 所示。

表 6-8 路由器 R1 的静态路由

目的主机的网络号	从哪个路由器转发	经过哪个端口
1.0.0.0	直接传递	1.0.0.1
2.0.0.0	直接传递	2.0.0.1
3.0.0.0	2.0.0.2	2.0.0.1

（3） 默认路由

默认路由也是一种静态路由。默认路由就是在没有找到任何匹配路由项的情况下才使用的路由。在路由表中，默认路由的目的网络号是 0.0.0.0（子网掩码为 0.0.0.0）。路由器在转发报文时，若报文的目的地不在路由表中，也无默认路由存在时，该报文将被丢弃，同时路由器将返回源端一个 ICMP 报文，指出该目的地址或网络不可达信息。

默认路由在网络中是非常有用的。在一个包含上百个路由器的典型网络中，运行动态路由选择协议可能会耗费大量的带宽资源，而使用默认路由就可节约因路由选择所占用的时间与包转发所占用的带宽资源，这样就能在一定程度上满足大量用户同时进行通信的需求。

（4） 动态路由

在实际网络中，网络拓扑结构经常发生变化，对使用静态路由而言，维护是非常困难的。动态路由能够实现路由的发现和自动更新，动态路由必须依赖路由协议（OSPF 协议、RIP 协议等）来实现。在实际应用中动态路由和静态路由是共同起作用的。

6.4.2 路由器的工作原理

路由器是通过不同的网络 ID 号来识别不同网络的，因此，通过路由器互连的每个网络都必须有一个唯一的网络编号。在使用 TCP/IP 协议的网络中，这个网络编号就是 IP 地址中的网络 ID 部分。

路由器收到一个 IP 数据报后，首先要对该 IP 数据报报头进行检测，判断其目的网络地址，然后查询路由表，执行如下操作。

（1） 若是直连路由，即目的网络地址与路由器端口直接相连，则路由器将直接投递给目的主机。

（2） 若不是直连路由，路由器将根据路由表的优先级，选择最佳路由。原始帧头将被剥去并丢弃，IP 数据报被再次封装进所选端口的数据链路帧中，转发到下一路由器。

（3） 若在路由表中，不存在该 IP 数据报的目的网络地址，路由器将把该 IP 数据报封装在帧中，转发到默认路由器。

为了更清楚地说明路由器的工作原理，这里使用如图 6-22 所示的一个网络说明之。其中网段 10.0.0.0 中主机 A 的 IP 地址是 10.0.0.3，网段 20.0.0.0 中主机 B 的 IP 地址是 20.0.0.3，网段 30.0.0.0 中主机 C 的 IP 地址是 30.0.0.3。

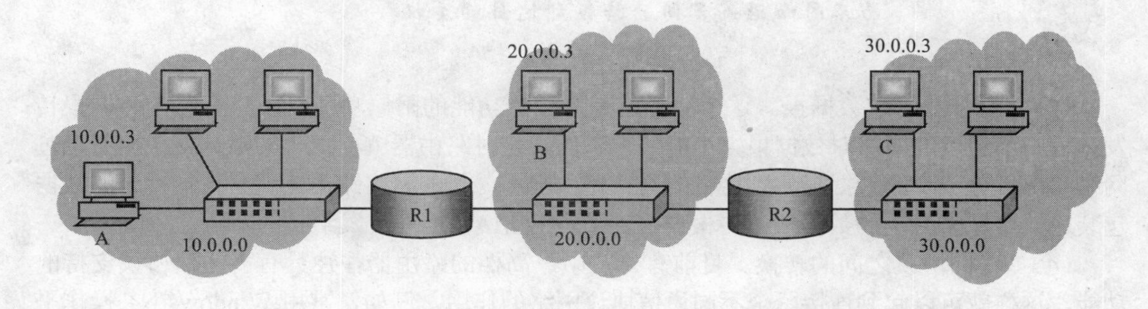

图 6-22 路由器的工作原理示例

如果网段要 10.0.0.0 中的主机 A（10.0.0.3）要发送数据给网段 20.0.0.0 的主机 B（20.0.0.3），则 A 首先把所发送的数据在网际层封装成 IP 数据报，在网段 20.0.0.0 中以数据帧的形式通过集线器广播给同一网段的所有节点，这些节点当然也包括R1。路由器R1侦听到A1发送的数据帧，接收下来后解封，分析目的节点的IP地址信息，得知目的网络ID为20.0.0.0，然后查询路由表，得知目的网络20.0.0.0是直连路由，于是路由器R1把解封得到的数据报封装成网络20.0.0.0中的帧后，直接投递给主机B。这样一个完整的数据帧的路由转发过程就完成了，主机A的数据也被正确、顺利地传输到目的主机B。

如果网段10.0.0.0中的主机A（10.0.0.3）要发送数据给网段30.0.0.0的主机C（30.0.0.3），则A首先把所发送的数据以数据帧的形式通过集线器广播给路由器R1。R1侦听到A1发送的数据帧，接收下来后解封，分析目的节点的IP地址信息，得知目的网络ID为30.0.0.0，然后查询路由表，得知目的网络30.0.0.0需要转发给路由器R2，于是路由器R1把解封得到的数据报封装成网络20.0.0.0中的帧后，转发给路由器R2。R2收到该数据帧后，则直接投递给主机C。

提示： 通常源主机在发出数据报时只需指明第一个路由器。

6.4.3 路由器的主要功能

路由器最基本的功能是转发数据报和路由选择。路由器的功能主要体现在以下几个方面。

（1） 在网际间转发数据报。路由器根据数据包中的源地址和目的地址，对照自己的路由表，把数据报转发到下一路由器。这是路由器最主要，也是最基本的功能。

（2） 为网际间通信选择最合理的路由。路由器的主要功能是有目的地转发数据报，但如果有几个网络通过各自的路由器连在一起，一个网络中的用户要向另一个网络的用户发出访问请求，路由器就会分析发出请求的源节点和接收请求的目的节点地址中的网络 ID 号，找出一条最佳通信路径。

提示： 源主机再次发往同一目的主机的数据可能会因为中途路由器路由选择的不同而沿着不同的路径到达目的主机。

（3） 拆分和组装数据报。这个功能也是第一个功能的附属功能，因为有时在数据报转发过程中所经过的网络对数据报大小的要求不同，这时路由器就要把大的数据报根据所经过网络状况拆分成小的数据报。到达目的网络路由器后，目的网络路由器就会再把拆分的数据包装成一个原来大小的数据报，再根据目的节点的MAC地址，发给目的节点。

（4） 不同协议之间的转换。目前有一些中、高档的路由器往往具有多通信协议支持的功能，这样就可以起到连接两个不同通信协议网络的作用。例如，常用Windows NT操作平台所使用的通信协议主要是TCP/IP，但NetWare系统采用的通信协议是IPX/SPX，这就需要靠支持这些协议的路由器来连接。

（5） 防火墙功能。目前许多路由器都具有防火墙功能，能够屏蔽内部网络的IP地址、自由设定 IP 地址和通信端口过滤，这使得网络更加安全。

6.4.4 路由选择协议

路由选择协议的消息在路由器间传递，它允许通过路由器间的通信来建立、更新和维护路由表。TCP/IP 中路由选择协议主要有：路由选择信息协议 RIP、内部网关路由选择协议 IGRP 和开放最短路径优先协议 OSPF 等。

1. RIP 协议

路由选择信息协议 RIP 是一种距离向量路由协议，RIP 协议是推出时间最长的路由协议，也是最简单、最常用的路由协议，它适用于小型网络。

（1） RIP 协议的特性

RIP 协议主要包括如下特性。

① RIP 是一种距离向量路由协议。

② RIP 使用跳数作为路由选择的度量值，允许的最大跳数是 15。

③ 路由选择更新默认是每隔 30 s 广播一次。

（2） RIP 协议的工作过程

RIP 协议主要是通过传递路由表的更新来广播路由，维护相邻路由器的关系，同时根据收到的路由表计算自己的路由表。该路由表包括已知网络和到达每个网络的距离。

例如，在如图 6-23 所示的网络连接图中，R1、R2、R3 工作时的路由表如表 6-9、表 6-10 和表 6-11 所示。

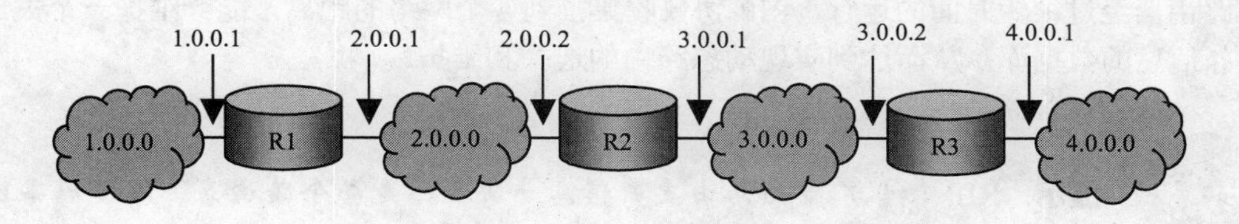

图 6-23 RIP 协议的工作过程示例

表 6-9 R1 的路由表

目的网络	下一站路由器	距 离
1.0.0.0	直接	0
2.0.0.0	直接	0

表 6-10 R2 的路由表

目的网络	下一站路由器	距 离
2.0.0.0	直接	0
3.0.0.0	直接	0

表 6-11 R3 的路由表

目的网络	下一站路由器	距 离
2.0.0.0	直接	0
3.0.0.0	直接	0

R1、R3 分别将自己的路由信息广播给相邻路由器 R2。当 R2 收到 R1 的路由信息后，得知通过网络 2.0.0.0 与自己相连的邻居 R1 的路由条目 1.0.0.0 的跳数为 0，从而计算出网络 1.0.0.0 与自己的跳数为 1，进而更新自己的路由表；当 R2 收到 R3 的路由信息后，得知通过网络 3.0.0.0 与自己相连的邻居 R3 的路由条目 4.0.0.0 的跳数为 0，从而计算出网络 4.0.0.0 与自己的跳数为 1。进而更新自己的路由表。R2 的路由信息更新后如表 6-12 所示。

表 6-12　更新后的 R2 的路由表

目的网络	下一站路由器	距　离
2.0.0.0	直接	0
3.0.0.0	直接	0
1.0.0.0	2.0.0.1	1
4.0.0.0	3.0.0.2	1

此时，R2 将自己的路由信息分别广播给相邻路由器 R1 和 R3。当 R1 收到 R2 的路由信息后，得知通过网络 2.0.0.0 与自己相连的邻居 R1 的路由条目 3.0.0.0 的跳数为 0、4.0.0.0 的跳数为 1，从而计算出网络 3.0.0.0 与自己的跳数为 1、网络 3.0.0.0 与自己的跳数为 2，进而更新自己的路由表，如表 6-13 所示；当 R3 收到 R2 的路由信息后，得知通过网络 30.0.0 与自己相连的邻居 R2 的路由条目 2.0.0.0 的跳数为 0、1.0.0.0 的跳数为 1，从而计算出网络 2.0.0.0 与自己的跳数为 1、网络 1.0.0.0 与自己的跳数为 2，进而更新自己的路由表，如表 6-14 所示。

表 6-13　R1 的路由表

目的网络	下一站路由器	距　离
1.0.0.0	直接	0
2.0.0.0	直接	0
3.0.0.0	2.0.0.2	1
4.0.0.0	2.0.0.2	2

表 6-14　R3 的路由表

目的网络	下一站路由器	距　离
3.0.0.0	直接	0
4.0.0.0	直接	0
2.0.0.0	3.0.0.1	1
1.0.0.0	3.0.0.1	2

路由器经过很短时间的运行，RIP 协议收集了到各个网络的距离，能够维护一个关于网络拓扑信息的数据库，从而达到实现动态路由的选择和维护。

提示： RIP 协议广播的路由更新信息一次可以是整个路由表，也可以每次仅传输更新信息。

（3）RIP 协议的缺陷

网络出现故障时需要较长的时间才能使邻近的路由器知道。

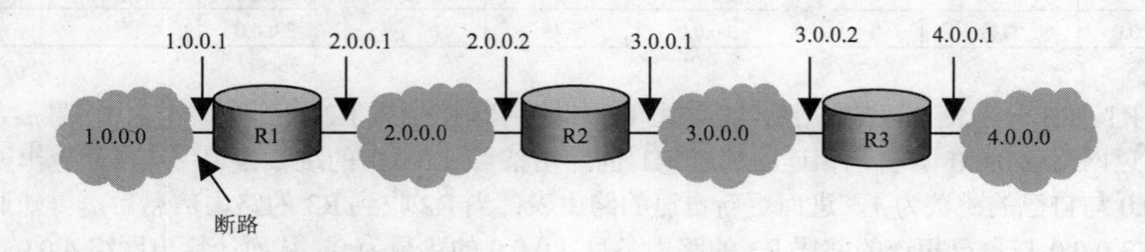

图 6-24　RIP 协议的缺陷示例

例如，在图 6-24 中，路由器 R1、R2 和 R3 都采用 RIP 协议，且已经建立了各自的路由表。如果网络 1.0.0.0 和路由器 R1 之间出现了断路。R1 发现之后，将到网络 1.0.0.0 的距离更改为 16（不可达），并将此信息发送给路由器 R2。而路由器 R3 发送给 R2 的路由表信息是“到达网络 1.0.0.0 经过路由器 R2，距离为 2”，根据 RIP 协议选择最优路由的依据是距离最短的原则，路由器 R2 必然将此项目更改为“到达网络 1.0.0.0 经过路由器 R3，距离为 3”，再发送给路由器 R3。R3 再发送给 R2……，这样的循环发送直到各自路由表中到达网络 1.0.0.0 的距离增大到 16 时，路由器 R2 和 R3 才知道网络 1.0.0.0 是不可达的。

对于 RIP 协议缺陷的改进方法是采用水平分割技术，即路由器只发送通过其他端口可达的路由信息。利用水平分割技术，路由器不再将本地获得的更好的路由信息发送给其他路由器。

2. OSPF 协议

OSPF 协议是链路状态协议，OSPF 是“开放式最短路优先”的缩写，它是为克服 RIP 的缺点开发出来的。OSPF 协议不受网络规模的限制，主要用于大规模企业网或运营商网络。

（1） OSPF 协议的特性

OSPF 协议主要包括如下特性。

① OSPF 是一种分布式的链路状态协议，OSPF 要求本区域内所有的路由器都维持一个链路状态数据库，即本区域内整个互联网的拓扑结构图。

② OSPF 协议通过传递链路状态来得到网络信息，每个路由器不断地测试所有相邻路由器的状态，并且周期性地向所有其他路由器广播链路的状态。以确保链路状态数据库与区域中网络的状态保持一致。

（2） 网络拓扑数据库

OSPF 协议的核心就是网络拓扑数据库。拓扑数据库是区域中路由器对网络的描述，它包括区域中所有的 OSPF 路由器和所有连接的网络。通过这个数据库，路由器计算产生路由表。拓扑数据库通过链路状态公告更新。区域中的每一个路由器都有相同的拓扑数据库，这是因为区域中的路由器必须对网络有相同的描述，否则，将会产生混乱、路由环回、连接丢失等不良后果。

每个路由器利用数据库的信息，以自己为根，用最短路径算法计算最短路径树，产生路由表。OSPF 选择在一条路径上传输成本之和最低的路径作为最佳路径。OSPF 度量成本的权值有：网络的带宽、传输时延、吞吐量和可靠性等。

（3） OSPF 协议报文

OSPF 的报文直接放在 IP 包的数据部分。一般而言，OSPF 的报文有以下 5 种。

① HELLO 报文：用来发现和维持邻站的可达性。

② 数据库描述报文：向邻站发出自己的链路状态数据库中的所有链路状态项目的摘要信息。

③ 数据库请求报文：向对方请求发送某些链路状态项目的详细信息。

④ 数据库更新报文：用洪泛法向全网报告更新的链路状态信息。

⑤ 数据库更新确认报文：对链路更新分组的确认。

（4） OSPF 的运行步骤

OSPF 路由器的运行包括以下 5 个不同的步骤。

① 建立路由毗邻关系。每台路由器都通过发送 Hello 报文与处于相同 IP 网络上的另一台路由器建立毗邻关系。

② 选举一个指定路由器 DR 和备份指定路由器 BDR，作为所有链路状态更新路由信息

交换的集中点。

③ 发现路由。通过在 DR 或 BDR 交换路由信息，各个路由器都获取相同的网络拓扑数据库。

④ 选择适当的路由。各个路由器根据获取的网络拓扑数据库建立各自的路由表。

⑤ 维护路由选择信息。当链路状态发生变化时，OSPF 路由器通过泛洪过程将这一变化通知给网络中的其他路由器。

3. 路由协议的优先级

到相同的目的网络，不同的路由协议（包括静态路由）可能会发现不同的路由，但并非这些路由都是最优的。事实上，在某一时刻，到某一目的网络的当前路由仅能由唯一的路由协议来决定。这样，各路由协议都被赋予了一个优先级，当存在多个路由信息源时，具有较高优先级的路由协议的路由将会成为当前路由。各种路由协议及其发现路由的默认优先级如表 6-15 所示。其中，优先级默认值的数值越小表明优先级越高，0 表示的是直接连接的路由，255 表示的是任何来自未知源端的路由。

表 6-15　各种路由协议及其发现路由的默认优先级

路由协议或路由种类	优先级默认值
Connected	0
OSPF	10
STATIC	60
RIP	100
IBGP	130
OSPF ASE	150
EBGP	170
UNKNOWN	255

除了直连路由（Connected）外，各动态路由协议的优先级都可根据用户需求手工配置。另外，多条静态路由的优先级也可以互不相同。

提示：路由器端口、协议等参数只有经过配置之后才能够正常工作。

6.4.5　路由器配置基础

路由器从硬件上看就是一台专用计算机，它内置了专用的操作系统软件——IOS。IOS 能听懂并翻译各种网络协议，像一个精通多国语言的翻译，通过它可以实现路由的配置与管理。

1. 路由器的硬件连接

（1）　与局域网设备之间的连接

局域网设备主要指集线器与交换机，交换机通常使用的端口是 RJ—45 和 SC，集线器使用的端口则通常为 AUI、BNC 和 RJ—45。最常用的是 RJ—45 端口。

如果路由器和集线设备均提供 RJ—45 端口，则可以使用直通线将集线设备和路由器的两个端口连接在一起。

（2） 与 Internet 接入设备的连接

① 异步串行口。异步串行口主要提供与 Modem 的连接，用于实现远程计算机通过公用电话网拨入网络。除此之外，也可用于连接其他终端。当路由器通过线缆与 Modem 连接时，必须使用 RJ—45-to-DB-25 或 RJ—45-to-DB-9 适配器。

② 同步串行口。根据连接 Intemet 接入设备的不同，需要采用不同的电缆将路由器的同步串行口与 Intemet 设备连接在一起。通常有 6 种类型的接口，即 EIA/TIA-232 接口、EIA/TIA-449 接口、V.35 接口、x.21 串行电缆总线接口和 EIA-530 接口。

③ ISDN BRI 端口。路由器的 ISDN BRI 模块一般分为两类：ISDN BRIS/T 模块和 ISDN BRIU 模块。前者需借助于连接至 ISDN NT1 才能实现与 Internet 的连接，而后者由于内置有 NT1 模块，因此，无需再外接 ISDN NT1，可以直接连接至墙板插座。

④ 其他接入端口。随着网络技术的快速发展，宽带接入在 Internet 接入中占的比例越来越多，主要光线接入、ADSL 接入等。

（3） 配置端口

① Console 端口。当使用计算机配置路由器时，必须使用翻转线将路由器的 Console 口与计算机的串行口连接在一起，并根据串口的类型提供 RJ—45-to-DB-9 或 RJ—45-to-DB-25 适配器。

② AUX 端口。当欲通过远程实现对路由器的配置时，可采用 AUX 端口。通过 AUX 端口与 Modem 连接。

2. 路由器的基本配置

与交换机不同，路由器只有进行最基本的配置后，才能用于连接不同的网络。原因很简单，交换机工作在第二层，可以通过广播的方式获取网络设备的 MAC 地址，而路由器工作在第三层，只有指定以后才能拥有自己的 IP 地址。

（1） 外部配置源

和交换机一样，路由器没有键入设备，所以在对路由器进行配置时都是通过一台计算机连接到路由器的各种接口上进行配置的，这些配置的方法被称为“外部配置源”。可以采用多种方式对路由器进行配置，如图 6-25 所示。

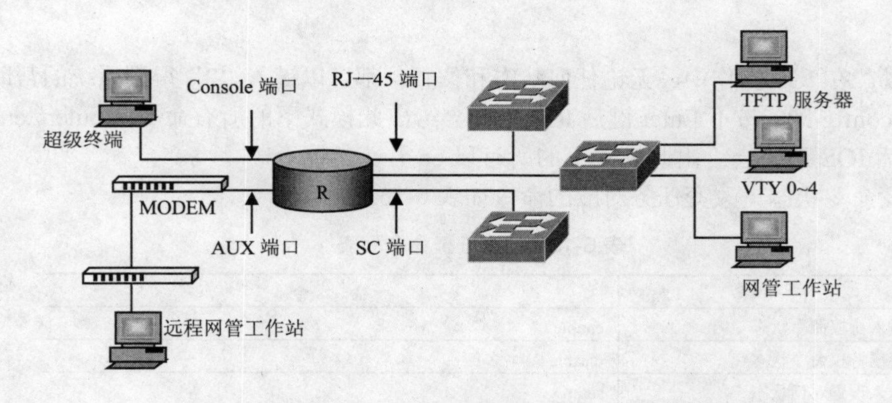

图 6-25 路由器配置的几种连接方式

（2） 命令模式

与交换机的配置类似，路由器也有许多命令模式。

① 用户命令状态—— router>。该提示符说明路由器处于用户命令状态，这时可以查看路由器的连接状态，访问其他网络和主机，但不能看到和更改路由器的设置内容。

② 特权命令状态 —— router#。在 router>提示符下键入 enable，路由器进入特权命令状态 router#，这时不但可以执行所有的用户命令，还可以看到和更改路由器的设置内容。在特权模式下键入 exit，则退回用户模式。在特权模式下仍然不能进行配置，必须键入 config terminal 命令进入全局配置模式才能实现对路由器的配置。

③ 全局设置状态—— router(Config)#。在 router#提示符下键入 configure terminal，出现提示符 router(config)#，此时路由器处于全局设置状态，这时可以设置路由器的全局参数。

④ 局部设置状态—— router(config-if)#、router(config-line)#、router(config-router)#。路由器处于局部设置状态时可以设置路由器某个局部的参数。路由器上有许多接口，例如有多个串行口，多个以太网端口，具体到每一个接口又有许多参数要配置，这些配置不是一条命令能解决的，所以必须进入某一接口或部件的局部配置模式。一旦进入某一接口或部件的局部配置模式，键入的命令就只对该接口有效，也只能键入该接口能接收的命令。例如进入串行接口 1（简写 S1），要对如下内容进行配置：是同步还是异步；波特率； DCE 还是 DTE；IP 地址是什么；关闭还是打开；使用什么协议等。局部模式有许多种提示符，类似于“Router(config-if)#”。

⑤ 设置对话状态。这是一台新路由器开机时自动进入的状态，在特权命令状态下使用 Setup 命令也可进入此状态，这时可通过对话方式对路由器进行设置。

（3） 常用命令

路由器的配置命令与交换机相类似，可以只键入前几个字母，只要能区别即可，当不知道命令时可键入“?”取得帮助。IOS 的命令太多了，根本不可能全部弄通，切记不要在未知命令功能的情况下每条命令都试，如要试一条命令，应尽量先弄清它们的功能和后果。最好的办法是先设计好方案并查清资料后再测试。

提示： 当键入一条命令后欲取消该命令，可键入“no”格式命令，即前面是“no”，然后在空格后面加刚才键入的命令。

① 帮助。在 IOS 操作中，无论任何状态和位置，都可以键入“?”得到系统的帮助。例如：Router(config-if)#?按下 Enter 键后 IOS 系统会给出此模式下的所有命令；Router# en? 按下 Enter 键后 IOS 系统会给出此模式下的所有以 en 开头的命令。

② 改变命令状态。改变任务对应的命令如表 6-16 所示。

表 6-16 改变任务命令列表

任 务	命 令
进入特权命令状态	enable
退出特权命令状态	disable
进入设置对话状态	setup
进入全局设置状态	Config terminal

（续表）

任　务	命　令
退出全局设置状态	end
进入端口设置状态	Interface type slot / number
进入子端口设置状态	Interface type number，subinterface [point-to-point l multpoint]
进入线路设置状态	Line type slot / number
进入路由设置状态	Router protocol
退出局部设置状态	exit

③ 显示命令。显示任务对应的命令如表 6-17 所示。

表 6-17　显示任务命令列表

任　务	命　令
查看版本及引导信息	show version
查看运行设置	show running-config
查看开机设置	Show startup-config
显示端口信息	show interface type slot / number
显示路由信息	show ip route

④ 网络命令。网络任务对应的命令如表 6-18 所示。

表 6-18　网络任务命令列表

任　务	命　令
登录远程主机	telnet hostname | IP address
网络侦测	Ping hosname | IP address
路由跟踪	trace hostname | IP addess

⑤ 基本设置命令。设置任务对应的命令如表 6-19 所示。

表 6-19　基本设置命令列表

任　务	命　令
全局设置	config terminal
设置访问用户及密码	username username password password
设置特权密码	enabl secret password
设置路由器名	hostname name
设置静态路由	ip route destination subnet-mask next-hop
端口设置	interface type slot / number
设置 IP 地址	ip address address subnet-mask
激活端口	no Shutdown
物理线路设置	line type number
启动登录进程	login [local | tacacs server]
设置登录密码	password password

3.　路由器常见配置

路由器必须进行配置，目的是可以在网络内使用。由于路由器的配置和调试是一个比较复杂的过程，在配置和调试过程中，会遇到很多的问题。路由器的常见配置主要包括如下内容。

（1） 配置主机名、特权密码、路由所属域。

（2） 配置以太网端口、同步端口和异步端口。

（3） 专线的配置。

（4） 帧中继的配置。

（5） 静态路由的配置。

（6） 动态路由的配置。

6.4.6 广域网与 Internet 接入实例

本节通过实例说明路由器是如何实现广域网互连和 Internet 接入的。

1. 通过 Cisco2611 连接局域网 A 与局域网 B（采用静态路由）

局域网 A 与局域网 B 通过 256 Kbps DDN 专线连接在一起，网络结构如图 6-26 所示，其他相关参数如表 6-20 所示。

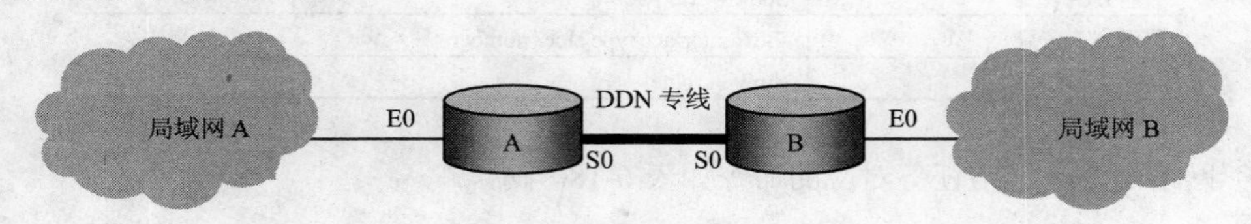

图 6-26 通过 Cisco2611 连接的两个局域网

表 6-20 网络相关参数

项 目	A 网	B 网
网络号	192.168.1.0	192.168.20.0
子网掩码	255.255.255.0	255.255.255.0
所属域	*xxx*.com	*yyy*.com
以太网端口 E0	192.168.1.1	192.168.20.1
S0 端口	192.168.10.1/30	192.168.10.2/30
专线速率	256 Kbps	256 Kbps
主域名服务器	192.168.1.2	192.168.1.2
备份域名服务器	192.168.1.3	192.168.1.3

首先进入路由器，将计算机串行口连接到路由器的 Console 口，使用超级终端登录。

（1）A 网路由器配置

Router>**en**

passwd：******** // 键入超级口令

① 全局配置

Router# **conf t** // 切换到全局配置状态

Router(config)# **enable secret** my-password // 定义超级口令

Router(config)# **hostname** Router-A // 定义路由器名，B 为 Router—B

Router-A (config)# **ip domain-name** *xxx*.com // 定义所属域名称

Router-A (config)# **nameserver** 192.168.1.2 // 定义主域名服务器

Router-A (config)# **nameserver** 192.168.1.3 // 定义备份域名服务器

Router-A (config)# **line vty 0 4**

// 定义 5 个 Telnet 虚终端，即可以同时有 5 个人登录本路由器

Router-A (config-line)# **password** telnet-password // 定义 Telnet 口令

Router-A (config-line)# **exit**

Router-A (config)# **exit**

② 地址和路由配置

Router-A# **conf t** // 切换到配置状态

Router-A(config)# **int e0** // 配置 Ethernet 0 口

Router-A(config-if)# **description** the LAN port 1ink to my local network //端口说明

Router-A(config-if)# **ip add** 192.168.1.1 255.255.255.0

// 定义以太网 IP 地址，子网掩码表示为 C 类网络

Router-A(config-if)# **no shutdown** // 激活端口

Router-A(config-if)# **exit**

Router-A(config)# **int s0** // 配置 Serial 0 口

Router-A(config-if)# **description** the WAN port link to Router-B // 端口说明

Router-A(config-if)# **ip add** 192.168.10.1 255.255.255.252 //定义端口 S0 的 IP 地址

Router-A(config-if)#**bandwidth** 256 // 定义端口速率，单位为 Kbps

Router-A(config-if)# **no shutdown** // 激活端口

Router-A(config-if)# **exit**

Router-A(config)# **ip route** 192.168.20.0 255.255.255.0 192.168.10.2

// 定义静态路由，通过路由到达对端网络，IP 为对端路由器端口 S0 的 IP 地址

Router-A(config)# **exit**

Router-A # **wr m** // 保存配置

（2）B 网路由器配置

① 全局配置

Router# **conf t** // 切换到全局配置状态

Router(config)# **enable secret** my-password // 定义超级口令

Router(config)# **hostname** Router-B // 定义路由器名

Router-B (config)# **ip domain-name** yyy.com // 定义所属域名称

Router-B (config)# **nameserver** 192.168.1.2 // 定义主域名服务器

Router-B (config)# **nameserver** 192.168.1.3 // 定义备份域名服务器

Router-B (config)# **line vty 0 4**

// 定义 5 个 Telnet 虚终端，即可以同时有 5 个人登录本路由器

Router-B (config-line)# **password** telnet-password // 定义 Telnet 口令

Router-B (config-line)# **exit**

Router-B (config)# **exit**

② 地址和路由配置

Router-B# **conf t** // 切换到配置状态
Router-B(config)# **int e0** // 配置 Ethernet 0 口
Router-B(config-if)# **description** the LAN port 1ink to my local network //端口说明
Router-B(config-if)# **ip add** 192.168.20.1 255.255.255.0
// 定义以太网 IP 地址，子网掩码表示为 C 类网络
Router-B(config-if)# **no shutdown** // 激活端口
Router-B(config-if)# **exit**
Router-B(config)# **int s0** // 配置 Serial 0 口
Router-B(config-if)# **description** the WAN port link to Router-B // 端口说明
Router-B(config-if)# **ip add** 192.168.10.2 255.255.255.252 //定义端口 S0 的 IP 地址
Router-B(config-if)#**bandwidth** 256 // 定义端口速率，单位为 Kbps
Router-B(config-if)# **no shutdown** // 激活端口
Router-B(config-if)# **exit**

提示：在 A 网段使用 Ping 命令测试 A、B 网络连接情况，我们会发现虽然路由器 A 已经配置了到 B 网的静态路由，但由于路由器 B 没有到 A 网段的路由，B 网络在收到数据报后，其数据响应报无法到达 A 网络。因此，A、B 两个网络之间仍无法通信。

（3） 配置 B 路由器的静态路由
Router-B(config)# **ip route** 192.168.1.0 255.255.255.0 192.168.10.1
// 定义静态路由，通过路由到达对端网络，IP 为对端路由器端口 s0 的 IP 地址
Router-B# **wr m** // 保存配置。

至此配置完成，通过 Ping 来检查连通情况，是否需要配置 B 路由器的静态路由?

提示：使用 Ping 命令测试 A、B 网络连接情况，会发现路由是否连接成功。

2. 通过 Cisco2611 将局域网接入 Internet

连接广域网结构示意如图 6-27 所示，其他相关参数如表 6-21 所示。其中，ISP 分配的广域网互联 IP 地址：202.98.0.2，其对端广域网路由器 S0 端口的 IP 地址 202.98.0.1。

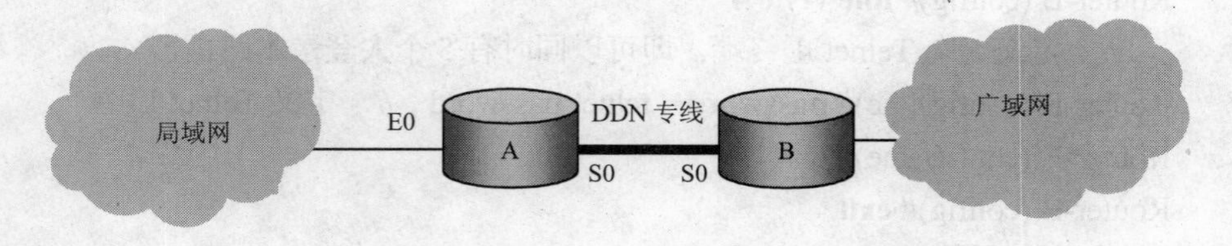

图 6-27 通过 Cisco2611 连接广域网

表 6-21　网络相关参数

项　　目	本 地 网	广域网路由器 B
网络号	202.9.6.0	
子网掩码	255.255.255.0	
所属域	*xxx*.com	
以太网端口 E0	202.9.6.1	
S0 端口	202.98.0.2	202.98.0.1
专线 DDN 速率	128 Kbps	128 Kbps
主域名服务器	202.96.202.96	
备份域名服务器	202.96.96.202	

根据与上例相同的原理可以很容易地配置路由器 A。

（1）首先进入路由器 A

```
Router>en
passwd：********
```

（2）然后进入全局配置

```
Router#conf t
Router(config)# hostname   Router
Router(config)#nameserver 202.96.202.96
Router(config)#nameserver 202.96.96.202
Router(config)#exit
```

其他项目同以上例题。

（3） 地址配置如下

```
Router#conf   t
Router(config)#int   e0
Router(config-if)#ip   add   202.9.6.1   255.255.255.0
Router(config-if)#no   shutdown     //激活端口
Router(config-if)#exit
Router(config)#int   s0
Router(config-if)#ip   add   202.98.0.2   255.255.255.252
Router(config-if)#no   shutdown     //激活端口
Router(config-if)#exit
```

（4） 默认静态路由配置

```
Router(config)#ip   route   0.0.0.0   0.0.0.0   202.98.0.1     //定义默认静态路由，所有
                    //的远程访问都通过网关，202.98.0.1 为对端广域网路由器 IP 地址
Router(config)#exit
Router#wr m
```

至此，配置完成。

6.5 项目实训——路由器和交换机的配置管理

6.5.1 实训准备工作

1. 路由器 1 台，型号、品牌不限，IOS 版本不限。

2. PC 机 1 台，操作系统可为 Windows 98 / NT / 2000 / XP，装有超级终端软件或其他终端仿真软件。

3. Console 电缆 1 条，并配有适合于 PC 机串口的接口转换器。

6.5.2 实训步骤

1. 线缆连接

在 PC 机和路由器两者都未开机的条件下，把 PC 机的串口 1 通过 Console 电缆与路由器的 Console 端口相连，即完成实训的准备工作。

2. 配置说明

路由器 Console 端口的默认参数如下。

（1） 端口速率：9 600 bps

（2） 数据位：8

（3） 奇偶校验：无

（4） 停止位：1

（5） 流控：无

我们在配置 PC 机时只有与上述参数相匹配，才能成功地访问到路由器。

3. 实训配置步骤

连接好线缆后，首先启动 Windows 系统。系统启动后依照下述步骤在超级终端程序里设置 PC 机的串行接口 1。

（1） 打开依次选择"开始→程序→附件→通信→超级终端"，打开如图 6-28 所示的"连接描述"对话框。

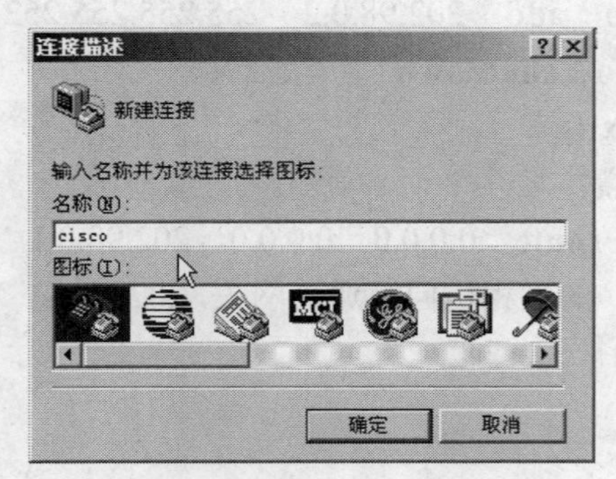

图 6-28 "连接描述"对话框

（2） 在对话框的"名称"一栏内，键入"Cisco"（或其他文字用于标志该连接），并在

“图标”一栏内选择一个图标，然后单击“确定”按钮，打开如图 6-29 所示的“连接到”对话框。

（3） 在“连接时使用”下拉列表中选择“COM1”，然后单击“确定”按钮。会出现如图 6-30 所示的“COM1 属性”对话框。

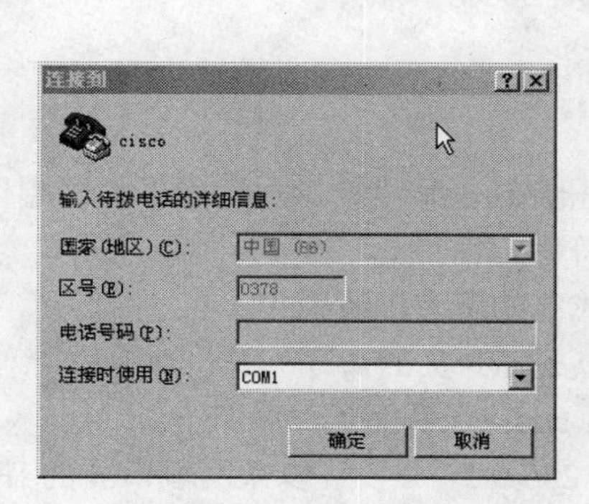

图 6-29 “连接到”对话框

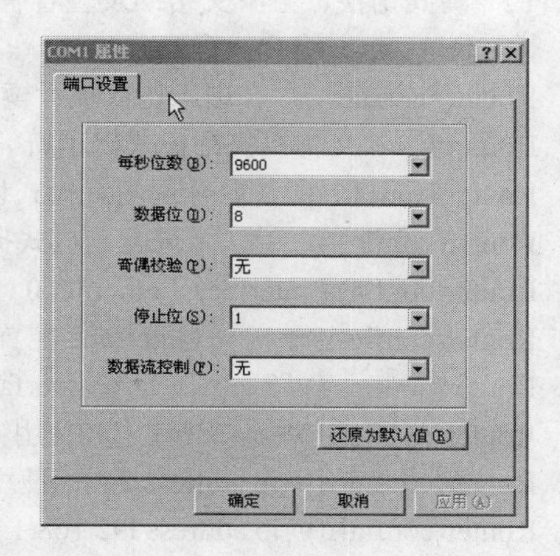

图 6-30 “COM1 属性”对话框

（4） 在上述端口设置中，把“每秒位数”一栏的数值改为“9600”，把“数据流控制”一栏的设置更改为“无”，然后单击“确定”按钮。

（5） 打开路由器的电源开关，启动路由器。这时可以看到在超级终端上显示了如图 6-31 所示的内容，若无任何乱码，则表明正确完成连接。

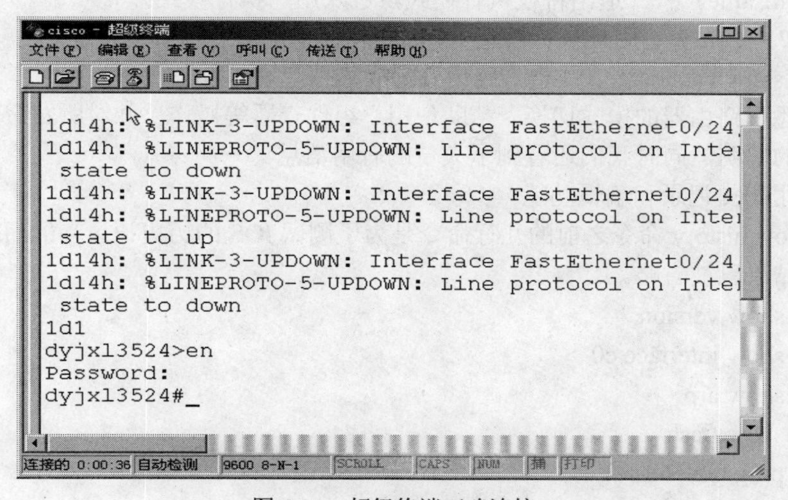

图 6-31 超级终端正确连接

路由器启动后会列出硬件平台、ROM 启动程序版本、IOS 版本、各种存储器（RAM、NVRAM、FLASH）的容量，以及具有的接口类型等重要信息。并表明路由器的 NVRAM（非易失性只读存储器）内是否有可用的配置文件（新设备无），然后让调试者选择是否进入安装模式。

（6） 此时在超级终端中键入“no”，在屏幕上出现一些状态信息后，出现“Router>”字样，表明路由器已启动正常，同时也确认了PC机和路由器之间的连接是可靠的。

4. 设备IOS的基本操作

将计算机的IP设置为192.168.1.2，路由器设置为192.168.1.1。

1） 模式切换、上下文帮助及查看有关信息

Router>　　（用户执行模式）

Router>enable　　（进入特权执行模式）

Router#　　（特权执行模式提示符）

Router#conf t　　（向全局配置模式切换）

Router(config)#　　（全局配置模式提示符）

Router(config)# interface　ethernet 0　　（进入interface配置模式，配置以太网端口0）

Router(config-if)#　　（interface配置模式提示符）

Router(config-if)#？　　（查看interface配置模式下的所有配置命令）

Router(config-if)# ip add?　　（使用“?”查看以add开头的命令）

Router(config-if)# ip address？　（使用“?”查看address后面的命令）

Router(config-if)# ip address l92.168.1.1　255.255.255.0 7　（设置以太网端口0的IP地址为l92.168.1.1）

Router(config-ip)# exit　　（退出interface配置模式，进入全局配置模式）

Router(config)#？　　（查看全局配置模式下的所有配置命令）

Router(config)# exit　　（退出配置模式，进入特权执行模式）

Router#？　　（查看执行模式下所有的命令）

Router# disable　　（退出特权执行模式，进入用户执行模式）

Router>?　　（查看用户执行模式下的所有命令）

Router> show version　　（查看路由器的版本信息和组件信息）

上面熟悉了路由器的模式切换、帮助使用、组件查看等操作，并对所发命令及显示结果进行了相应的说明，同时我们还看到了大量的有用信息。

2） 使用历史记录和编辑功能

（1） show history命令之前的几行命令是为了测试IOS的历史记录功能而输入的，这些命令的输出结果已被省略。

Router# show version

Router# show interface e0

Router# show arp

Router# show flash

Router# ping l92.168.1.2

Router# ping l92.168.1.1

（2） show history命令的结果是显示以前所输入的命令。

Router# show history

Router# terminal history size？

（3） 历史缓冲区的默认值为10条，可以通过使用terminal history size命令来更改这一数值，实训中我们把它更改为30。

Router# terminal history size 30

（4） 可以用命令编辑键（如上、下箭头，Ctrl+D，Ctrl+N）从历史记录中调出相应命令。常用的快捷键如下。

上箭头或 Ctrl+P——显示缓冲区中上一条命令。

下箭头或 Ctrl+N——显示缓冲区中下一条命令。

左箭头或 Ctrl+B——光标左移一个字符。

左箭头或 Ctrl+F——光标右移一个字符。

Esc+B——光标左移一个单词。

Esc+F——光标右移一个单词。

Ctrl+A——使光标移到当前行的行首。

Ctrl+E——使光标移到当前行的行尾。

Backspace——删除光标左边的一个字符。

Ctrl+D——删除光标所在位置的字符。

Ctrl+W——删除光标左边的一个单词。

Esc+D——删除光标右边的一个单词。

Ctrl+R——在新的一行上重复从上一次 Enter 键开始输入的所有字符，最为适合由于系统或 Debug 消息显示而打断的命令输入。

（5） Tab 键可以完成当前命令的一个单词的输入。

Router# te （按下 Tab 键）

Router# term （再按下 Tab 键）

Router# terminal no edi （再按下 Tab 键）

Router# terminal no editing

小结

网络传输设备用来连接独立网络上的设备，创建并连接多个网络或子网，建立企业网等。在网络中的传输设备可作为单一的节点或多个节点互连。这些节点包括中继器、网桥、交换机、路由器和网关等。

网桥具有“过滤和转发”功能，它能够接收它所连接的每个局域网中的所有帧，通过检查帧的目的地址和协议或类型进行过滤。网桥在运行过程中，站名地址表将会不断地被补充和更新，以适应工作站在运行过程中的不断变化，如打开、关闭或新增计算机。交换机是一种基于 MAC 地址识别，能完成封装转发数据报功能的网络设备。以太网交换机传送数据报的方式通常是采用直通式交换、存储转发式和碎片隔离方式三种。路由器是一种连接多个网络或网段的网络设备，它能将不同网络或网段之间的数据信息进行“翻译”，以便它们能够相互“读”懂对方的数据，从而构成一个更大的网络。

熟悉网桥、交换机、路由器和网关的用途，熟练掌握交换机的配置，理解 VLAN 的基本作用和工作机制，重点掌握 VLAN 的配置方法和路由器的基本配置方法是实现网络的互连、构建网络的关键。

习题

1. 从通信协议的角度来看，网络互连可以分为哪几个层次？简述用于这些层次的网络互连设备的名称及功能特点。
2. 各种网络设备的工作层次、工作原理？
3. 简述路由器的作用及使用场合。
4. 网关主要解决什么情况下的网络互连?
5. 简述路由器和网桥的区别。
6. 简述 RIP、OSPF 协议的主要特点。
7. 透明网桥和源路选网桥有什么异同？ 

项目七 Windows Server 2003 及网络服务

Windows Server 2003 是一个非常流行的网络操作系统，通过集成先进的网络、应用程序及 Web 技术，为中小型企事业单位构建 Intranet 提供了一个具有较高可靠性和安全性，易操作、易管理的操作平台。Windows Server 2003 的网络服务器的配置，包括 DHCP、DNS、Web、FTP 等的配置，是构建基于 Windows Server 2003 Web 站点的必备内容。

项目学习目标

- 掌握用户账户和组的创建和使用。
- 掌握文件和文件夹的资源共享及权限设置。
- 掌握磁盘的管理和应用。
- 了解常用管理工具的使用方法。
- 充分理解 Windows Server 2003 网络服务的工作原理。
- 熟练掌握 Windows Server 2003 网络服务的安装与配置。
- 掌握 Windows Server 2003 网络服务在客户端的使用。

7.1 中文版 Windows Server 2003 简介

2003 年 5 月，软件巨头微软公司发布了其最新的服务器操作系统 Windows Server 2003，它是迄今为止微软最强大的 Windows 服务器操作系统，它在系统运行方面，优化了软件提升了运行效率，同时在可靠性、安全性方面均有了巨大的进步与提高，针对 Web Services、网络应用、企业级高端计算等方面都有了更强大的功能支持，并表现出前所未有的高可靠性、高效率与生产力、高连接性与最佳的经济性。

Windows Server 2003 系列沿用了 Windows Server 2003 的先进技术并且使之更易于部署、管理和使用。

Windows Server 2003 分为标准版、企业版、数据中心版、Web 版。

Windows Server 2003 标准版是一个可靠的网络操作系统，可迅速方便地为企业提供解决方案。这种灵活的服务器是小型企业和部门应用的理想选择。

Windows Server 2003 企业版是一种全功能的服务器操作系统，支持多达 8 个处理器。提供企业级功能，如 8 节点群集、支持高达 32 GB 内存等。可用于基于 Intel Itanium 系列的计算机。能够支持 8 个处理器和 64 GB RAM 的 64 位计算平台。

Windows Server 2003 数据中心版是针对要求最高级别的可伸缩性、可用性和可靠性的大型企业或国家机构等设计的。它是最强大的服务器操作系统。

Windows Server 2003 Web 版用于生成和承载 Web 应用程序、Web 页面以及 XML Web 服务。其主要目的是作为 IIS 6.0 Web 服务器使用。

7.1.1 Windows Server 2003 的核心技术

Windows Server 2003 包含了基于 Windows Server 2003 构建的核心技术，从而提供了经济划算的优质服务器操作系统。Windows Server 2003 在任意规模的单位里都能成为理想的服务器平台，这一可靠的服务器操作系统如何使得机构和员工工作效率更高并且更好地沟通。

Windows Server 2003 具有的特点如下。

（1） 可用性

Windows Server 2003 系列增强了群集支持，从而提高了其可用性。对于部署业务关键的应用程序、电子商务应用程序和各种业务应用程序的单位而言，群集服务是必不可少的，因为这些服务大大改进了单位的可用性、可伸缩性和易管理性。在 Windows Server 2003 中，群集安装和设置更容易也更可靠，而该产品增强的网络功能提供了更强的故障转移能力和更长的系统运行时间。Windows Server 2003 系列支持多达 8 个节点的服务器群集。如果群集中某个节点由于故障或者维护而不能使用，另一节点会立即提供服务，这一过程即为故障转移。Windows Server 2003 还支持网络负载平衡（NLB），它在群集中的各个节点之间平衡传入 Internet 协议（IP）通信。

（2） 可伸缩性

Windows Server 2003 系列通过由对称多处理技术（SMP）支持的向上扩展和由群集支持的向外扩展来保证可伸缩性。

（3） 安全性

通过将 Intranet、Extranet 和 Internet 站点结合起来，各公司超越了传统的局域网（LAN）。因此，系统安全问题比以往任何时候都更为严峻。作为 Microsoft 对可信赖、安全和可靠的计算的承诺的一部分，公司认真审查了 Windows Server 2003 系列，以弄清楚可能存在的错误和缺陷。Windows Server 2003 在安全性方面提供了许多重要的新功能和改进，包括：

① 公共语言运行库。它提高了可靠性并有助于保证计算环境的安全。它降低了错误数量，并减少了由常见的编程错误引起的安全漏洞。因此，攻击者能够利用的弱点就更少了。公共语言运行库还验证应用程序是否可以无错误运行，并适当检查安全性权限，以确保代码只执行适当的操作。

② Internet Information Services 6.0（IIS 6.0）。为了增强 Web 服务器的安全性，IIS 6.0 在交付时的配置可获得最大安全性。IIS 6.0 和 Windows Server 2003 提供了最可靠、高效、连接最通畅且集成度最高的 Web 服务器解决方案，该方案具有容错性、请求队列、应用程序状态监控、自动应用程序循环、高速缓存以及其他更多功能。

（4） 高效

Windows Server 2003 在许多方面都具有使机构和雇员提高工作效率的能力，包括：

① 文件和打印服务器。Windows Server 2003 系列提供了智能的文件和打印服务，其性能和功能性都得到提高。

② Active Directory。Active Directory 是 Windows Server 2003 系列的目录服务。它存储了有关网络对象的信息，并且通过提供目录信息的逻辑分层组织，使管理员和用户易于找到该信息。它允许您更加灵活地设计、部署和管理单位的目录。

③ 管理服务。随着桌面计算机、便携式计算机和便携式设备上计算量的激增，维护分布式个人计算机网络的实际成本也显著增加了。通过自动化来减少日常维护是降低操作成本

的关键。Windows Server 2003 新增了几套重要的自动管理工具来帮助实现自动部署，包括 Microsoft 软件更新服务（SUS）和服务器配置向导。新的组策略管理控制台（GPMC）使得管理组策略更加容易，从而使更多的机构能够更好地利用 Active Directory 服务及其强大的管理功能。此外，命令行工具使管理员可以从命令控制台执行大多数任务。

④ 存储服务。Windows Server 2003 在存储管理方面引入了新的功能，这使得管理及维护磁盘和卷、备份和恢复数据以及连接存储区域网络（SAN）更为简易和可靠。

⑤ 终端服务器。终端服务可以将基于 Windows 的应用程序或 Windows 桌面传送到几乎任何类型的计算设备上，包括那些不能运行 Windows 的设备。

（5） 连网方面

Windows Server 2003 包含许多新功能和改进，以确保您的组织和用户保持连接状态。

① XML Web 服务。

② 连网和通信。

③ Enterprise UDDI 服务：Windows Server 2003 包括 Enterprise UDDI 服务，它是 XML Web 服务的动态而灵活的结构。这种基于标准的解决方案使公司能够运行他们自己的内部 UDDI 服务，以供 Intranet 和 Extranet 使用。开发人员能够轻松而快速地找到并重用单位内可用的 Web 服务。IT 管理员能够编录并管理他们网络中的可编程资源。利用 Enterprise UDDI 服务，公司能够生成和部署更智能、更可靠的应用程序。

④ Windows 媒体服务：Windows Server 2003 包括业内最强大的数字流媒体服务。这些服务是 Microsoft Windows Media 技术平台下的一部分，该平台还包括新版的 Windows 媒体播放器、Windows 媒体编辑器、音频/视频编码解码器，以及 Windows 媒体软件开发工具包。

（6） XML Web 服务和.NET

Microsoft .NET 已与 Windows Server 2003 系列紧密集成。它使用 XML Web 服务使软件集成程度达到了前所未有的水平——分散、组块化的应用程序通过 Internet 互相连接并与其他大型应用程序相连接。通过集成到 Microsoft 平台的产品中，.NET 提供了通过 XML Web 服务迅速可靠地构建、托管、部署和使用安全的连网解决方案的能力。Windows Server 2003 系列的其他.NET 优点有助于开发人员做以下工作。

① 利用现有的投资。现有用于 Windows Server 的基于 Windows 的应用程序将可以继续运行在 Windows Server 2003 上，并且可被简便地重新包装为 XML Web 服务。

② 减少代码的编写工作量，使用已经掌握了的编程语言和工具。实现这一点要归功于 Windows Server 2003 内置的应用程序服务，如 ASP.NET、事务监视、消息队列和数据访问。

7.1.2 Windows Server 2003 的网络服务

Windows Server 2003 是一个多任务操作系统，它能以集中或分布的方式处理各种服务器角色。其中的一些服务器角色如下。

（1） 文件和打印服务器。

（2） Web 服务器和 Web 应用程序服务器。

（3） 邮件服务器。

（4） 终端服务器。

（5） 远程访问/虚拟专用网络（VPN）服务器。

（6） 目录服务器、域名系统（DNS）、动态主机配置协议（DHCP）服务器和 Windows

Internet 命名服务器（WINS）。

（7） 流媒体服务器。

7.2 用户账户的管理

任何一个用户想要登录到 Windows Server 2003 服务器上，就必须要拥有一个属于自己的账户。用户账户保存了用户的信息，包括姓名、密码以及该用户能使用网络资源的权限等。有了账户，用户才能登录到网络，对网络中的资源拥有相应的权限。一个用户可以拥有多个用户账户。

用户账户是操作系统中的对象，包含有多种属性（如用户名，密码），不同用户账户的 SID 不同，其配置环境也不同。

7.2.1 用户账户的类型

Windows Server 2003 提供了内置用户账户、域用户账户和本地用户账户 3 种不同的用户账户，它们位于“Active Directory 用户和计算机”窗口的 User 组中。

1. 内置用户账户

安装 Windows Server 2003 时，由系统自动创建的账户称为内置账户。内置账户有 3 个：系统管理员（Administrator）、来宾（Guest）和 Internet Guest（IUR-Computer Name）。

（1） 系统管理员。Administrator 作为系统管理员，拥有最高的权限，用户可以用它来管理 Windows Server 2003 资源和域账户数据库。Administrator 账户名称可以更改，但不能删除。

提示： Administator 用户对系统具有最高的权限，可以建立、修改、删除用户账户及与之相关的信息，所以该账户的密码一定要保密。

（2） 来宾。Guest 是为没有专门设置账户的计算机访问域控制器使用的一个临时账户，该账户可以访问网络中的部分资源。Guest 账户的名称可以修改，但不能删除。

（3） Internet Guest。IUR-Computer Name 用来供 Internet 服务器的匿名访问者使用，在局域网中没有意义。

2. 域用户账户

域用户账户允许用户登录到域上，并访问网络上的任意位置的资源。域用户账户一般用于存在多个域的网络中，在只有一个域的小型网络中一般没有太大意义，所以用户也不必关心它。

3. 本地用户账户

本地用户账户允许用户登录服务器上的相关资源。在创建本地用户账户时 Windows Server 2003 会将账户名称及相关信息自动存放在本地的安全数据库中，而不会复制到其他域中。当本地账户登录网络时，服务器便在本地安全数据库中查询该账户名，并鉴别其对应的密码，当正确后才能允许该账户登录服务器。

本章如不特殊说明，都以本地用户账户为例。

提示： *在局域网中给用户创建的账户一般是本地用户账户。*

7.2.2 创建新账户

1. 用户账户的命名规划

在 Windows Server 2003 中，系统对用户账户的命名规则有严格的要求。一个完整的账户应包括账户名称、密码和账户选项三部分。

（1） 账户名称的命名规则

① 每个用户的账户名称在 Active Directory 中是唯一的，不同的用户应使用不同的账户名称。

② 每个账户名称最大可以容纳 20 个字符。

③ 当一个局域网中的用户较多时，账户名称应该便于记忆和区分。

（2） 账户的密码要求

为了控制对域控制器的安全访问，拒绝非法用户登录网络，这时可以对每个用户账户设置一个密码，在使用某一账户登录服务器时，只有输入的密码正确后才允许登录，否则便被拒绝。在 Windows Server 2003 中，对密码的设置要求一般如下。

① 常用于密码的字符主要有字母 A～Z（大小写不等效）和数字 0～9。

② 密码最长可以达到 128 个字符，最短不限。但为了安全起见，建议密码在 7 个字符以上。

③ 一般为 Administrator 系统管理员账户设置永久密码。

（3） 账户选项

账户选项包括登录时间、允许用户登录的计算机和账户的使用时限等。

① 登录时间。可以设置某些用户在某一特定的时间登录服务器。如果实际登录时间不在设定的时间段内，系统将拒绝登录。

② 允许用户登录的计算机。可以设定某一用户只能从某一计算机登录网络。

③ 账户的使用时限。可以设置账户在网络中的有效时间限制，当超过这一预设的时限时该账户将自动无效。

2. 创建用户账户

在网络使用期间，如果有新用户加入网络时，也可以为其添加所需的账户，以便用户访问域中的资源。创建用户账户的操作如下。

（1） 依次选择“开始→程序→管理工具→计算机管理”，出现如图 7-1 所示的“计算机管理”窗口。

（2） 在窗口的目录树中，选择“本地用户和组”的“用户”文件夹，单击鼠标右键，在出现的快捷菜单中选择“新用户”选项，出现如图 7-2 所示的“新用户”对话框，此时可

按照要求进行填写。

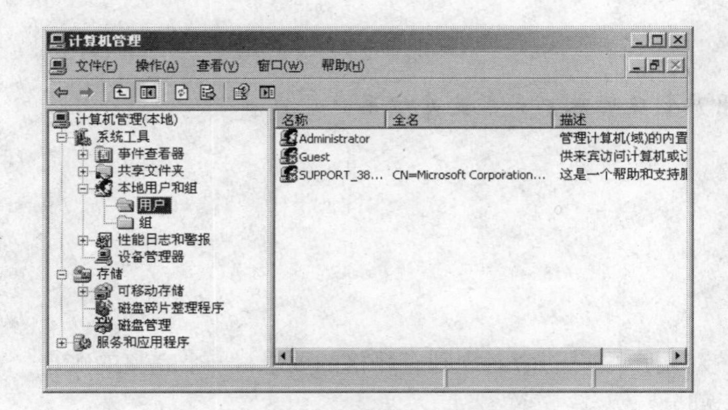

图 7-1 “计算机管理”窗口

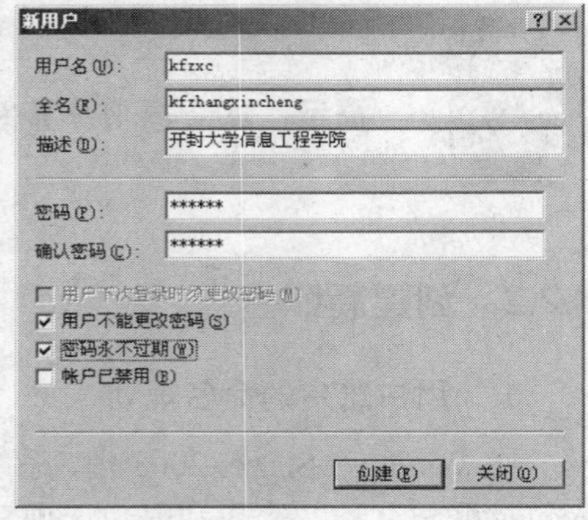

图 7-2 “新用户”对话框

（3） 系统提供了 4 种对该密码的限制方式。如果选择了“用户下次登录时须更改密码”一项，当用户下次使用该账号登录服务器时，系统要求先更改密码后再登录；当选择了“用户不能更改密码”一项后，用户将无权更改自己的密码；当需要该密码长期有效时，可选择“密码永不过期”一项；如果某用户在某一段时间因出差在外或其他原因不需要登录服务器时，可以选择“账户已禁用”一项。具体选择哪一项，用户可根据实际需要来选定。当用户的有关信息填入结束后，可单击“创建”按钮，该用户账户即创建成功。

提示： *对于学校，网吧等公用网络，建议同时选择“用户不能更改密码”和“密码永不过期”两项。*

新创建的用户将显示在“用户”目录树下，如图 7-3 所示。

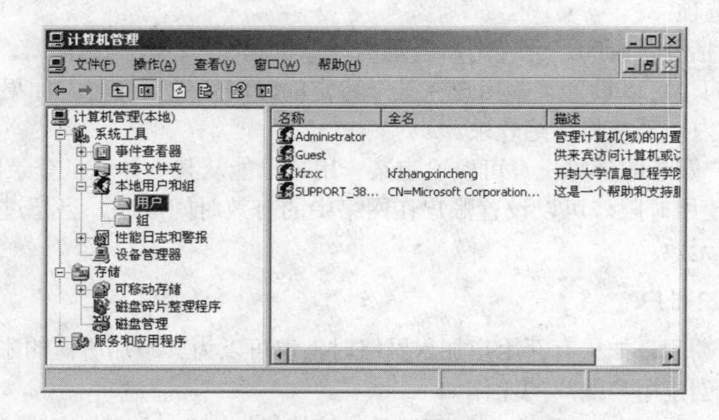

图 7-3 新创建的用户

7.2.3 更改账户的名称

在 Windows Server 2003 域控制器中可以对已有的账户进行更名，账户更名的方法如下。

在计算机管理窗口中，在右边的列表中选择要更名的账户名称，单击鼠标右键，选择快捷菜单中的“重命名”选项，此时光标在用户账户的名称上闪烁，只需要通过键盘输入新的账户名称即可。

7.2.4 更改密码

更改某一用户账户密码的操作步骤如下。

（1） 在计算机管理窗口中，在右边用户列表中选择要更改密码的用户名，然后单击鼠标右键，出现如图 7-4 所示的右键菜单。

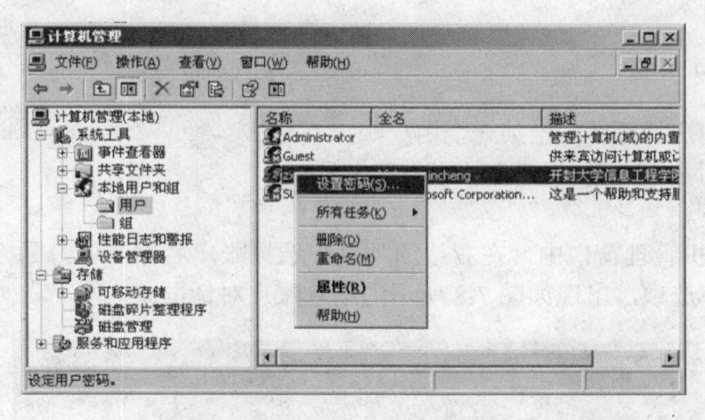

图 7-4　右键菜单

（2） 选择“设置密码”选项，出现如图 7-5 所示的确认设置对话框。

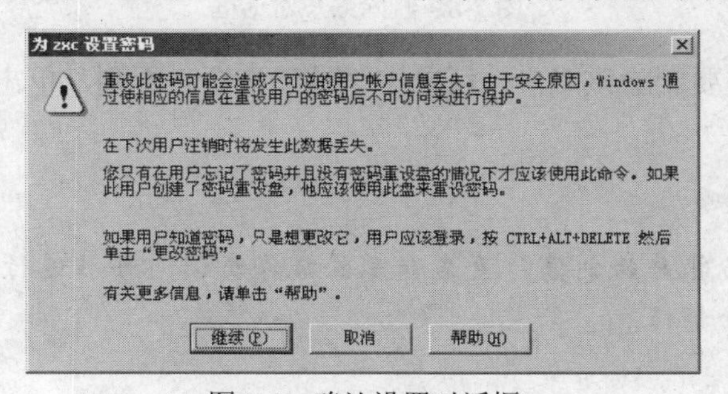

图 7-5　确认设置对话框

（3） 单击“继续”按钮。出现如图 7-6 所示的设置密码对话框。在对话框的“新密码”文本框中输入该账户的新密码，并在“确认密码”文本框中重新输入一次以进行确认。

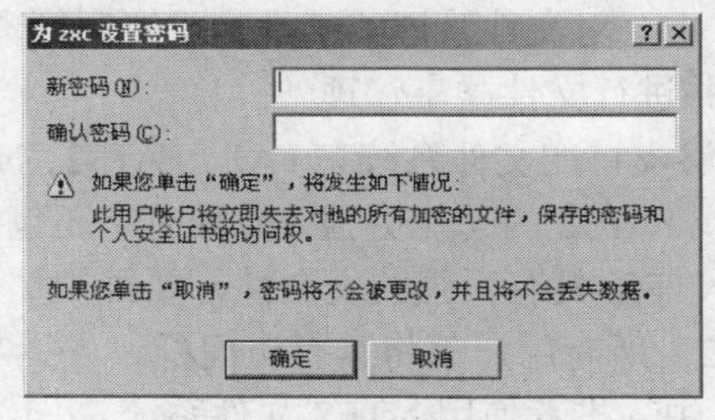

图 7-6　设置密码对话框

（4） 单击“确定”按钮，更改密码成功。

7.2.5 更改账户的属性

当建立了用户账户后，根据不同的应用需要，可以设置它们的属性。

在计算机管理窗口中，在右边的列表中选择账户名称，单击鼠标右键，选择快捷菜单中的“属性”选项，出现如图 7-7 所示的属性对话框，可根据实际需要修改相关的项目。

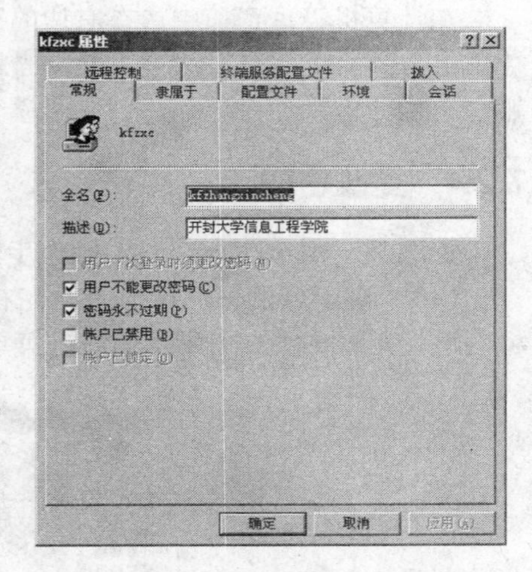

图 7-7 属性对话框

7.2.6 删除账户

由于网络中用户的更新，当某一个用户账户不再使用时，为了简化网络管理，可把它从服务器中删除，具体操作步骤如下。

（1） 在计算机管理窗口中，在右边的列表中选择账户名称，单击鼠标右键，选择快捷菜单中的“删除”选项，出现如图 7-8 所示的删除账户对话框。

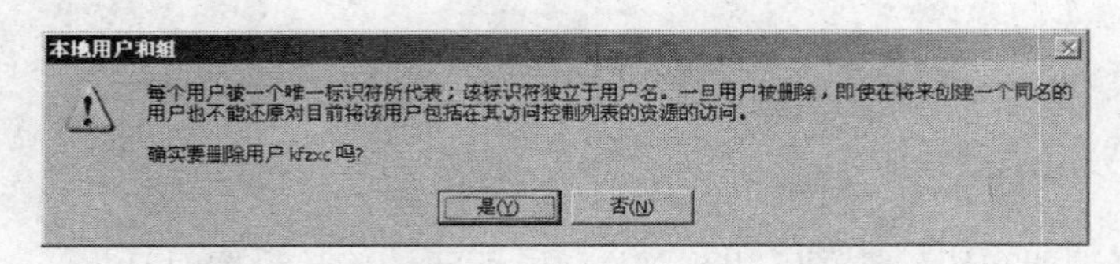

图 7-8 删除账户对话框

（2） 如果已确定要删除该账户，可单击“是”按钮，否则，单击“否”按钮取消该删除操作。

提示： 与账户的创建、更名和删除操作类似，可以进行组的创建、更名和删除操作。

7.3 文件管理

在 Windows Server 2003 中，对文件管理的工具是“资源管理器”，利用它可以控制用户对每个文件及目录的访问，并进行文件共享管理。

Windows Server 2003 能够支持的文件系统有 FAT、FAT32、NTFS。FAT 和 FAT32 是较老的文件系统，NTFS 比 FAT 或 FAT32 的功能更强大，同时它还包括提供活动目录所需的功能以及其他重要安全性功能。NTFS 具有很强的安全性，要维护文件和文件夹访问控制，必须使用 NTFS。如果使用 FAT32，所有用户都将具有访问权。

在 Windows Server 2003 中，推荐使用 NTFS 文件系统。

7.3.1 文件与目录的存取权限

NTFS 提高了在服务器上安全登录的能力，可以在文件及目录上设置权限，只有那些需要访问该文件的用户才能够实际地访问这些文件。

使用 NTFS 格式，可以把权限分配给目录或文件，每个文件都可能设置有基本权限和高级权限。

1. 文件夹具有的基本权限

（1） 完全控制。用户可能执行下列全部职责，包括两个附加的高级属性。

（2） 修改。用户可以写入新的文件，新建子目录和删除文件及文件夹。用户也可以查看哪些其他用户在该文件夹上有权限。

（3） 读取及运行。用户可以阅读和执行文件。

（4） 列出文件夹目录。用户可以查看在目录中的文件名。

（5） 读取。用户可以查看目录中的文件和还有哪些用户有权限。

（6） 写入。用户可以写入新文件并查看还有谁在这里有权限。

2. 文件具有的基本权限

（1） 完全控制。用户可以执行下列全部职责，包括两个附加的高级属性。

（2） 修改。用户可以修改、重写入或删除任何现有文件，用户也可以查看还有哪些其他用户在该文件上有权限。

（3） 读取及运行。用户可以阅读文件，查看谁有访问权并运行可执行文件。

（4） 读取。用户可以阅读文件并查看还有哪些用户具有访问权限。

（5） 写入。用户可以重写入文件并查看还有谁在这里有权限。

3. 设置文件或文件夹的权限

设置文件或文件夹权限的操作步骤。

（1） 选中要设置权限的文件或者文件夹。右击在活动菜单中选择“共享”命令。出现如图 7-9 所示的“download 属性”对话框。

（2） 切换到“共享”选项卡，单击“权限”按钮。打开“download 的权限”对话框，在这里可以设置用户或者组的权限，如图 7-10 所示。

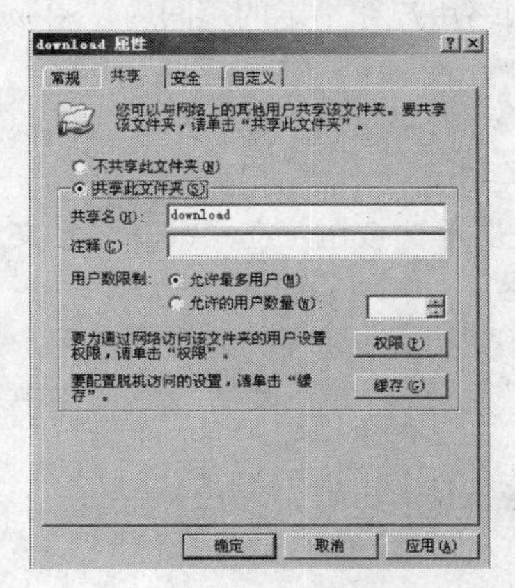

图 7-9 “download 属性”对话框

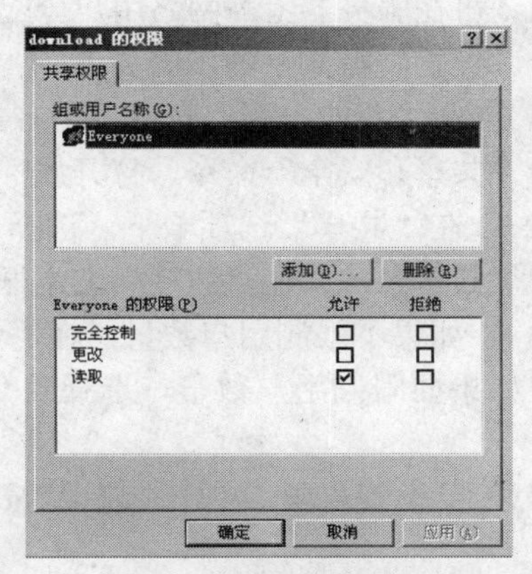

图 7-10 “download 的权限”的对话框

（3） 如果想给指定的组或用户设置权限，单击“添加”按钮，打开“选择用户或组”对话框，如图 7-11 所示。

（4） 选择组或用户，单击“确定”按钮，给指定的组或用户设置权限，如图 7-12 所示。

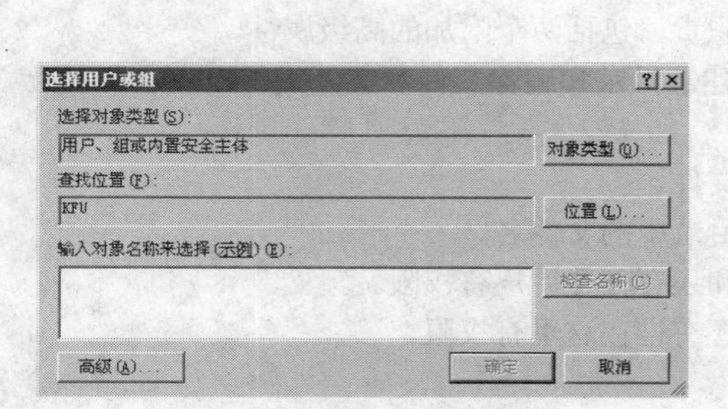

图 7-11 “选择用户或组”对话框

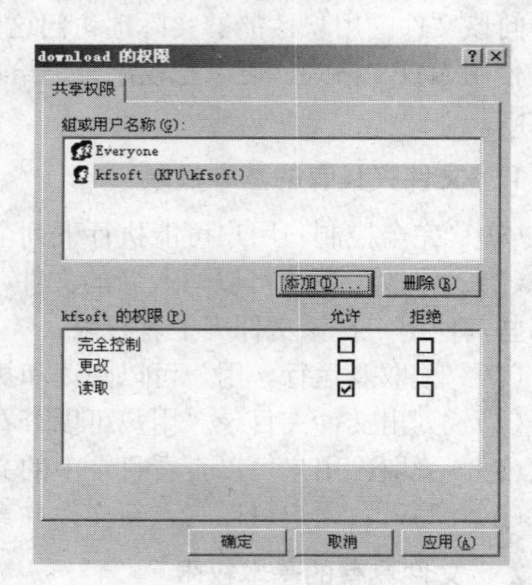

图 7-12 共权权限对话框

7.3.2 资源共享

在网络环境中，管理员和用户除了使用本地资源外，还可以使用其他计算机上的资源。在资源使用的过程中，对于用户来说，不需要知道资源的位置；而对于共享资源来说，也不需要用户的位置，双方都是透明的，用户只要了解到网络中有自己所需要的资源，并且有资源的使用权限，就可以使用该资源。从这个意义上来说，同一资源可以被多个用户使用，因此称为“资源共享”。资源共享极大地方便了用户，也有效地利用了资源，节省了资源的重复性浪费。通过计算机网络，不仅可以使用近距离的网络资源，还可以访问远程网络上的资源。用户可以使用远程的打印机、远程的 CD-ROM 及远程的硬盘等硬件资源，还可以使用远程计算机上的应用程序、数据等软件资源。

网络中的客户机都有可能需要使用服务器的硬盘空间。而 Windows Server 2003 的磁盘配额管理，可在服务器上为网络用户分配磁盘配额，使网络用户在指定的空间内使用服务器上的硬盘。设置硬盘共享的步骤如下。

（1） 在“我的电脑”窗口中，右击格式为 NTFS 卷的磁盘驱动器，从弹出的快捷菜单中选择“共享和安全”命令，打开属性对话框，如图 7-13 所示。

（2） 在“共享”选项卡下，选择“共享此文件夹”单选按钮，在“共享名”文本框中输入磁盘共享名，并在“注释”文本框中输入共享说明。

（3） 如果不限制用户数量，在“用户数限制”选项区域中选择“允许最多用户”单选按钮；如果要限制用户数量，选择“允许的用户数量”按钮，并在其后的微调器中选择用户数。

（4） 要设置权限，单击“权限”按钮，打开该磁盘的共享权限对话框，如图 7-14 所示。

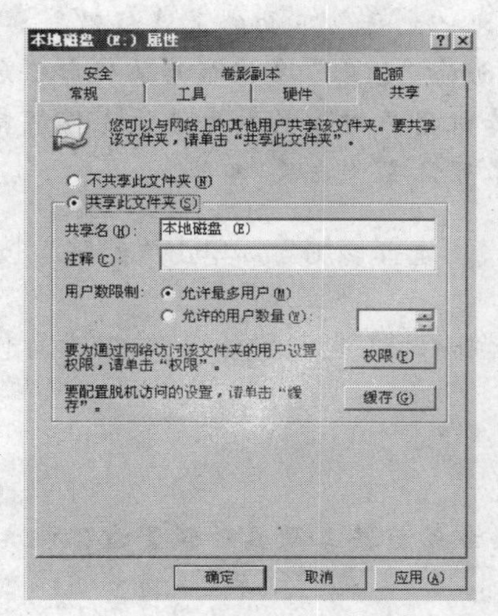

图 7-13 属性对话框

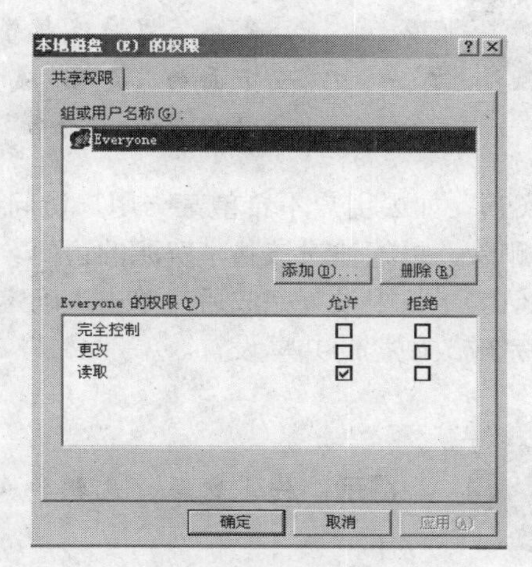

图 7-14 设置用户权限

（5） “组或用户名称”列表框中的 Everyone 是指所有的本机和网络用户，一般不宜设置太高的权限。选择 Everyone 选项，取消“允许”下面的“完全控制”和“更改”两个复选框的选择，只选择“读取”复选框。

（6） 如果用户要对某个网络用户单独设置权限，可将它添加到列表框中，再进行共享权限设置。要添加用户，可单击“高级”按钮，打开“选择用户或组”对话框，如图 7-15 所示。

（7） 在“选择对象类型”对话框中，选择一个网络用户，单击“高级”按钮，打开如图 7-16 所示的选择网络对象对话框，单击“立即查找”按钮，在搜索结果中选择合适的对象，单击“确定”按钮。如果想继续添加用户，可重做上面的操作，单击“确定”按钮退出。

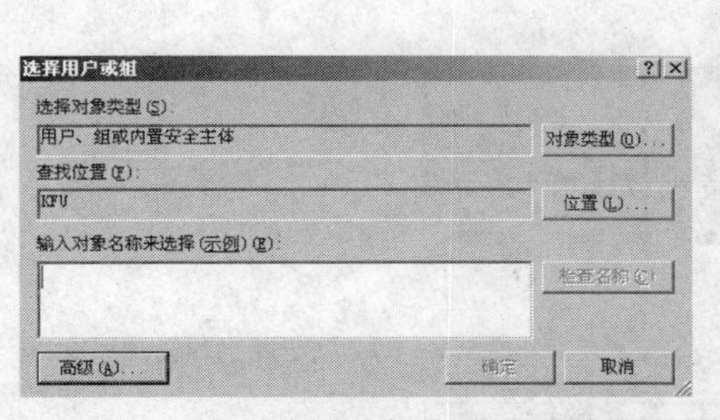

图 7-15 “选择用户或组”对话框

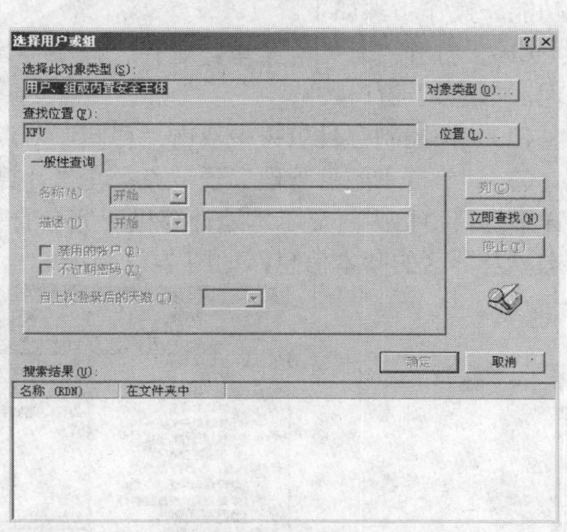

图 7-16 选择网络对象对话框

（8） 可访问该共享资源的用户被添加后，可根据情况设置它们的权限。注意取消选择“允许”下面的复选框与选择“拒绝”下面的复选框作用相同。

注意：“拒绝”下面的复选框的级别比“允许”下面的复选框级别要高。例如，用户选择了“拒绝”下面的“读取”复选框后再选择“允许”下面的“更改”复选框。那么本机用户对该共享资源没有任何权限。因为没有“读取”权限，就不可能有“更改”权限。

（9） 如果用户不希望某一用户访问该共享资源，可选择该用户，单击“删除”按钮，将其删除，拒绝他对该共享资源的访问。

（10） 权限设置完成后，单击“确定”按钮退回到磁盘属性对话框，再单击“确定”按钮即完成改硬盘的共享设置。

提示：共享软驱、光驱和文件夹的设置方法与共享硬盘的设置方法相类似。

7.3.3 磁盘管理

磁盘管理是一项使用计算机时的常规任务，Windows Server 2003 在磁盘管理方面提供了强大的功能。Windows Server 2003 的磁盘管理任务是以一组磁盘管理实用程序的形式提供给用户的，它们位于“计算机管理”控制台中，包括查错程序、磁盘碎片整理程序、磁盘整理程序等。

1. 更改驱动器名和路径

在 Windows Server 2003 的安装之后，用户可以利用“磁盘管理器”工具在硬盘上更改或创建新的分区。下面我们便以具体的操作实例来介绍“磁盘管理器”中的更改驱动器名和路径功能。操作步骤如下。

（1） 打开“开始”菜单，选择“程序→管理工具→计算机管理”命令，打开“计算机管理（本地）”窗口。

（2） 在控制台目录树中双击“存储”节点，展开该节点。

（3） 单击“磁盘管理”子节点，在“计算机管理（本地）\存储\磁盘管理”窗口右边的详细资料窗格中将显示本地计算机所拥有的驱动器的名称、类型、采用的文件系统格式、状态以及分区的基本信息，如图 7-17 所示。

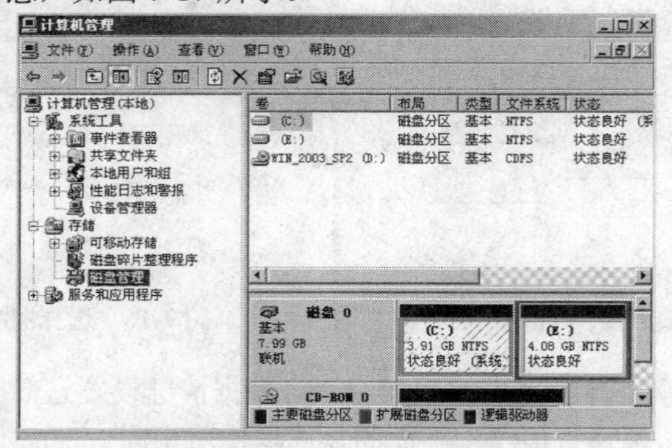

图 7-17 计算机磁盘详细信息

（4） 在详细资料窗口中单击需要更改名称或路径的驱动器，这里我们选择 E 盘。

（5） 打开“操作”菜单，选择“所有任务→更改驱动器名和路径”命令，打开“更改（E:）的驱动器号和路径”对话框，如图 7-18 所示。

（6） 如果用户需要将这个卷装入一个支持驱动器路径的空文件夹中，可单击“添加”按钮，打开“添加驱动器号或路径”对话框，如图 7-19 所示。

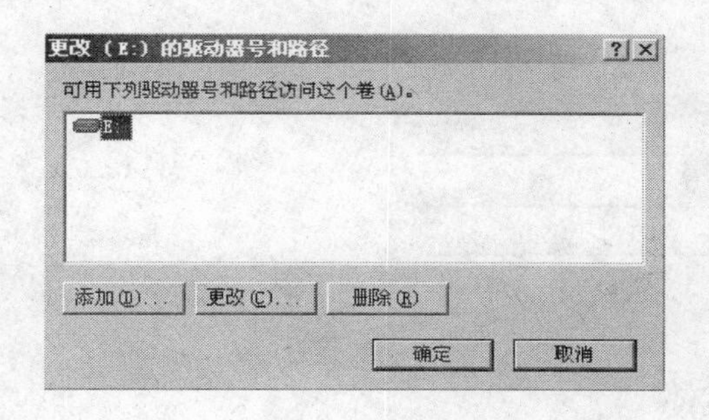

图 7-18 “更改（E:）的驱动器号和路径”对话框

图 7-19 “添加驱动器号或路径”对话框

（7） 用户可单击“浏览”按钮，打开“浏览驱动器路径”对话框，添加驱动器路径，如图 7-20 所示。

（8） 用户可在支持驱动器路径的卷列表框中直接选择一个空文件夹以便装入该卷，也可通过单击“新建文件夹”按钮来建立一个新的支持驱动器路径的文件夹作为选定卷的默认路径，这里我们创建了一个名为“zxc”的文件夹。

（9） 选定“zxc”文件夹，单击“确定”按钮返回到前面的“新加的驱动器号或路径”对话框界面中。最后单击“确定”按钮完成更改驱动器名称的所有操作。

（10） 如果用户希望更改驱动器的名称，则需要在“更改（E:）的驱动器号和路径”对话框中单击“更改”按钮，打开“更改驱动器号和路径”对话框，如图 7-21 所示。

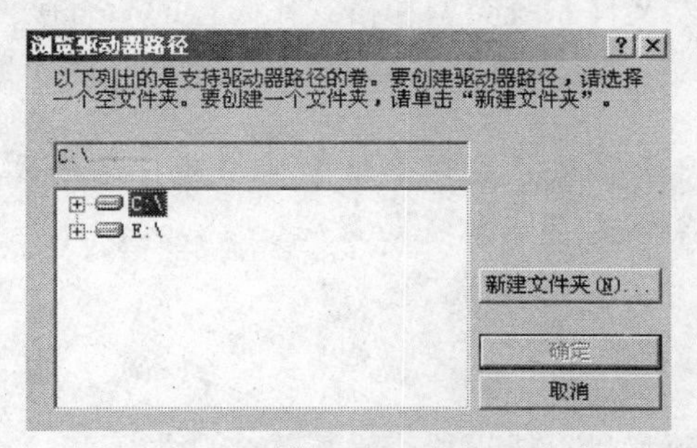

图 7-20 “浏览驱动器路径”对话框

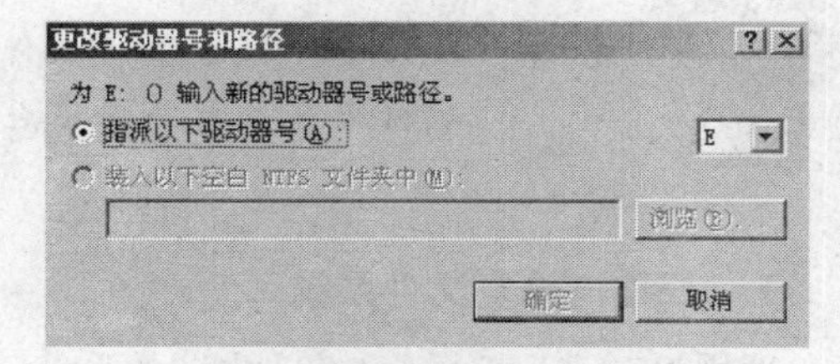

图 7-21 “更改驱动器号和路径”对话框

（11） 在“指派以下驱动器号”下拉列表框中，用户可以选择合适的驱动器名称。

（12） 单击“确定”按钮，完成更改驱动器名称的所有操作。

注意：用户还可通过单击“更改（E:）的驱动器号和路径”窗口中的“删除”按钮来删除选定的驱动器的名称，不过该操作可能导致相关程序无法正常运行。

2. 转换磁盘分区的类型或重新格式化

如果用户需要转换一个磁盘分区的文件系统类型或重新格式化，可按以下步骤进行。

（1） 在如图 7-17 所示的详细资料窗格中单击需要更改名称或路径的驱动器，这里我们选择 E 盘。

（2） 打开“操作”菜单，选择“所有任务→格式化”命令，打开“格式化 E:”对话框，如图 7-22 所示。

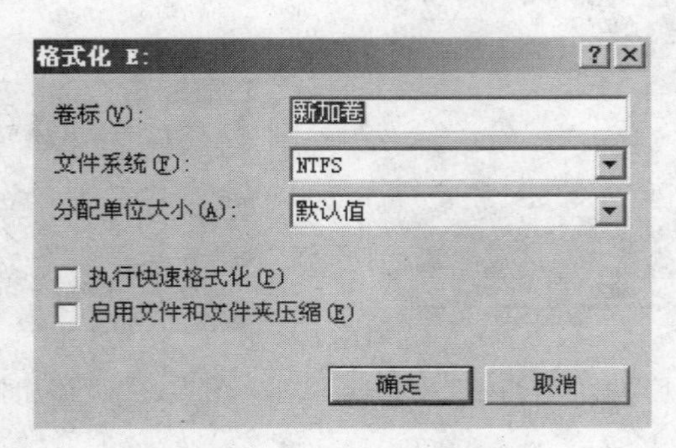

图 7-22 “格式化 E:”对话框

（3） 在“文件系统”下拉列表框中包含三个不同类型的文件系统，分别为 FAT、FAT32 和 NTFS。用户可以根据需要选择一种合适的文件系统。

（4） 在“分配单位大小”下拉列表框中，用户可以选择一种合适的存储文件的单位尺寸，通常系统默认选定默认值。

（5）在“卷标”文本框中用户可以输入自己喜欢的驱动器卷标名。

（6） 另外用户还可选定“执行快速格式化”复选框和“启动文件和文件夹压缩”复选框来启用快速格式化和磁盘压缩功能。

（7） 单击“确定”按钮，完成修改磁盘驱动器文件系统类型和格式化磁盘的所有操作。

提示： *在更改一个分区的文件系统之前，用户应该备份分区内的信息，因为对该分区的重新格式化将删除该分区中所有的数据。*

3. 扫描与修复文件系统

使用 Windows Server 2003 内置的系统工具对磁盘进行错误检查，操作步骤如下。

（1） 打开“我的电脑”窗口，选定需要进行磁盘检查的驱动器盘符图标，这里我们选定了 D 盘。

（2） 单击鼠标右键，打开其快捷菜单。

（3） 在快捷菜单中选择“属性”命令，打开“D 盘属性”对话框。

（4） 切换到“工具”选项卡，如图 7-23 所示。

（5） 在“查错”选项区域中单击“开始检查”按钮，将打开“检查磁盘”对话框，如图 7-24 所示。

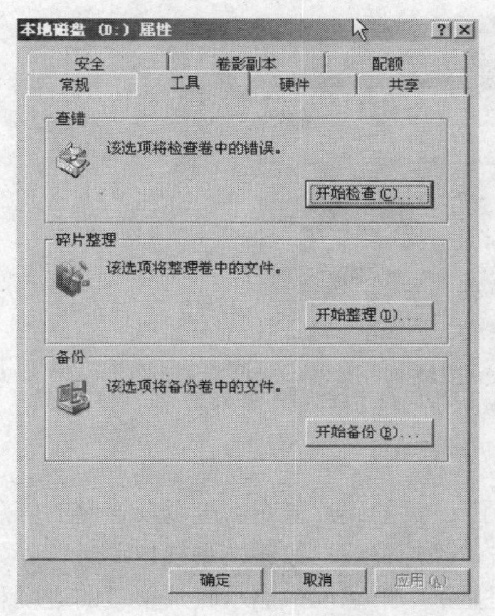

图 7-23 “工具”选项卡

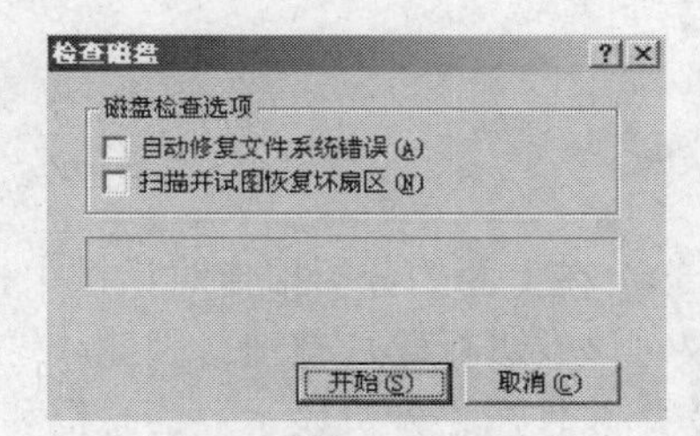

图 7-24 “检查磁盘”对话框

（6） 在“磁盘检查选项”选项区中包含两个复选框选项，“自动修复文件系统错误”和“扫描并试图恢复坏扇区”。如果用户需要修复选定磁盘中的文件系统错误，可选择第一个选项复选框。如果用户希望扫描磁盘并修复磁盘上的坏扇区，可选择第二个选项复选框。

（7）关闭已打开的文件或程序后，单击“开始”按钮，系统将自动进行磁盘检查。

（8） 系统完成磁盘检查工作后，将自动打开“正在检查磁盘 D :\”窗口。

（9） 单击“确定”按钮，完成磁盘检查操作。

4. 磁盘碎片整理

经常使用计算机的用户都会有这样的经验，经过一段时间的操作后，计算机系统的整体性能有所下降。这是因为用户对磁盘进行多次读写操作后，磁盘上碎片文件或文件夹过多。由于这些碎片文件和文件夹被分割放置在一个卷上的许多分离的部分，Windows 系统需要花费额外的时间来读取和搜集文件和文件夹的不同部分。因此，用户应定期对磁盘碎片进行整理。

在进行磁盘碎片整理之前，用户可以使用磁盘碎片整理程序中的分析功能得到磁盘空间使用情况的信息，信息中显示了磁盘上有多少碎片文件和文件夹。用户可以根据信息决定是否需要对磁盘进行整理。下面以具体的实例来介绍磁盘碎片整理操作步骤。

（1） 打开“我的电脑”窗口，选定需要进行磁盘碎片整理的驱动器盘符图标，这里我们选定了 C 盘。

（2） 单击鼠标右键，打开其快捷菜单，选择“属性”命令，打开“本地磁盘（C:）属性”对话框，单击“工具”选项卡。

（3） 单击“开始整理”按钮，打开“磁盘碎片整理程序”窗口。

（4） 这里我们对选定的 C 盘进行了碎片分析后，系统自动激活“查看报告”按钮，单击该按钮将显示磁盘碎片分析报告信息，如图 7-25 所示。

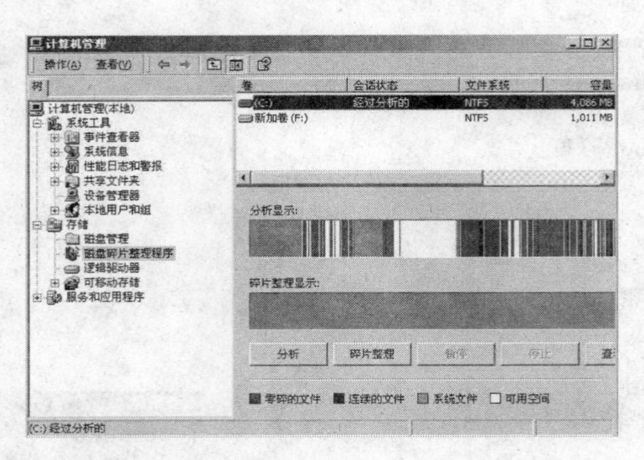

图 7-25　磁盘碎片分析报告信息

（5）　在上面的分析报告对话框中，系统给出了 C 盘的碎片分布情况以及该卷的信息，并建议对该卷进行碎片整理。因此，这里我们单击“碎片整理”按钮，系统自动进行碎片整理工作，并且在“分析显示”信息框和“碎片整理显示”信息框中显示碎片整理的进度和各种文件信息。

（6）从信息显示中用户可以了解到本地磁盘 C:中各种性质的文件在磁盘上的使用情况。其中红色区域表示零碎的文件，蓝色区域表示连续的文件，绿色区域表示系统文件，白色区域表示磁盘空闲空间。

（7）　磁盘碎片整理过程中用户可单击“暂停”按钮来暂停整理工作，也可单击“停止”按钮来结束整理工作。

（8）　系统完成磁盘碎片整理工作后，用户可单击“查看报告”按钮，以便查看磁盘碎片整理结果。

5.　设置磁盘配额

在 Windows Server 2003 为服务器操作系统的计算机网络中，系统管理员有一项很重要的任务，即为访问服务器资源的客户机设置磁盘配额，也就是限制他们一次性访问服务器资源的卷空间数量。这样做的目的在于防止某个客户机过量地占用服务器和网络资源，导致其他客户机无法访问服务器和使用网络。

下面通过实例介绍 Windows Server 2003 系统下如何对 NTFS 文件系统的卷进行磁盘配额设置，这里选择 D: 盘。具体操作步骤如下。

（1）　双击“我的电脑”，打开“我的电脑”窗口。

（2）　右击“D:”驱动器图标（该驱动器使用的文件系统为 NTFS）打开其快捷菜单，选择“属性”命令，打开“本地磁盘（D:）属性”对话框。

（3）　切换到“配额”选项卡，选定“启用配额管理”复选框，激活“配额”选项卡中的所有配额设置选项，如图 7-26 所示。

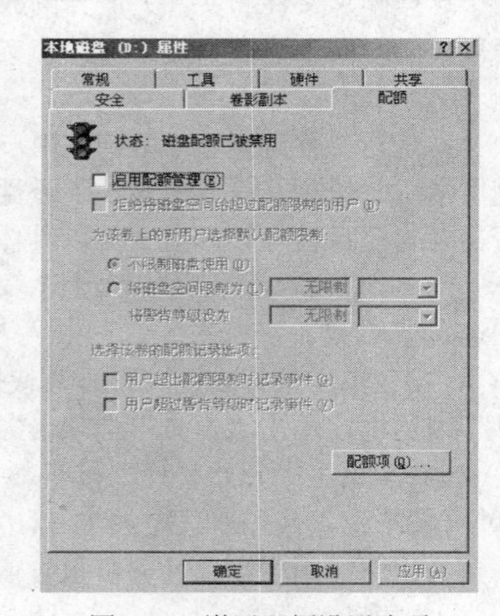

图 7-26　激活配额设置选项

（4）　如果网络中的某个客户机过量地占用了服

务器的磁盘空间和资源，管理员可选定“拒绝将磁盘空间给超过配额限制的用户”复选框来限制这些用户对磁盘空间的占用。

（5） 如果网络管理员希望不限制客户机使用服务器磁盘空间大小的话，可选定“不限制磁盘使用”单选按钮，以使所有用户随意使用服务器的磁盘空间。

（6） 通常网络管理员需要限制客户机使用服务器的磁盘空间数量，以便保证所有网络用户都可顺利地访问服务器及使用网络资源。这时，管理员可选定“将磁盘空间限制为”单选按钮，同时在后面的磁盘容量单位下拉列表框中选择需要的磁盘容量单位，默认情况下系统设定为 KB，之后即可在容量大小文本框中输入合适的数值以便将用户使用服务器的磁盘空间限制在该数值。

（7） 如果管理员希望在客户机使用服务器磁盘空间过程中超过为它分配的磁盘配额时，系统能及时给出警告，可在“将警告等级设置为”文本框中输入合适的磁盘容量数值并在后面的下拉列表框中选择一种磁盘容量单位。这样一来，当用户超过了设定的磁盘配额限制时，系统将自动给出警告。

（8）管理员可以分别选定“用户超出配额限制时记录事件”复选框和“用户超过警告等级时记录事件”复选框以启用这两项配额记录选项。

（9）单击“配额项”按钮，打开“本地磁盘（E:）的配额项目”窗口。通过该窗口，管理员可以新建配额项、删除已建立的配额项，或将已建立的配额项信息导出并存储为文件，以后需要时管理员可直接导入该信息文件而得到配额项。

（10） 如果管理员需要创建一个新的配额项，可打开“配额”菜单，选择“新建配额项”命令，打开“选择用户”对话框。

（11） 在“查找范围”下拉列表框下面的列表框中，管理员可以选定想要创建配额项的用户，这里我们设置合适的磁盘空间限制数值以及系统警告等级数值。

（12） 单击“添加”按钮后，系统将自动把选定的用户添加到“选择了下列对象”列表框。

（13） 单击“确定”按钮，打开“添加新配额项”对话框。

（14） 在该对话框中，可以对选定的用户 Guest 的配额限制进行设置。同上面“配额”选项卡中的设置一样，可以选定“不限制磁盘使用”单选按钮以便“Guest”可以任意使用服务器的磁盘空间，也可以选定“将磁盘空间限制为”单选按钮。

（15） 单击“确定”按钮完成新建配额项的所有操作并返回到“本地磁盘（E:）的配额项目”。

（16） 在“本地磁盘（D:）的配额项目”窗口中，可以看到新创建的用户“Guest”配额项显示在列表框中，关闭该窗口完成磁盘配额设置的所有设置并返回到“配额”选项卡。

6. 磁盘的备份与还原

由于磁盘驱动器损坏、病毒感染、供电中断、网络故障以及其他一些原因，可能引起磁盘中数据的丢失和损坏。即使数据出现错误或丢失的情况，也不会造成大的损失。因此，对于系统管理员来说，定期备份服务器硬盘上的数据是非常必要的。数据被备份之后，在需要时就可以将它们还原。

1） 备份文件

使用 Windows Server 2003 的“备份工具”，管理员可以将数据备份到各种各样的存储媒介上，如磁带机、外接硬盘驱动器、移动硬盘以及刻录机。下面就介绍如何在 Windows Server 2003 中备份文件。操作步骤如下。

（1） 打开“开始”菜单，依次选择“程序→附件→系统工具→备份”命令，打开“备份工具-［无标题］”窗口，如图 7-27 所示。

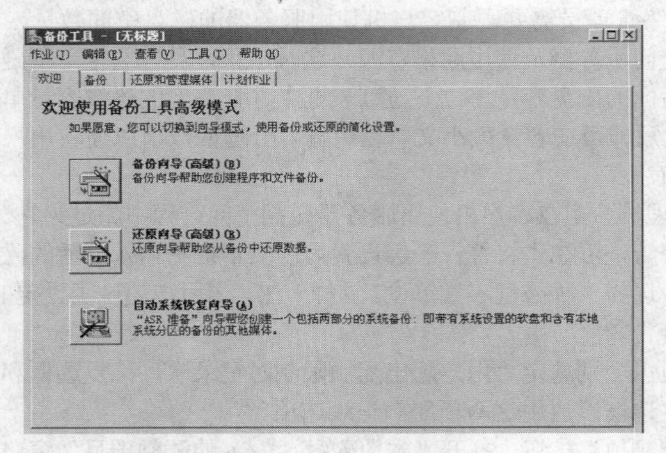

图 7-27 “备份工具-［无标题］”窗口

（2） 在“欢迎”选项卡下，单击“备份向导（高级）”按钮，打开“备份向导”对话框，如图 7-28 所示。

（3） 单击“下一步”按钮，打开“要备份的内容”对话框，如图 7-29 所示。

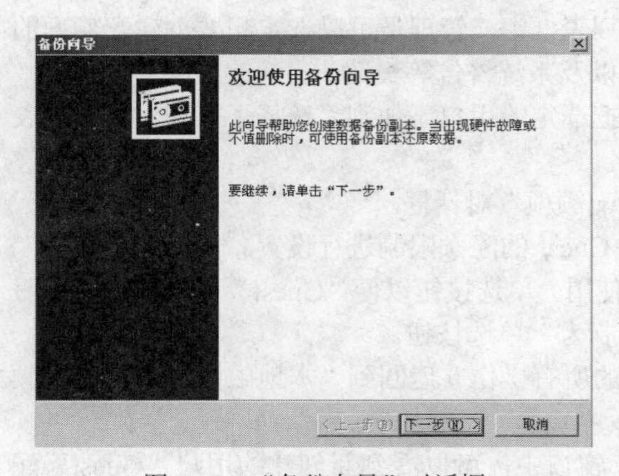

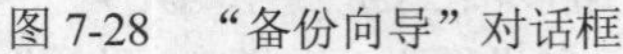
图 7-28 “备份向导”对话框

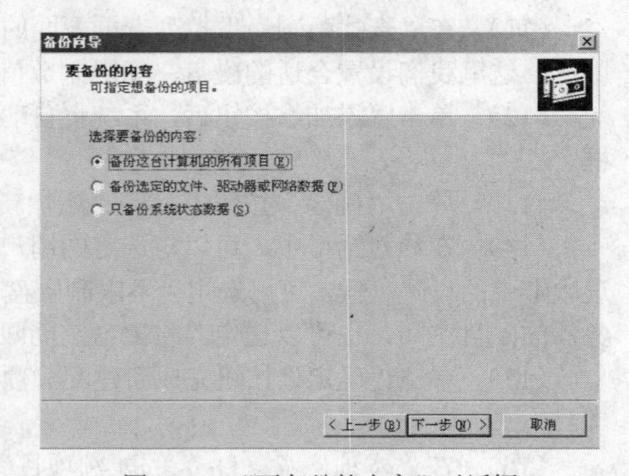

图 7-29 “要备份的内容”对话框

（4） 选择“备份选定的文件、驱动器或网络数据”单选按钮，备份用户选定的文件、驱动器或网络数据。如果用户备份整个系统或者只备份系统状态数据，可选择“备份这台计算机的所有项目”或者“只备份系统状态数据”单选按钮。

（5） 单击“下一步”按钮，打开“要备份的项目”对话框，如图 7-30 所示。

（6） 在“要备份的项目”列表框中，通过单击相应的复选框，选择要备份的驱动器、文件或文件夹。要展开“备份内容”文本框中的项目，需要双击该项目节点。

（7） 选定需要备份的内容后，单击“下一步”按钮，打开备份保存的位置对话框，如图 7-31 所示。

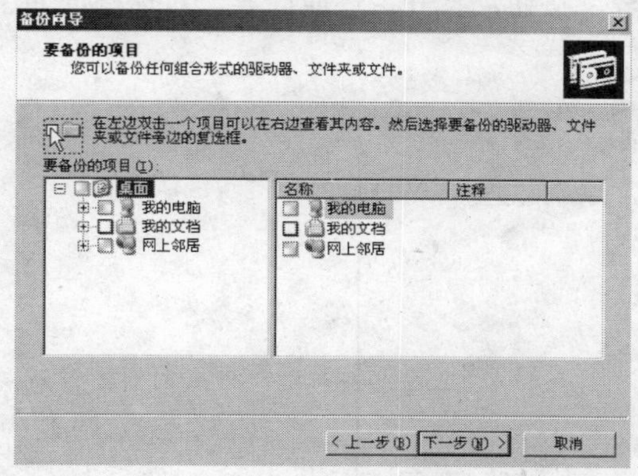

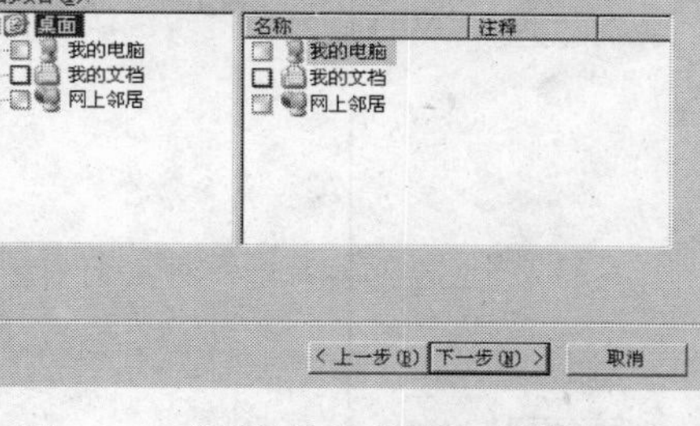

图 7-30 “要备份的项目”对话框

图 7-31 选择备份保存的位置

（8） 在“选择保存备份的位置”文本框中，用户需要输入希望存储备份资料的盘符以及完整的路径；或者通过单击“浏览”按钮打开“打开”对话框，来选择备份路径，这里我们选择 M：盘作为备份的存储盘。

（9） 单击“下一步”按钮，打开“完成备份向导”对话框，如图 7-32 所示。

（10） 通过单击“高级”按钮，用户可以进行一些备份的高级设置。例如，选择要执行的备份操作类型和指定是否要备份迁移到远程存储中的文件内容，在此不再赘述。

（11）单击“完成”按钮后，系统将自动对所选定的项目进行备份，最后屏幕上将显示如图 7-33 所示的“备份进度”对话框。

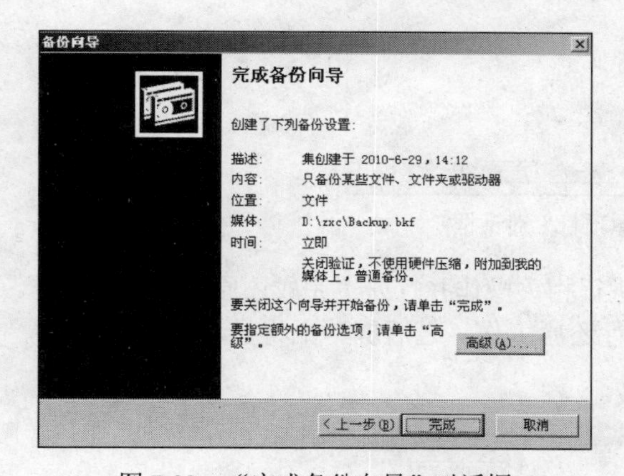

图 7-32 “完成备份向导”对话框

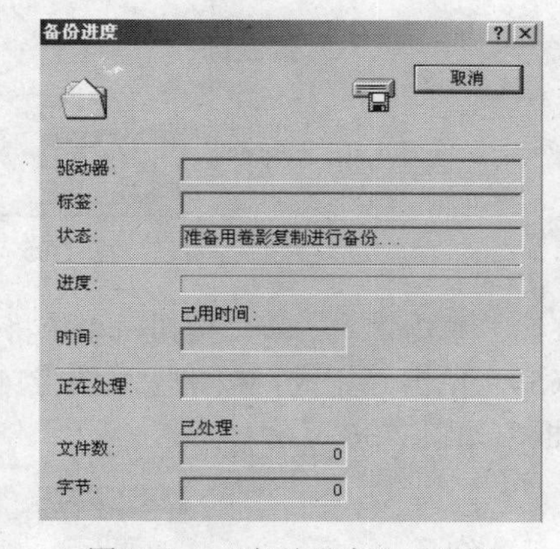

图 7-33 “备份进度”对话框

（12） 用户可以单击“报告”按钮来查看备份操作的有关信息，最后单击“关闭”按钮即可完成所有备份操作。

2） 还原文件

当用户的计算机出现硬件故障、意外删除或者其他的数据丢失或损害时，可以使用 Windows Server 2003 的故障恢复工具还原以前备份的数据。下面以具体的实例介绍如何还原备份的文件，操作步骤如下。

（1） 打开“开始”菜单，依次选择“程序→附件→系统工具→备份”命令，打开“备份”窗口。

（2） 在“欢迎”选项卡中，单击“还原向导”按钮，打开“还原向导”对话框，如图7-34所示。

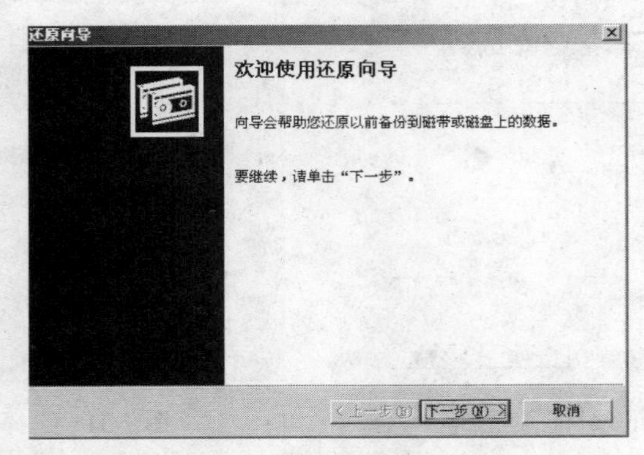

图 7-34 “还原向导”对话框

（3） 单击“下一步”按钮，打开“还原项目”对话框，如图7-35所示。在“要还原的项目”列表框中，用户可以单击某项目前的复选框来选择想要还原的驱动器、文件或文件夹。

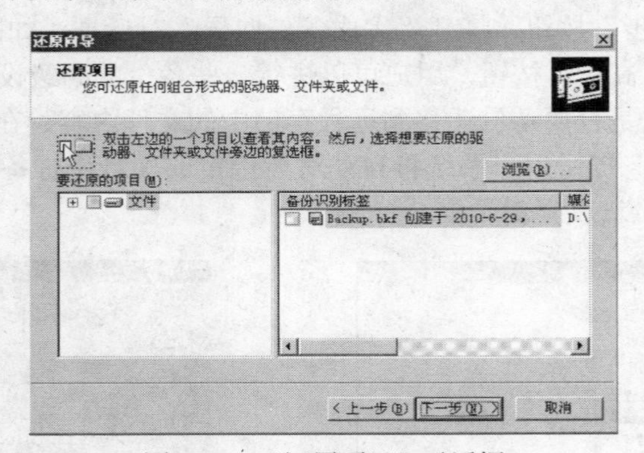

图 7-35 “还原项目”对话框

（4） 单击“下一步”按钮，系统将自动进行相关操作并打开“完成还原向导”对话框。

（5） 单击“完成”按钮，系统将自动进行还原工作，之后屏幕上将显示“还原进度”对话框，如图7-36所示。

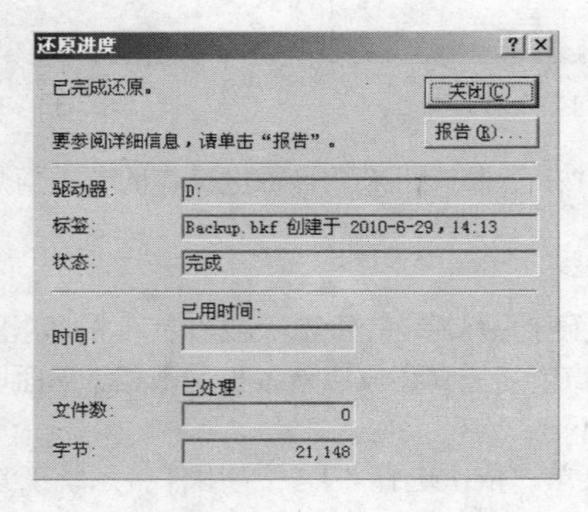

图 7-36 “还原进度”对话框

（6） 完成后，用户可以通过单击“报告”按钮查看还原操作的有关信息，最后单击“关闭”按钮结束还原操作。

7.4 管理工具

7.4.1 MMC 简介

MMC 是 Microsoft Management Console（微软管理控制台）的缩写，它可让系统管理员创建更灵活的用户界面和自定义管理工具，将日常系统管理任务集中并加以简化。它将许多工具集成在一起并以控制台的形式显示，这些工具由一个或多个应用程序组成。

MMC 是 Microsoft 管理策略的核心部分，包含在 Windows Server 2003 操作系统中。MMC 不仅可让系统管理员的日常管理工作更加得心应手，而且能够通过 MMC 创建特殊工具给用户或组委派具体的管理任务（这种管理就是我们现在常说的分布式管理）。执行“开始→程序→管理工具→计算机管理”。在一个典型的 MMC 窗口中，我们不但可以进行系统管理，进行磁盘的分区/格式化，甚至还可以启动或者中止服务。

例如：使用 MMC 找出 Windows Server 2003 识别不了的移动硬盘。

使用 Windows Server 2003 操作系统，有时候，在 USB 接口上接上移动硬盘后，虽然任务栏右下方出现了移动硬盘的图标，信息显示也是正常，但是在“我的电脑”中就是显示不出移动硬盘的盘符。

选择“开始→运行”命令，输入“MMC”并按下 Enter 键，进入了“控制台 1”，然后单击“文件→添加删除管理单元→添加”按钮，出现了“添加独立管理单元”的界面，仔细查找，找到“磁盘管理”选项，再单击“添加→完成→关闭→确定”按钮，这时候回到“控制台 1”，选择“磁盘管理”选项，可以看到右边栏中显示出了所有的硬盘驱动器，包括移动硬盘，但却没有显示出移动硬盘的盘符来。

问题的症结就在这里。右击移动硬盘的名称，在弹出的菜单中选择“更改驱动器号和路径”，发现该盘确实没有分配驱动器号，接着单击“添加”按钮，然后选中“指派以下驱动器号”复选框，在右边的下拉组合框中选一个合适的英文字母做驱动器号，单击“确定”按钮。紧接着扫描移动硬盘，移动硬盘的盘符就出现了。

7.4.2 事件查看器

使用“事件查看器”，可以查看和设置事件日志的日志选项，以便收集有关硬件、软件和系统问题的信息。

系统日志中存放了 Windows 操作系统产生的信息、警告或错误。通过查看这些信息、警告或错误，我们不但可以了解到某项功能配置或运行成功的信息，还可了解到系统的某些功能运行失败，或变得不稳定的原因。

安全日志中存放了审核事件是否成功的信息。通过查看这些信息，我们可以了解到这些安全审核结果为成功还是失败。

应用程序日志中存放应用程序产生的信息、警告或错误。通过查看这些信息、警告或错误，我们可以了解到哪些应用程序成功运行，产生了哪些错误或者潜在错误。程序开发人员可以利用这些资源来改善应用程序。

选择“开始→运行”命令，输入 eventvwr，并按下 Enter 键，就可以打开事件查看器。

查到导致系统问题的事件后，我们需要找到解决它们的办法。查找解决这些问题的方法主要可以通过两个途径：微软在线技术支持知识库以及 Eventid.net 网站。事实上，在网络中我们还可以找到许多有用的资源，当系统出现问题时可以参考使用。另外，微软中文社区（http://www.microsoft.com/china/community）提供在线的免费技术支持和定期的专家聊天，只要稍加利用，都可以成为解决系统疑难杂症的宝贵资源。

7.5 DHCP 服务

7.5.1 DHCP 概述

DHCP（Dynamic Host Configuration Protocol，动态主机配置协议）是一种简化主机 IP 地址分配管理的 TCP/IP 标准协议，是通过服务器集中管理网络上使用的 IP 地址及其他相关配置信息，以减少管理 IP 地址配置的复杂性。Windows Server 2003 提供了 DHCP 服务。它允许服务器履行 DHCP 的职责并且在网络上配置启用 DHCP 的客户机。

采用静态 IP 地址的分配方法，当计算机从一个子网移动到另一个子网的时候，必须改变该计算机的 IP 地址，这将增加网络管理员的负担。而 DHCP 服务可以将 DHCP 服务器中 IP 地址数据库中的 IP 地址动态地分配给局域网中的客户机，从而减轻了网络管理员的负担。

使用 DHCP 服务大大缩短了配置或重新配置网络中客户机所花费的时间，同时通过对 DHCP 服务器的设置，可灵活地设置地址的租期，无需网络管理员干涉。

在使用 DHCP 时，网络中至少有一台服务器上安装了 DHCP 服务，客户机需要设置成自动获得 IP 地址。客户机在向服务器请求一个 IP 地址时，如果还有 IP 地址没有被使用，则在 IP 地址数据库中登记该 IP 地址已使用，然后回应这个 IP 地址，以及相关的选项配置客户机。图 7-37 是一个 DHCP 服务示意图。

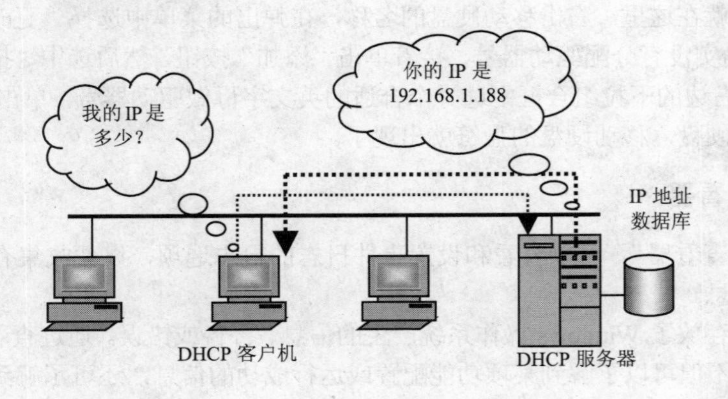

图 7-37　DHCP 服务示意图

7.5.2 DHCP 的工作过程

当 DHCP 客户机第一次启动时，它通过一系列的步骤以获得其 TCP/IP 配置信息，并得到 IP 地址的租期。租期是指 DHCP 客户机从 DHCP 服务器获得完整的 TCP/IP 配置后对该

TCP/IP 配置的保留使用时间。DHCP 客户机从 DHCP 服务器上获得完整的 TCP/IP 配置需要经过 4 个过程，如图 7-38 所示。

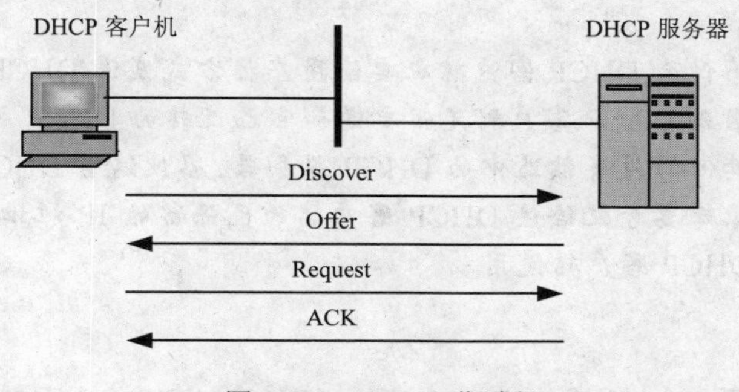

图 7-38　DHCP 工作过程

1. 发现阶段

DHCP 工作过程的第一步是 DHCP 发现（DHCP Discover），该过程也称为 IP 发现。

当 DHCP 客户端发出 TCP/IP 配置请求时，DHCP 客户端发送一个广播。该广播信息含有 DHCP 客户端的网卡 MAC 地址和计算机名称。

当第一个 DHCP 广播信息发送出去后，DHCP 客户端将等待 1 秒钟的时间。在此期间，如果没有 DHCP 服务器作出响应，DHCP 客户端将分别在第 9 秒，第 13 秒和第 16 秒时重新发送一次 DHCP 广播信息。如果还没有得到 DHCP 服务器的应答，DHCP 客户端将每隔 5 分钟广播一次广播信息，直到得到一个应答为止。

提示： 如果一直没有应答，DHCP 客户端若是 Windows Server 2003 客户，就自动选一个自认为没有被使用的 IP 地址（从 169.254.x.x 地址段中选取）使用。

2. 提供阶段

DHCP 工作的第二个过程是 DHCP 提供（DHCP Offer），是指当网络中的任何一个 DHCP 服务器（同一个网络中存在多个 DHCP 服务器时）在收到 DHCP 客户端的 DHCP 发现信息后，该 DHCP 服务器若能够提供 IP 地址，就从该 DHCP 服务器的 IP 地址池中选取一个没有出租的 IP 地址，然后利用广播方式（此时 DHCP 客户端还没有 IP 地址）提供给 DHCP 客户端。在还没有将该 IP 地址正式租用给 DHCP 客户端之前，这个 IP 地址会暂时保留起来，以免再分配给其他的 DHCP 客户端。

如果网络中有多台 DHCP 服务器，且这些 DHCP 服务器都收到了 DHCP 客户端的 DHCP 广播信息，同时这些 DHCP 服务器都广播一个应答信息给该 DHCP 客户端时，则 DHCP 客户端将从收到应答信息的第一台 DHCP 服务器中获得 IP 地址及其配置。

提供应答信息是 DHCP 服务器发给 DHCP 客户端的第一个响应，它包含了 IP 地址、子网掩码、租用期（以小时为单位）和提供响应的 DHCP 服务器的 IP 地址。

3. 请求阶段

DHCP 工作的第三个过程是 DHCP 请求（DHCP Request），一旦 DHCP 客户端收到第一个由 DHCP 服务器提供的应答信息后，就进入此过程。当 DHCP 客户端收到第一个 DHCP

服务器响应信息后就以广播的方式发送一个 DHCP 请求信息给网络中所有的 DHCP 服务器。在 DHCP 请求信息中包含有所选择的 DHCP 服务器的 IP 地址。

提示： 为什么 DHCP 客户端也要使用广播方式发送 DHCP 请求信息呢?这是因为 DHCP 客户端不但要通知它已选择的 DHCP 服务器，还必须通知其他的没有被选中的 DHCP 服务器，以便这些 DHCP 服务器能够将其原本要分配给该 DHCP 客户端的已保留的 IP 地址进行释放，供其他 DHCP 客户端使用。

4. 确认阶段

DHCP 工作的最后一个过程便是 DHCP 应答（DHCP ACK）。一旦被选择的 DHCP 服务器接收到 DHCP 客户端的 DHCP 请求信息后，就将已保留的这个 IP 地址标识为已租用，然后也以广播方式（DHCP 客户还没有真正获得 IP 地址）发送一个 DHCP 应答信息给 DHCP 客户端。该 DHCP 客户端在接收 DHCP 应答信息后，就完成了获得 IP 地址的过程，开始利用这个已租到的 IP 地址与网络中的其他计算机进行通信。

7.5.3 DHCP 服务器的安装与配置

1. 安装前的准备

（1） 为 DHCP 服务器分配固定的 IP 地址。

（2） 规划 DHCP 服务器的可用 IP 地址。

提示： 由于 DHCP 要求服务器的 IP 地址为静态的，安装 DHCP 服务器之前应该将主机的 IP 地址设为静态 IP。

2. 安装 DHCP 服务器

首先 DHCP 服务器必须是一台安装有 Windows Server 2003 的计算机；其次是给要担任 DHCP 服务器功能的计算机安装 TCP/IP 协议，并设置 IP 地址、子网掩码、默认网关等内容。

安装 DHCP 服务器的步骤如下。

（1） 依次选择“开始→设置→控制面板→添加/删除程序”选项，打开“添加/删除程序”对话框。

（2） 单击“添加/删除 Windows 组件”按钮，打开“Windows 组件向导”对话框，从列表中选择“网络服务”选项。

（3） 单击“详细信息”按钮，从“网络服务的子组件”列表中选取“动态主机配置协议（DHCP）”选项，在“动态主机配置协议（DHCP）”左边的复选框打上“√”，再单击“确定”按钮。

（4） 单击“下一步”按钮，输入 Windows Server 2003 的安装源文件的路径，再单击“确定”按钮开始安装 DHCP 服务器。

（5） 单击“完成”按钮，当回到“添加/删除程序”对话框后，再单击“关闭”按钮。

安装完毕后在管理工具中多了一个 DHCP 管理器。

3. 添加、授权 DHCP 服务器

在安装完 DHCP 服务后，用户必须首先添加一个授权的 DHCP 服务器，并在服务器中添加作用域，设置相应的 IP 地址范围及选项类型，以便 DHCP 客户机在登录到网络时，能够获得 IP 地址租约和相关选项的设置参数。

添加 DHCP 服务器的步骤如下。

（1） 启动 DHCP 管理控制台，选择“操作”菜单中的“添加服务器”选项，打开“添加服务器”对话框，如图 7-39 所示。然后单击“浏览”按钮后打开“选择计算机”对话框，单击“高级”按钮，再单击新出现的“立即查找”按钮，在此用户可添加 DHCP 服务器。也可以在图 7-39 中直接填写用户要建立 DHCP 服务的服务器名或 IP 地址。

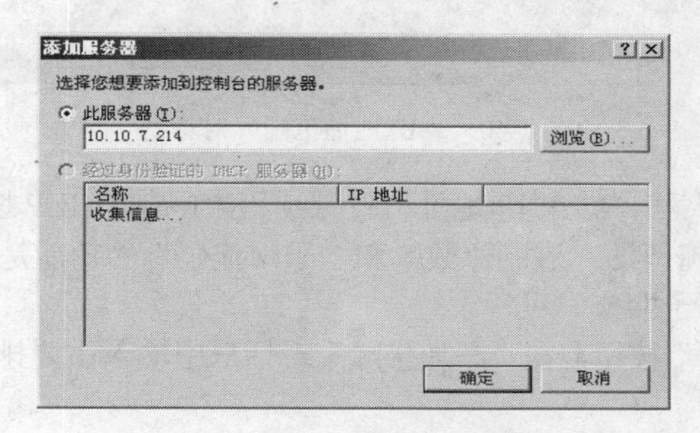

图 7-39 “添加服务器”对话框

（2） 此时在“DHCP”管理控制台中出现刚才添加的服务器，选择“操作”菜单中的“授权”选项，即可实现对 DHCP 服务器的授权。

（3） 依次选择“开始→程序→管理工具→Active Directory 站点和服务”，打开“AD 站点和服务”窗口，选择“查看”菜单下的“服务节点”功能选项后，依次展开“树”目录中的“Active Directory 站点和服务→Services→Net Services”，在右边的列表框中将会显示已授权的 DHCP 服务器名。

提示： 在 Windows Server 2003 中，一台服务器即使安装了 DHCP 服务，如果得不到活动目录服务器的授权，DHCP 服务也不能在域中启用。只有经过活动目录授权的 DHCP 服务器才能作为成员服务器存在于域中，否则会出现“找不到 DHCP 服务器”的错误提示，因此必须授权 DHCP 服务器。

4. 在 DHCP 服务器中添加作用域

当 DHCP 服务器被授权后，还需要对它设置 IP 作用域（地址范围）。即可以出租（分配）给发出请求的 DHCP 客户端的地址范围。

在 DHCP 服务器中设置 IP 地址段的步骤如下。

（1） 在 DHCP 控制台中单击要添加作用域的服务器，选择“操作→新建作用域”选项，打开“创建作用域向导”对话框。

（2） 单击“下一步”按钮，打开“输入作用域名”对话框，在此输入本域的域名。

（3） 单击“下一步”按钮，打开“IP 地址范围”对话框，如图 7-40 所示。

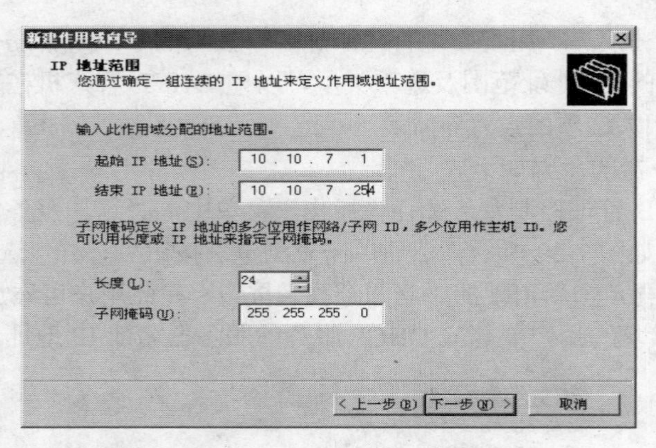

图 7-40 “IP 地址范围”对话框

① “起始 IP 地址”和“结束 IP 地址”设置项用来限制 DHCP 服务器的 IP 地址范围。

② “长度”（子网掩码的二进制位数）和“子网掩码”的功能是一致的，都是对 DHCP 服务器提供的 IP 地址的子网掩码进行设置。

（4） 单击“下一步”按钮，在“添加排除”对话框中输入需要排除的 IP 地址（不分配）的范围，如图 7-41 所示。

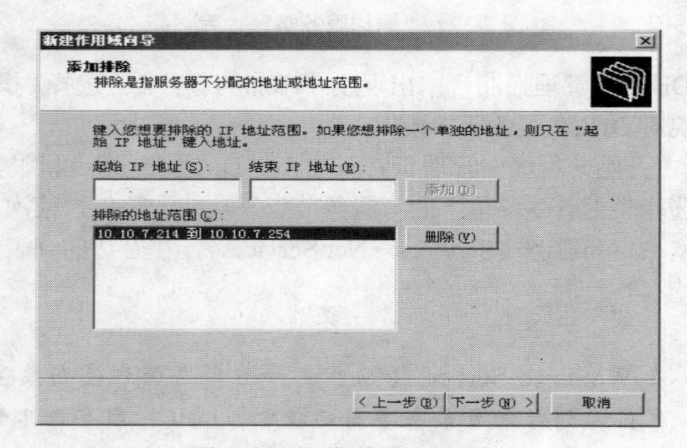

图 7-41 “添加排除”对话框

（5） 单击“下一步”按钮选择租约期限（默认为 8 天）。一般情况下，当网络中的 IP 地址比较紧张时，可将租约设置得短一些；而 IP 地址不紧张时，租约可以设置得长一些。

（6） 单击“下一步”按钮，打开“选择配置 DHCP 选项”对话框。如果选择“是，我想现在配置这些选项”，继续 DNS 服务器、默认网关、WINS 服务器等内容的配置；如果网络中暂时不需要这些服务时，可选择对话框中“否，我想稍后配置这些选项”，当需要时再进行配置。

（7） 单击“下一步”按钮输入默认网关 IP 地址。输入域名和 DNS 服务器的 IP 地址。

（8） 单击“下一步”按钮，添加 WINS 服务器的地址，单击“下一步”按钮选择激活作用域。如图 7-42 所示，表示作用域已启用。

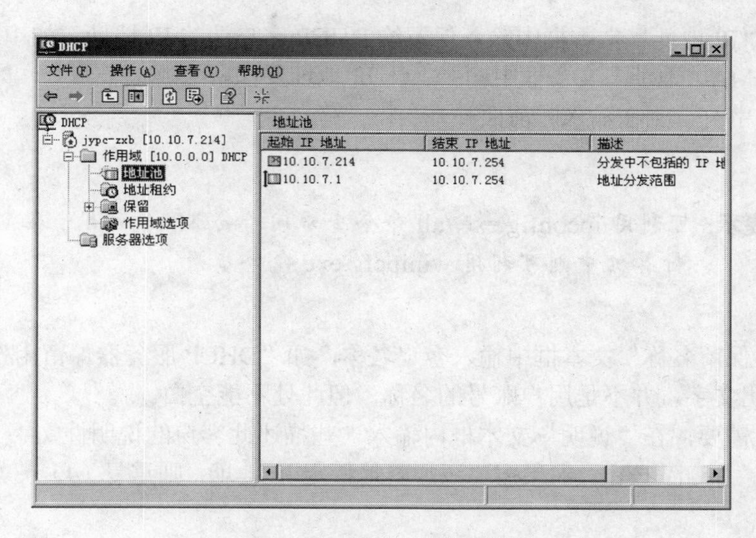

图 7-42 新添加的作用域

此时，在 DHCP 控制台中作用域多了 4 项。

① 地址池：用于查看、管理现在的有效地址范围和排除地址范围。

② 地址租约：用于查看、管理当前的地址租约情况。

③ 保留：用于添加、删除特定保留的 IP 地址。

④ 作用域选项：用于查看、管理当前作用域提供的选项类型及其设置值。

设置完成后，当 DHCP 客户机启动时便可以从 DHCP 服务器获得 IP 地址租约及选项设置。

5. 保留特定的 IP 地址

如果用户想保留特定的 IP 地址给指定的客户机（如 WINS Server、IIS Server 等），以便客户机在每次启动时都获得相同的 IP 地址，设置步骤如下。

（1） 启动 DHCP 控制台，打开“DHCP 控制台”对话框。

（2） 在“DHCP 控制台”对话框左侧窗格中选择作用域中的保留选项。

（3） 打开“操作”主菜单，单击“添加”选项，然后就可以打开“新建保留”对话框，如图 7-43 所示。

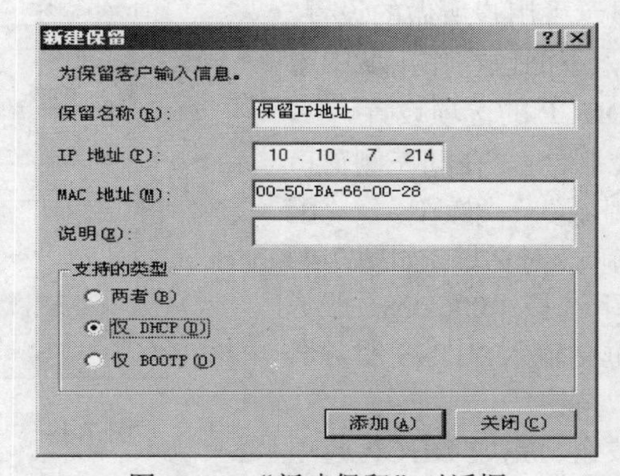

图 7-43 “新建保留”对话框

（4） 在 “IP 地址” 文本框中输入保留给 DHCP 客户端的 IP 地址，如 10.10.7.214。

（5） 在“MAC 地址” 文本框中输入上述 IP 地址要保留给哪一个网卡，如果网卡 MAC 地址未满 12 个字符，则在输入时前面补 0。

提示： 可利用 ipconfig.exe /all 命令查看网卡的 MAC 地址。在 Windows 95/98 计算机中则可利用 winipcfg.exe 命令查看。

（6） 在“保留名称”文本框中输入客户名称，如“DHCP 服务器保留用”。注意此名称只是一般的说明文字，并不是用户账号的名称，但此处不能空白。

（7） 如果需要，在“说明”文本框内输入一些描述此客户的说明性文字。

（8） 单击“添加”按钮，如果需要添加其他特定 IP 地址，则重复（4）～（7），单击“关闭”按钮。

添加完成后，用户可利用“作用域→地址租约”项进行查看，如果客户机使用的仍然是以前的地址，可以进行更新。

提示： 在重新配置 IP 地址信息后，快速更新的方法是先把网卡禁用，再启用。

6. DHCP 选项设置

DHCP 服务器除了可以为 DHCP 客户机提供 IP 地址外，还可以设置 DHCP 客户机启动时的工作环境，如可以设置客户机登录的域名称、DNS 服务器、WINS 服务器、默认网关等。在客户机启动或更新租约时，DHCP 服务器可以自动设置客户机启动后的 TCP/IP 环境。

DHCP 服务器提供了许多的选项类型，但其中只有几项用户非常关心，如：默认网关、域名、DNS、WINS；这些选项在上面添加作用域时用户已经设置过了，在 DHCP 控制台中的作用域中有一项“作用域选项”中显示了用户所做的设置。为了进一步了解选项设置，下面以在作用域中添加 DNS 选项为例，说明 DHCP 的选项设置。

（1） 启动“DHCP 控制台”，在其左侧窗口中展开服务器，选择“作用域”→“操作”→“配置”选项。打开“作用域选项”对话框，如图 7-44 所示，在“常规”选项卡下选择“006DNS 服务器”，在“IP 地址”文本框中输入“DNS 服务器的地址”，再单击“添加”按钮。

（2） 单击“确定”按钮，完成 DHCP 选项配置。

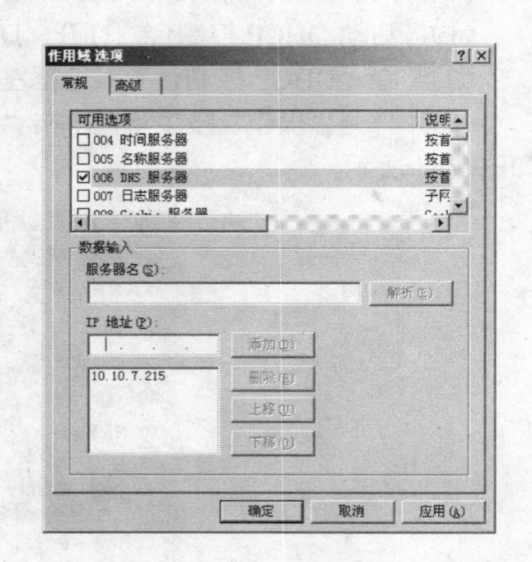

图 7-44 “作用域选项”对话框

7.6 DNS 服务

7.6.1 DNS 概述

DNS（Domain Name Servive，域名服务）是 Internet/Intranet 中最基础也是非常重要的一项服务，它提供了域名到 IP 地址的自动转换。

在 TCP/IP 网络中，主机通信是通过 IP 地址实现的。但是用户更习惯使用主机名（host name），因此只有在主机名和 IP 地址之间建立了映射关系后，才可以通过主机名间接地通过 IP 地址建立网络连接。

主机名与 IP 地址之间的映射关系是通过域名系统 DNS 的分层名字解析方案来实现的。当 DNS 用户提出 IP 地址查询请求时，可以由 DNS 服务器中的数据库提供所需的数据。DNS 技术目前已广泛应用于 Internet 中。

组成 DNS 系统的核心是 DNS 服务器，它是回答域名服务查询的计算机。DNS 服务器保存了包含主机名和相应 IP 地址的数据库。例如，如果客户端提供了域名 www.sina.com.cn，则 DNS 服务器将返回新浪网站的 IP 地址 202.106.184.200。

目前由 INTERNIC 管理全世界的 IP 地址，INTERNIC 下的 DNS 结构可分为多个 Domain，如图 7-45 所示，root domain 下的最高阶域都归 INTERNIC 管理，图中还显示了由 INTERNIC 分配给微软的域名空间。最高阶域可以再细分为次阶域，如“microsoft”，而次阶域又可以分成多级的子阶域，如“products”，最下面一层称为 hostname（主机名称），如“sis”，一般用户使用完整的名称来表示，如“sis.products.microsoft.com”，其排列顺序为“主机→子阶域→次阶域→最高阶域”。

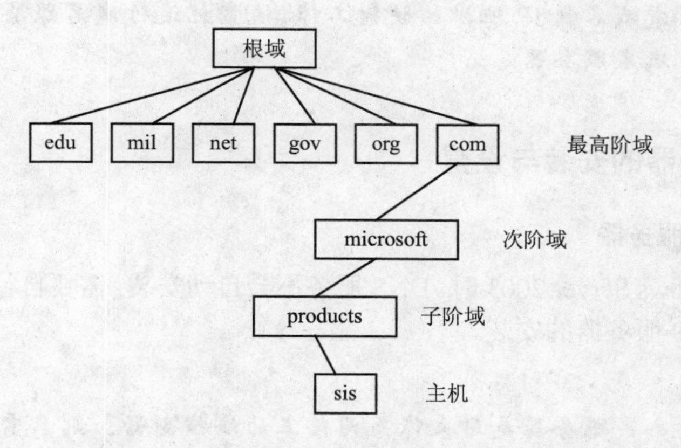

图 7-45　DNS 域名结构图

7.6.2 DNS 解析过程

如图 7-46 所示，DNS 解析过程如下。

（1）　客户机提出域名解析请求，并将该请求发送给本地的域名服务器。

（2）　本地的域名服务器收到请求后，先查询本地的缓存，如果有该记录项，则本地的域名服务器就直接把查询的结果返回给客户机。

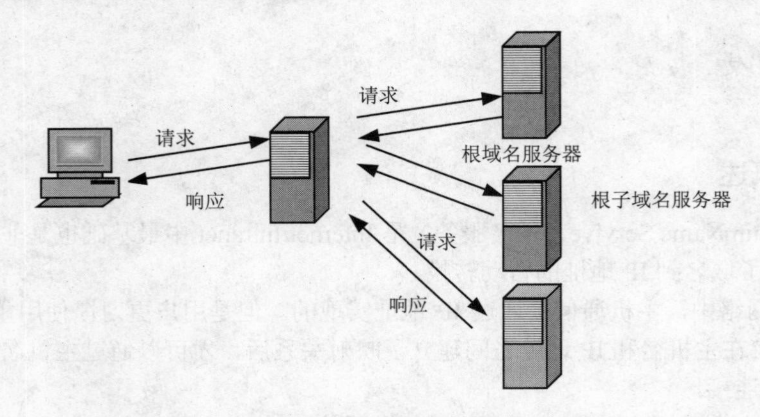

图 7-46　DNS 解析过程

（3）　如果本地的缓存中没有该记录，则本地域名服务器就直接把请求发给根域名服务器，然后根域名服务器再返回给本地域名服务器一个所查询域（根的子域）的主域名服务器的地址。

（4）　本地服务器再向上一步返回的域名服务器发送请求，然后接受请求的服务器查询自己的缓存，如果没有该记录，则返回相关的下级的域名服务器的地址。

（5）　重复（4），直到找到正确的记录。

（6）　本地域名服务器把返回的结果保存到缓存，以备下一次使用，同时还将结果返回给客户机。

提示： 域名服务器实际上是一个服务器软件，它运行在指定的计算机上，完成域名到 IP 地址的映射工作，通常把运行域名服务软件的计算机叫作域名服务器。

7.6.3　DNS 服务器的安装与设置

1.　安装 DNS 服务器

在新安装 Windows Server 2003 时，DNS 服务不会自动安装，需要自行安装 DNS 服务器，安装步骤如同 DHCP 服务器的安装。

提示： 如果服务器是用来作为网络上的域控制器，则只需安装 DNS 服务，如果服务器不是作为域控制器，则安装后必须经过活动目录授权，才能在网络中使用 DNS 服务。

2.　DNS 服务器的设置

（1）　DNS 的启动设置

在 Windows Server 2003 中可以利用下面 3 种方法来启动 DNS 服务。

① 从注册表（Registry）引导

初始化 DNS 服务时从注册表中读取配置参数，DNS 服务默认引导方式。

② 从文件引导

初始化 DNS 服务时从符合 BIND 规格的 bootfile 中读取配置参数，首选必须从其他 BIND 服务器复制一份 bootfile 文件，启动后相关配置参数将保存在注册表中。

③ 从 DNS 引导

初始化 DNS 服务时从 Active Directory 中读取配置参数。

在 DNS 服务器启动后，用户可以看到 DNS 服务所在的计算机已经添加到 DNS 控制台中，其中包括“正向搜索区域、反向搜索区域”目录。

（2） 建立正向标准主要区域

① 打开 DNS 服务器管理工具，选择“开始→程序→管理工具→DNS”选项。

② 在“DNS 控制台”中左侧窗体中选择“服务器”，单击“操作”菜单选择“建新区域”选项，启动“建新区域”向导。

③ 单击“下一步”按钮，在“选择区域类型”对话框中选择“主要区域”选项。

④ 单击“下一步”按钮，选择如何复制区域数据，如图 7-47 所示。

⑤ 单击“下一步”按钮，选择“正向查找区域”选项。

⑥ 单击“下一步”按钮，在“区域名”对话框中输入新区域的域名，如图 7-48 所示。注意只输入到次阶域，而不是连同子域和主机名称都一起输入。

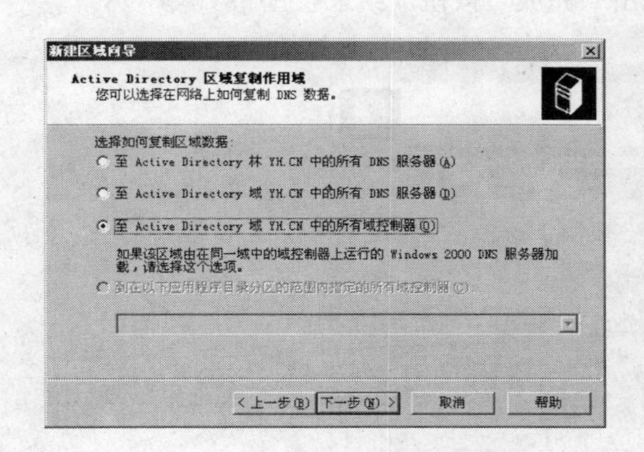

图 7-47 选择如何复制区域数据

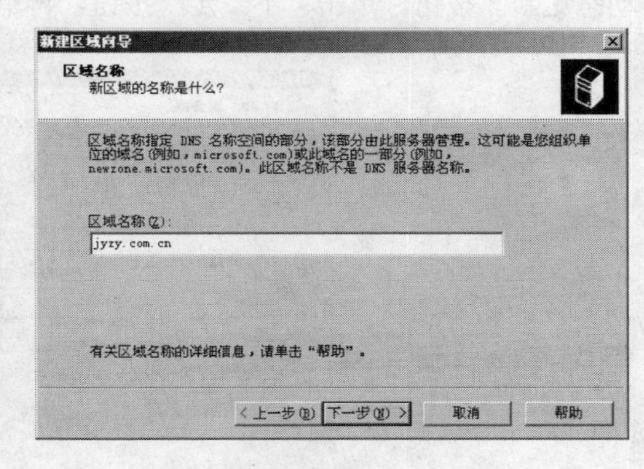

图 7-48 输入新区域的域名

⑦ 在“文件名”对话框中的“新文件”文本框中自动输入了以域名为文件名的 DNS 文件，该文件的默认文件名为 jyzy.com.cn.dns（区域名+.dns），它被保存在文件夹\windows\system32\dns 中。如果要使用区域内已有的区域文件，可先选择“使用此现存文件”一项，然后将该现存的文件复制到/windows/system32/dns 文件夹中。

⑧ 在“动态更新”对话框中，要求指定这个 DNS 区域接受安全、不安全或非动态的更新，由于非安全和安全动态更新会使安全性大大降低，所以一般不建议选择该项。单击“不允许动态更新”按钮。

⑨ 在“完成设置”对话框中显示以上所设置的信息，然后单击“完成”按钮。

（3） 建立辅助区域

辅助区域从其主要区域利用区域转送的方式复制数据，然后将复制过来的所有主机的副本数据保存在辅助区域内部。辅助区域文件是只读的。

① 建立辅助区域与建立正向标准主要区域的前几步相同，直到出现区域类型时才选择“正向查找区域”单选按钮，如图 7-49 所示。

② 单击“下一步”按钮，打开为区域命名的对话框，如图 7-50 所示。此名称最好与主要区域的名称相同。

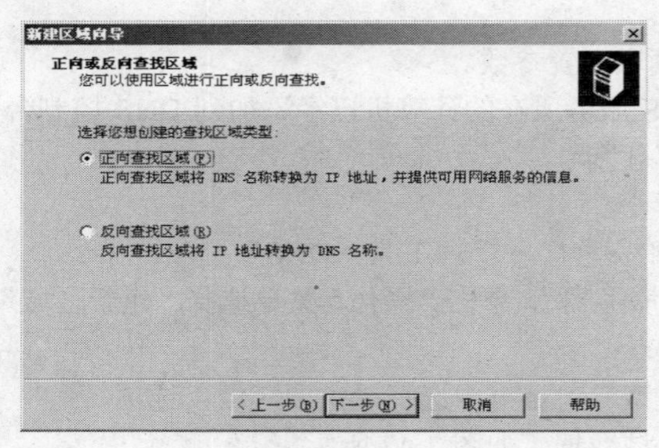

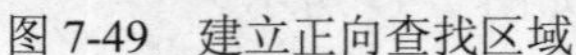
图 7-49　建立正向查找区域

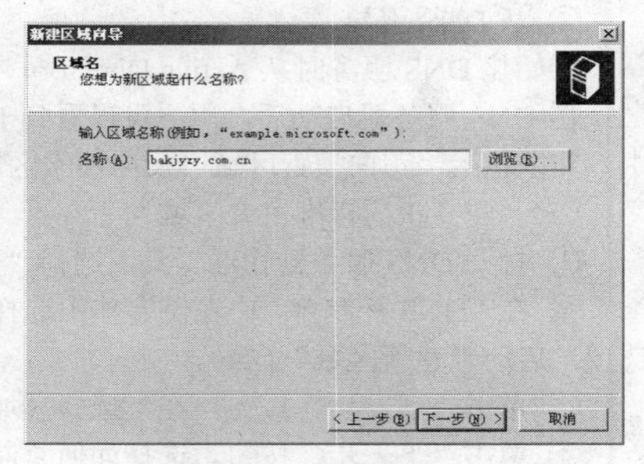

图 7-50　为新区域取名

③ 单击“下一步”按钮，规划 DNS 数据来源的服务器 IP 地址，再单击“添加”按钮，在此一次可以复制多个服务器的数据，如图 7-51 所示。单击“下一步”按钮，单击“不允许动态更新”按钮。单击“下一步”按钮，再单击“完成”按钮，结束设置。

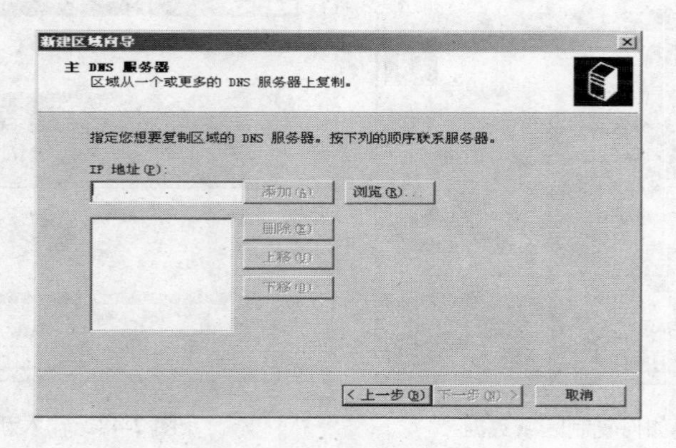

图 7-51　规划 DNS 服务器地址

（4）　删除区域

用鼠标右键单击欲删除的区域名称，在打开的快捷菜单中选择“删除”选项，按“确定”按钮会将该区域从 DNS 服务器中删除。

（5）　建立反向搜索区域

建立反向搜索区域后可以让 DNS 客户端使用 IP 地址来查询主机名称。在 Windows Server 2003 中 DNS 分布式数据库是以名称为索引而不是以 IP 地址为索引的。

① 建立一个反向搜索区域与建立正向搜索区域一样，用鼠标右键单击“反向搜索区域”选项，在打开的快捷菜单中选择“新建区域”选项，打开“新建区域向导”对话框，单击“下一步”按钮，然后选择“主要区域”选项，再单击“下一步”按钮，打开如图 7-52 所示的“反向搜索区域”对话框。在“网络 ID”文本框中以 DNS 服务器所使用的 IP 地址前三段码的相

反顺序来设置反向搜索区域。

② 单击“下一步”按钮，打开如图 7-53 所示的设置区域名的对话框。

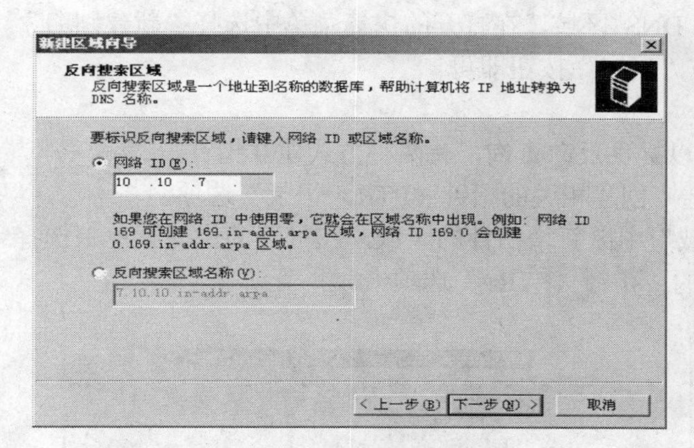

图 7-52 “反向搜索区域”对话框

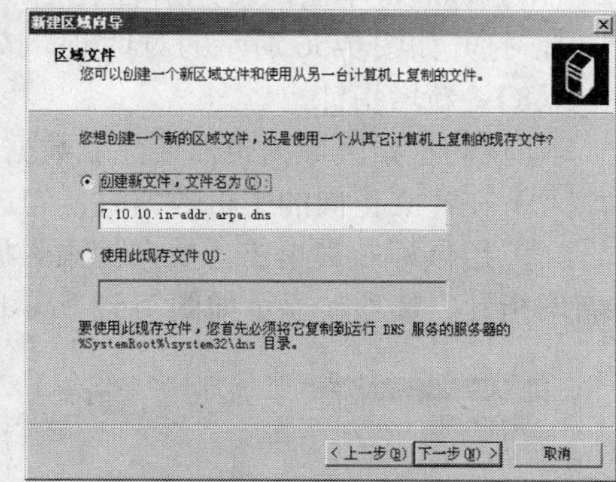

图 7-53 设置区域名

（6） 新建主机记录

如果将主机相关数据新增到 DNS 服务器的区域后，DNS 客户端就可以通过该服务器的服务来查询 IP 地址。

① 用鼠标右键单击欲新增记录的域名，在打开的快捷菜单中选择“新建主机”选项，打开如图 7-54 所示的“新建主机”对话框。

② 在“名称”栏上填写新增主机记录的名称，但不需要填上整个域名，如要新增 www 名称，只要填上 www 即可而不是填上 www.jyzy.com.cn。在“IP 地址”栏中填入欲新建名称的实际 IP 地址。如果 IP 地址与 DNS 服务器在同一个子网掩码下，并且有反向搜索区域，则可以选择“创建相关的指针（PTR）记录”，这样会在反向搜索区域自动添加一个搜索记录。

③ 单击“添加主机”按钮来完成新建主机。完成后如图 7-55 所示。

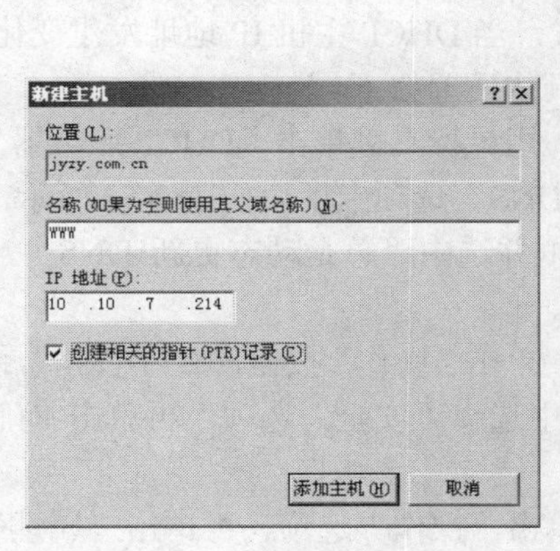

图 7-54 “新建主机”对话框

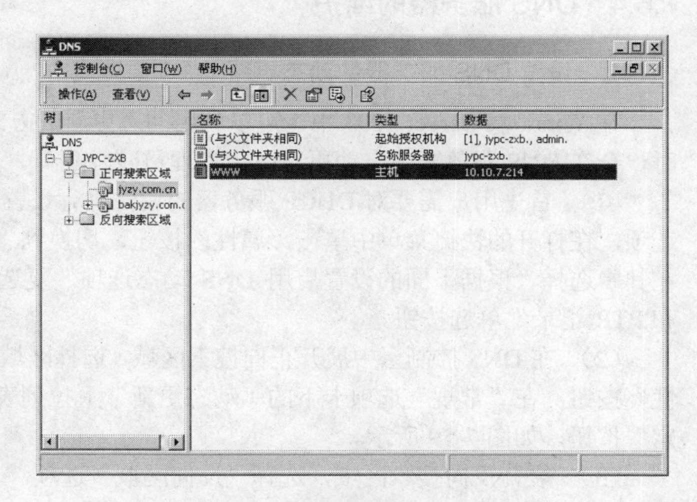

图 7-55 添加主机记录完成

（7） 添加主机别名

如果想要让一台主机拥有多个主机名称时，可以为该主机设置别名。例如，一台主机当作 Web 服务器时其 DNS 域名为 www.jyzy.com.cn，而当作 FTP 服务器时其 DNS 域名为 ftp.jyzy.com.cn，但这都是同一 IP 地址的主机。

用鼠标右键单击欲新建别名主机的 DNS 区域，在打开的快捷菜单中选择“新建别名”选项，打开如图 7-56 所示的对话框，按“确定”按钮即可。

（8） 新增指针

在反向搜索区域内也需要建立数据以提供反向查询，有两种方式建立指针。

① 在建立正向的主机数据时，勾选“创建相关的指针（PTR）记录”选项。

② 用鼠标右键单击“反向搜索区域”中欲新增指针的区域，在打开的快捷菜单中选择“新增指针”选项，显示如图 7-57 所示的“指针（PTR）”选项卡。

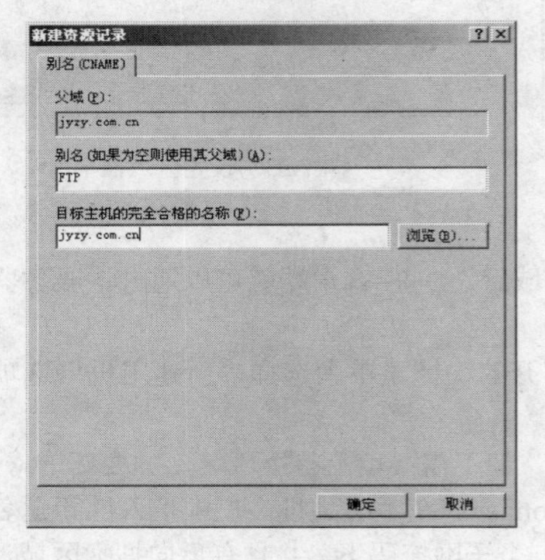

图 7-56 添加主机别名

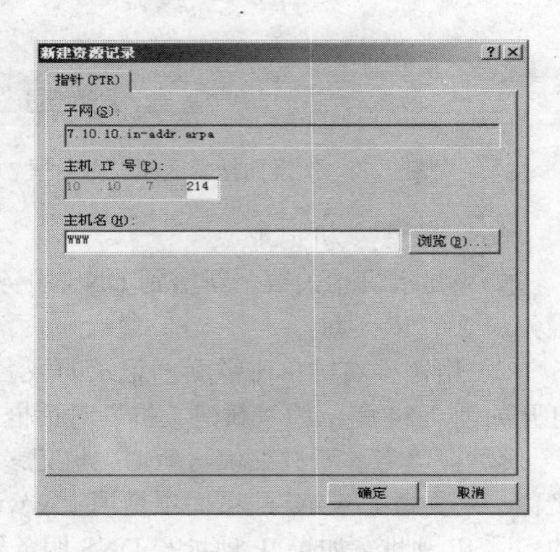

图 7-57 “指针（PTR）”选项卡

7.6.4 DNS 服务器的维护

1. 设置 DNS 服务器的动态更新

在 Windows Server 2003 中，可以利用动态更新的方式，当 DHCP 主机 IP 地址发生变化时，会在 DNS 服务器中自动更新，为管理员减轻负荷。具体设置如下。

（1） 首先用户需要对 DHCP 服务器的属性进行设置，用鼠标右键单击“DHCP 服务器”选项，在打开的快捷菜单中单击“属性”按钮，切换到“DNS”选项卡下，如图 7-58 所示，在其中选择“根据下面的设置启用 DNS 动态选项”复选框并选中“总是动态更新 DNS A 和 PTR 记录”单选按钮。

（2） 在 DNS 控制台中展开正向搜索区域，选择区域，单击“操作”按钮，然后单击“属性”按钮，在“常规”选项卡下的“动态更新”下拉列表中选择“安全”选项，再单击“确定”按钮，如图 7-59 所示。

（3） 展开反向搜索区域，选择“反向区域”选项，单击“操作”选项，再单击“属性”选项，并在“常规”选项卡下选择“允许更新”选项。

这样设置后在客户信息改变时，它在 DNS 服务器中的信息也会自动更新。

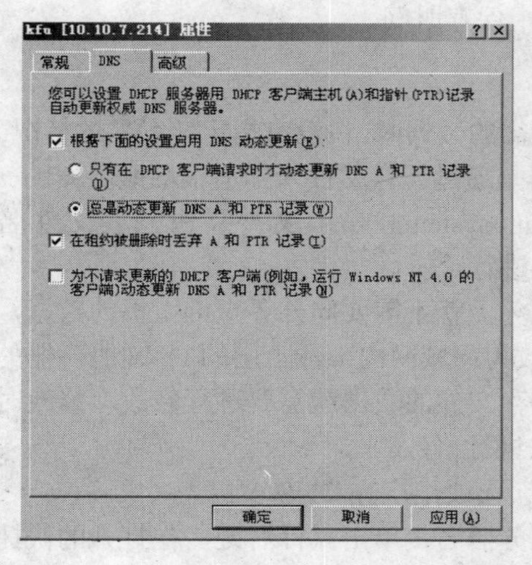

图 7-58 “DNS”选项卡

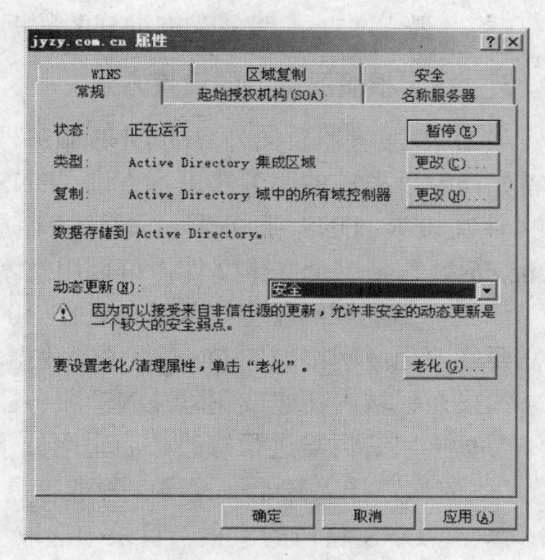

图 7-59 “常规”选项卡

2. 启动授权 SOA 的设置

SOA（Start Of Authority）是用来识别域名中由哪一个命名服务器负责信息授权的。在区域数据库文件中，第一条记录必须是 SOA 的设置数据。SOA 的设置数据影响名称服务器的数据保留与更新策略。切换到“起始授权机构（SOA）”选项卡，如图 7-60 所示。

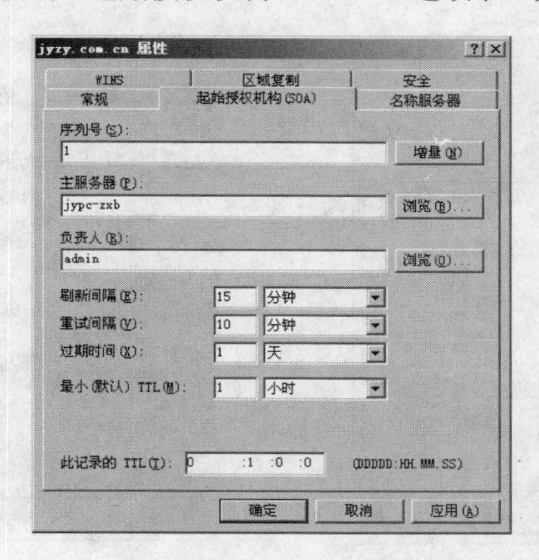

图 7-60 “起始授权机构（SOA）”选项卡

（1） 序列号：当执行区域传输时，首先检查序列号，只有当主服务器的序列号比辅助服务器的序列号大的时候（表示辅助服务器中的数据已过时），复制操作才会执行。

（2） 刷新间隔：设置辅助服务器隔多长时间需要检查其数据，执行区域传输。

（3） 重试间隔：当在刷新间隔到期时辅助服务器无法与主服务器通信，需等多长时间再重试。

（4） 过期间隔：如果辅助服务器一直无法与主服务器建立通信，在此时间间隔后辅助服务器不再执行查询服务，因为其包含的数据可能是错误的。

（5） 最小 TTL：服务器查询到的数据在缓存中保存时间。

3. 指定根域服务器的设置方法

当 DNS 服务器要向外界的 DNS 服务器查询所需的数据时，在没有指定转发器的情况下，它首先向位于根域的服务器进行查询。DNS 服务器是通过缓存文件来知道根域服务器的。缓存文件在安装 DNS 服务器时就已经存放在\winnt\system32\dns 文件夹内，其文件名为 cache.dns。它是一个文本文件，可以用文本编辑器进行编辑。

如果一个局域网没有接入 Internet，其 DNS 服务器就不需要向外界查询主机的数据，这时需要修改局域网根域的 DNS 服务器数据，将其改为局域网内部最上层的 DNS 服务器的数据。如果在根域内新建或删除 DNS 服务器，则缓存文件的数据就需要进行修改。修改时建议不要直接用编辑器进行修改，而采用如下的方法进行修改。

① 依次选择“开始→程序→管理工具→DNS”选项，打开 DNS 窗口。

② 在 DNS 窗口的“根”目录中选取 DNS 服务器名，单击鼠标右键，在打开的快捷菜单中选择“属性”选项，然后在打开的对话框中选择“根提示”选项卡，打开如图 7-61 所示的对话框。在该对话框的列表中列出了根域中已有的 DNS 服务器及其 IP 地址，用户可以单击“添加”按钮添加新的 DNS 服务器。

③ 单击“确定”按钮，完成设置。

客户机的 DNS 设置是在“Internet 协议（TCP/IP）属性”对话框中进行的，设置界面如图 7-62 所示。

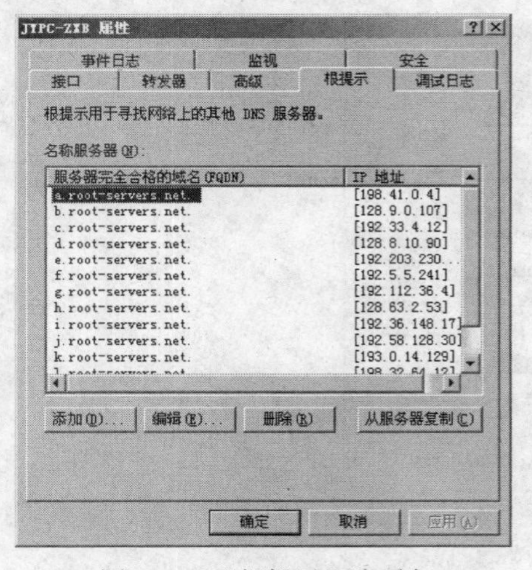

图 7-61 “根提示”选项卡

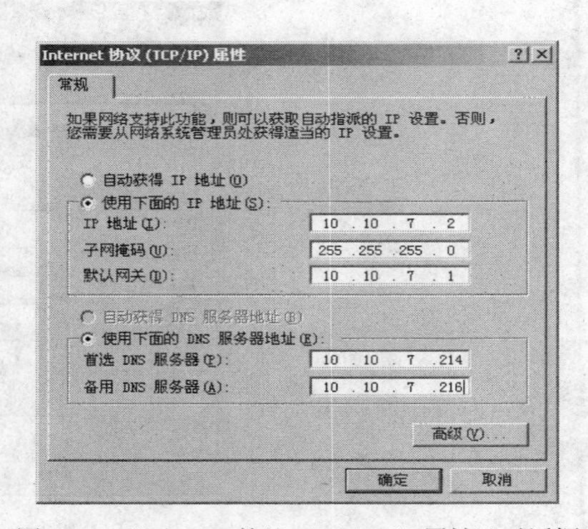

图 7-62 “Internet 协议（TCP/IP）属性”对话框

7.7 IIS 简介

IIS 是 Internet Information Service 的缩写，是微软内置在 Windows Server 2003、Windows 2000 Server 与 Windows NT 网络操作系统中的文件和应用服务器。其中 IIS 6.0 是微软最新版本的 Web 服务器，它是启用了 Web 应用程序和 XML Web 服务的全功能 Web 服务器。IIS 6.0 支持标准的信息协议，提供了 Internet 服务器应用程序编程接口（ISAPI）和公共网关接口

（CGI），完全支持 Microsoft Visual Basic 编程系统、VBScript、Microsoft Jscript 开发软件和 Java 组件，为 Internet、Intranet 和 Extranet 网站提供服务器解决方案。IIS 6.0 集成了安装向导、集成的安全性和身份验证应用程序、Web 发布工具和对其他基于 Web 的应用程序的支持等附加特性，利用 Windows 中 NTFS 文件系统内置的安全性来保证 IIS 的安全，从而提高 Internet 的整体性能。

7.7.1 IIS 6.0 核心组件

IIS 6.0 提供了许多组件，其中一些组件是和相关的服务及工具绑在一起的。IIS 6.0 主要有以下核心组件。

（1） Internet 信息服务器（Internet Information Service）

Internet 信息服务器是一个操作平台，是 IIS 6.0 的管理工具。它提供了许多组件来完成它的核心功能，这些组件可应用于 Internet/Intranet 上的信息的发布服务。

（2） Web 服务（WWW Service）

Web 服务的英文全称是 World Wide Web，简写为“WWW”，它的功能就是管理和维护网站、网页，并回复基于浏览器的请求。通过 Internet 信息服务器 ISAPI 应用程序接口、ASP、工业标准的 CGI 脚本及内置的对数据库连接的支持，可以创建各种各样的 Internet 应用程序。

（3） FTP 服务（FTP Service）

FTP 服务的全称是 File Transport Protocol（文件传输协议），是 Internet 上出现最早，使用最为广泛的一种服务。它通过在文件服务器和客户端之间建立起双重连接（控制连接和数据连接），实现在服务器和客户端之间的文件传输，包括从服务器下载和上传到服务器。

（4） SMTP 服务（SMTP Service）

微软的 SMTP 服务是使用 Simple Mail Transport Protocol（简单邮件传输协议）来收发电子邮件的服务，它为 IIS 6.0 网站提供基本邮件功能。SMTP 服务不支持 POP3（个人信箱）和 ICMP 协议。

（5） NNTP 服务（NNTP Service）

使用微软的 NNTP 服务，用户可以通过 Network News Transport Protocol（网络新闻传输协议）来访问新闻组，它给 IIS 6.0 布局增添新闻组功能。

（6） 索引服务器（Index Server）

微软索引服务器可以通过读取 IIS 6.0 布局的内容索引信息，使得用户可以查询 IIS 6.0 的内容，并返回到能找到所有信息查询结果的地方。

（7） 认证服务器（Certificate Server）

有了微软的认证服务器，IIS 6.0 布局就可以发行和管理一种用于提高安全性的设备数字证书。有了数字证书，Web 网站就可以得到安全保证，也就是说用户看到的网站和文档是可信的，同样用户的身份也是可信的，这就保证了安全性。

7.7.2 IIS 6.0 的安装

在 Windows Server 2003 中，IIS 6.0 已经完全成为操作系统的一个有机组成部分，如果在安装 Windows Server 2003 时没有选择安装 IIS，也可以单独添加。在 Windows Server 2003 中添加 IIS 的方法如下。

（1） 在“控制面板”中选择“添加/删除程序”选项，打开“添加/删除程序”对话框。

（2） 单击“添加/删除 Windows 组件”链接，再单击“组件”按钮，打开“Windows 组件向导”对话框，选择“应用程序服务器”组件，然后单击“详细信息”按钮，选中“Internet 信息服务 IIS”，可以对 FTP 服务、SMTP 服务、NNTP 等服务进行设置，还可以启用 Active Server Pages （ASP）功能。

（3） 单击“下一步”按钮，从 Windows Server 2003 安装光盘中复制所需文件。

（4） 重新启动计算机，完成 IIS 安装。

7.7.3 Internet 服务管理器

在 Windows Server 2003 中，依次选择“开始→程序→管理工具→Internet 服务管理器”选项，打开如图 7-63 所示的窗口，称为 Internet 信息服务（IIS）管理器，简写为 ISM。这是一个标准的 MMC（微软管理控制台）界面。MMC 是微软专门为各种管理工具开发的一个统一的操作环境。

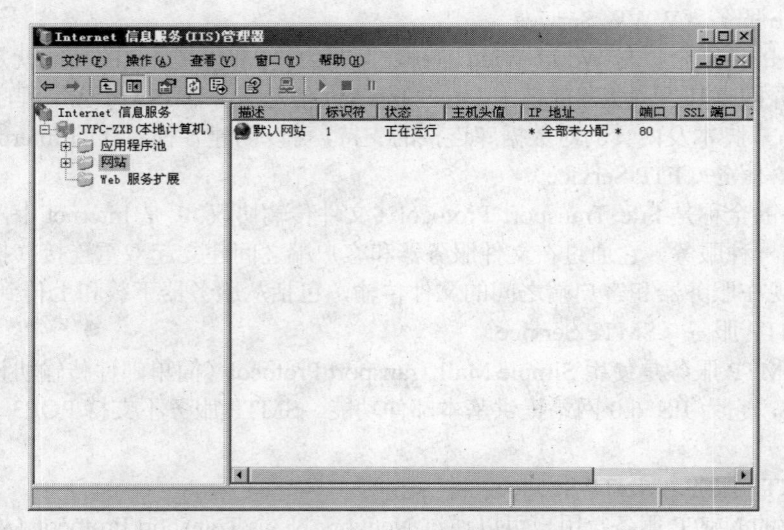

图 7-63 Internet 信息服务管理器

7.8 Web 服务器

Web 服务的实现采用客户端/服务器模型，信息提供者为服务器，信息的需要者或获取者称为客户端。作为服务器的计算机中安装有 Web 服务器端程序，并且保存大量的公用信息，随时等待用户的访问。作为客户的计算机中则安装 Web 客户端程序，即 Web 浏览器（如 IE），可通过局域网或 Internet 从 Web 服务器中浏览或获取信息。

Web 服务器响应 Web 请求大致分为 3 个步骤。

（1） Web 浏览器向一个特定的服务器发出 Web 页面请求。

（2） Web 服务器接收到 Web 页面请求后，寻找所请求的 Web 页面，并将所请求的 Web 页面传送给 Web 浏览器。

（3） Web 浏览器接收到所请求的 Web 页面，并将其显示出来。

7.8.1 Web 网站配置

在安装 Windows Server 2003 时，默认已安装了 Web 服务，只需将欲发布的 Web 文件复制到 C:\inetpub\wwwroot 文件夹中，并将主页的文件名设置为 default.htm 或 default.asp 即可通过 Web 浏览器访问该 Web 服务器。

Web 网站的管理依赖于对网站属性的配置，这些配置是在属性对话框中进行的。IIS 管理控制树中的任何节点都拥有自己的属性对话框，例如计算机、网站、虚拟目录、文件，可以在属性对话框中分别配置其属性。属性对话框的打开方法是用鼠标右键单击 IIS 管理控制树的相应节点，在打开的快捷菜单上单击“属性”选项即可打开属性对话框。

在 IIS 管理控制树中，使用鼠标右键单击计算机图标，在打开的快捷菜单中单击“属性”选项，打开如图 7-64 所示的计算机属性对话框，即主属性对话框。

该属性对话框有“Internet 信息服务”选项卡，可以分别设置直接编辑配置数据库和 UTF-8 日志、MIME 类型等属性，对属性进行更改之后，先单击“应用”按钮再单击“确定”按钮使之生效。

在 IIS 管理控制树中用鼠标右键单击“网站”节点，从打开的快捷菜单中选项“属性”选项，打开“网站 属性”对话框。如图 7-65 所示，由 9 个选项卡组成，可以对 Web 网站各个方面的属性进行配置。

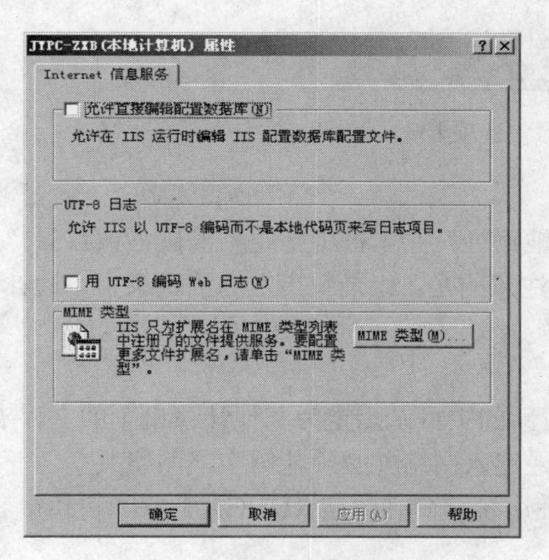

图 7-64 计算机属性对话框

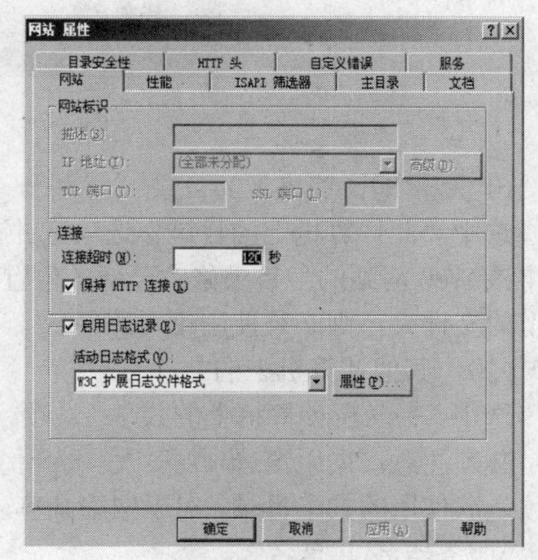

图 7-65 “网站 属性”对话框

提示：“服务”选项卡只有在“网站 属性”中才有，而在“默认网站 属性”中则没有。另外，有些选项卡中的项目在某个网站属性对话框中是没有或不可选择的。

1. 配置主目录和内容权限

所谓主目录就是指保存 Web 网站的文件夹，当用户向该网站发送请求时，Web 服务器将自动从该文件夹中调取相应的文件显示给用户。在很多时候，当网站中的文件较多时，特别是网站中包含有大量的多媒体文件或程序文件时，由于受到磁盘容量的限制，不可能将网站文件都保存在默认的 C:\inetpub\wwwroot 文件夹中，而可以保存在其他位置，此时就必须修改主目录的默认值，将主目录定位到相应的磁盘或文件夹。

在“默认网站 属性”对话框中选择“主目录”选项卡，如图 7-66 所示，在该选项卡中能够对网站主目录、文件及应用程序权限进行设置。主目录可以指定为本地计算机的文件夹，其他计算机中的共享文件夹或其他远程主机的 URL。

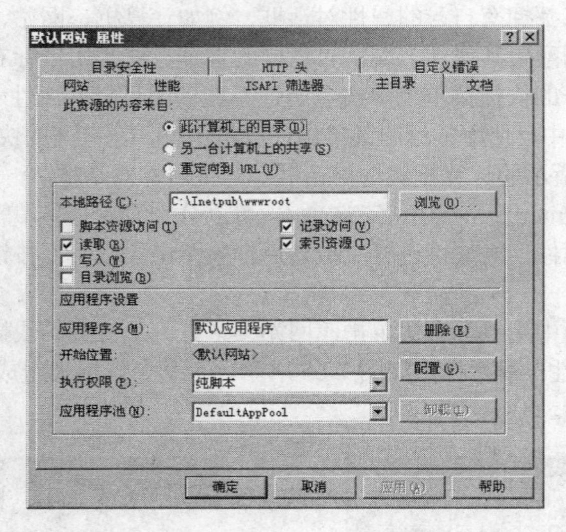

图 7-66 “主目录”选项卡

（1） 本地计算机上的目录

选中“此计算机上的目录”选项，并在“本地路径”文本框中指定新的磁盘或目录，即可将该 Web 网站的主目录修改至新的位置。需要注意的是，如果新指定的主目录为本地计算机上的文件夹，则必须使用绝对路径。

（2） 其他计算机上的共享目录

选中“另一台计算机上的共享”选项，可以将新的主目录指定为其他计算机上的文件夹。但是必须注意，采用该选项时，另一台计算机已经连入网络并必须能够实现网络共享，而且必须是欲使用的共享目录。对于网络共享，必须使用统一命名约定（UNC）服务器和共享名，即“\\服务器名\共享名”。

（3） 重定向到 URL

选中“重定向 URL”选项，可以将新的主目录指定到其他的 URL。当浏览器访问该网站时，将自动指向“重定向到”文本框所提供的目标 URL，以便浏览器跳转到指定的 Web 页。

（4） 对主目录的访问控制

当将主目录指定为“此计算机上的目录”或“另一台计算机上的共享”时，可控制用户对主目录的访问权限。用户对主目录的访问权限主要有以下几种。

① 脚本资源访问：若允许用户访问已经设置了“读取”或“写入”权限的资源代码，请选中该选项。资源代码包括 ASP 应用程序中的脚本。

② 读取：若允许用户读取或下载文件（目录）及其相关属性，请选中该项。

③ 写入：若允许用户将文件及其相关属性上传到服务器上已启用的目录中，或者更改可写文件的内容，请选中该选项。“写入”操作只能在支持 http1.1 协议标准的浏览器中进行。

提示： 只有选中“读取”或“写入”权限时才可以设置“脚本资源访问”权限。

④ 目录浏览：若允许用户查看该虚拟目录中文件和子目录的超文本列表，请选中该选项。需要注意的是，虚拟目录不会显示在目录列表中，因此，如果用户欲访问虚拟目录，必须知道虚拟目录的别名。如果不选择该选项，用户试图访问文件或目录并没有指定访问其中的某个文件时，将在用户 Web 浏览中显示“禁止访问”错误消息。如果选中该选项，那么，当用户直接访问该 Web 网站中的某一目录时，将显示该路径中的所有文件和目录结构。因此为了安全起见，建议不选择该选项。

⑤ 记录访问：若在日志文件中记录对该目录的访问，请选中该选项。只有启用该 Web 网站的日志记录才会记录访问。

⑥ 索引资源：若允许 Microsoft Indexing Services 将该目录包含在 Web 网站的全文本索引中，请选中该选项。

（5） 应用程序设置

IIS“应用程序”是在 Web 网站定义的一组目录中可执行的任何文件。当创建一个应用程序时，在 Web 网站上使用 Internet 信息服务管理单元指定应用程序的“起点目录”（也称为“应用程序根”）。Web 网站起点目录下的每个文件和目录均被认为是应用程序的一部分，直至找到另一个起点目录。因此可以使用目录边界来定义应用程序的范围。

① 开始位置：在每个 Web 网站上可以有多个应用程序。当安装 Internet 信息服务时所创建的默认 Web 网站是应用程序的起点。Internet 信息服务支持 ASP、ISAPI、CGI、IDC 和 SSI 应用程序。应用程序可以共享应用程序文件中的信息。

② 执行权限：此项权限可以决定对该网站或虚拟目录资源进行何种级别的程序执行，分为无、纯脚本、脚本和可执行程序 3 种权限。

- 无：允许访问静态文件，如 HTML 或图像文件。
- 纯脚本：允许运行脚本，如 ASP 脚本。
- 脚本和可执行程序：可以访问或执行所有文件类型。

在如图 7-66 所示的对话框中单击“配置”按钮，将会显示“应用程序配置”对话框，如图 7-67 所示。通过调整与在服务器上运行的 Web 应用程序相关的几个设置，从而调整服务器的性能。平时注意留意、记录一些使用情况方面的数据，如请求数量和花费的时间，将有助于决定如何进行调整。

③ “映射”选项卡：使用“映射”选项卡中的选项可以将文件扩展名映射到处理这些文件的程序或解释器。映射的应用程序包括 ASP（Active Server Pages）应用程序、IDC（Internet Database Connector）应用程序及使用服务器端包含指令的文件。例如，当 Web 服务器收到扩展名为.asp 的页面请求时，将通过应用程序映射决定调用可执行文件 asp.dll 来处理页面。

④ “选项”选项卡。在该选项卡下可以设置和控制 ASP 页在选定应用程序中的运行方

式，如图 7-68 所示。

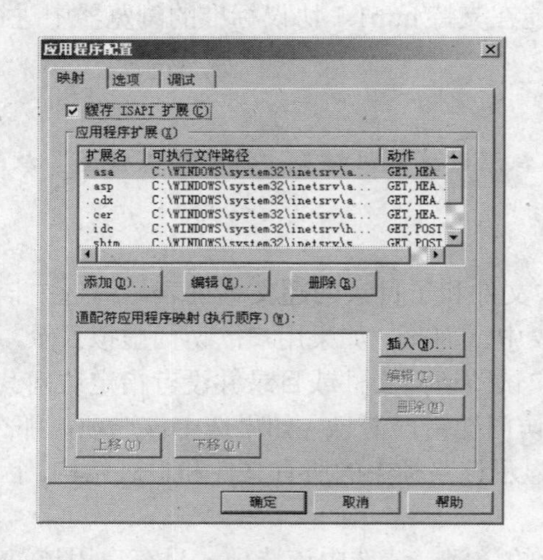

图 7-67 “应用程序配置”对话框

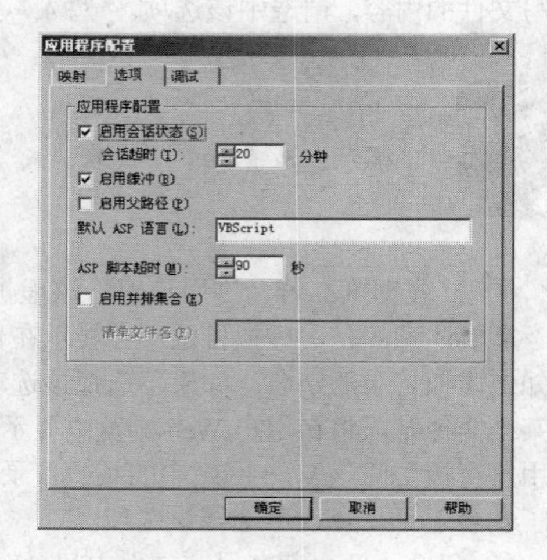

图 7-68 “选项”选项卡

⑤“调试”选项卡：可以设置在选定应用程序中运行的 ASP 页面的调试选项，如图 7-69 所示。

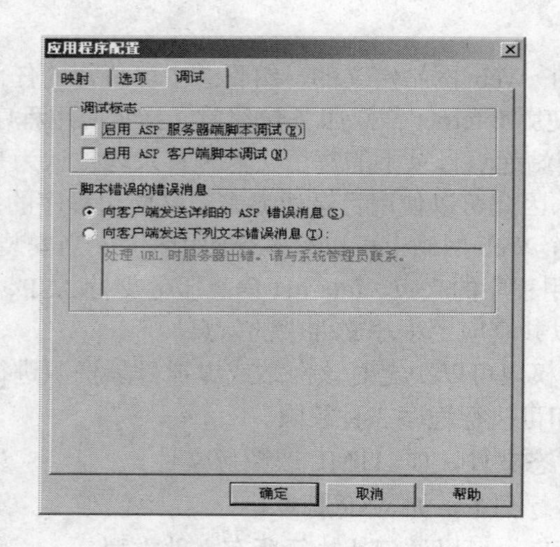

图 7-69 “调试”选项卡

（6） 应用程序保护

IIS 6.0 提供 3 种级别的应用程序保护，即与 Web 服务在同一进程中运行（低）、与其他应用程序在独立的共用进程中运行（中）、或者在与其他进程不同的独立进程中运行（高）。

2. 设置默认文档

所谓默认文档，是指在 Web 浏览器中键入 Web 网站的 IP 地址或域名即可显示出来 Web 页面，也就是通常所说的主页（HomePage）。IIS 6.0 默认的主页文档文件名为 default.htm、default.asp、index.htmt 和 iisstart.htm。如果 Web 网站无法找到这四个文件中的任何一个，那么，将在 Web 浏览器上显示“该页无法显示”的提示。默认文档既可以是一个，也可以是多个。当设置多个默认文档时，IIS 将按照排列的前后顺序依次调用这些文档。当第一个文档存在时，将直接把它显示在用户的浏览器上，而不再调用后面的文档；当第一个文档不存在时，则将第二个文件显示给用户，依此类推。

默认文档的添加、删除及更改顺序，都可以在“属性”对话框“文档”选项卡中完成。

（1） 添加默认文档文件名

① 在“文档”选项卡下，单击“添加”按钮，打开“添加内容页”对话框，如图 7-70 所示。

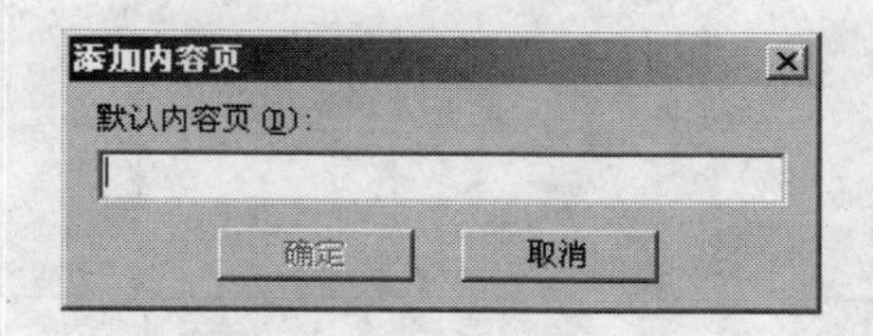

图 7-70 “添加内容页”对话框

② 输入自定义的默认文档文件名，如 index.htm，单击“确定”按钮。

③ 在默认文档列表中选中刚刚添加的文件名，单击“↓”或“↑”箭头调整其显示的优先级。文档在列表中的位置越靠上意味着其优先级越高。

④ 重复①至③步，可添加多个默认文档。单击“确定”按钮。

（2） 删除默认文档名

在默认文档列表中选中欲删除的文件名，然后单击“删除”按钮，即可将之删除。

（3） 调整文件名的位置

在默认文档列表中选中欲调整位置的文件名，单击“↓”或“↑”箭头即可调整其先后顺序。若欲将该文件名作为网站首选的默认文档，需将之调整至顶端。

（4） 启用文档页脚

“文档”选项卡中不仅能够指定默认主页，还能配置文档页脚。所谓文档页脚，又称 footer，是一种特殊的 HTML 文件，用于使网站中全部的网页上都出现相同的标记，大公司通常使用文档页脚将公司标徽添加到其网站全部网页的上部或下部，以增加网站的整体感。

为了使用文档页脚，首先要选择“文档”选项卡中的“启用文档页脚”复选框，然后单击“浏览”按钮指定页脚文件，文档页脚文件通常是一个.htm 格式的文件。

3. 访问安全与用户验证

当 Web 网站中的信息非常敏感，只允许那些具有特殊权限的人浏览时，数据的加密传输和用户的授权就会成为网络安全的重要组成部分。需要注意的是，Web 网站的用户授权是建立在 Windows Server 2003 用户基础之上的，也就是说，除了匿名访问用户外，Web 网站不会也无法自己设立新的账号。

加密传输和用户授权均可在“默认 Web 站点属性”对话框的“目录安全性”选项卡下完成，如图 7-71 所示。

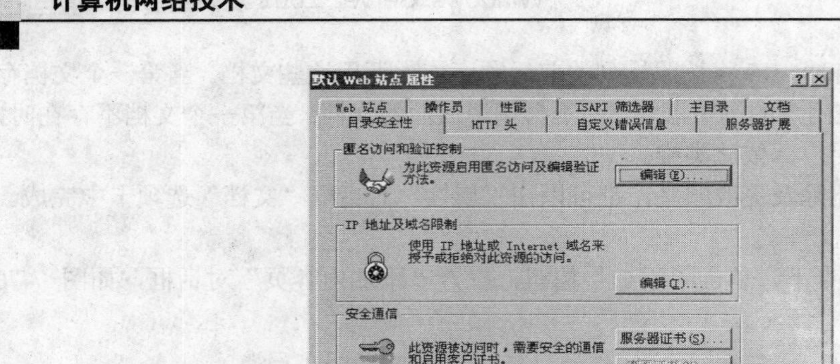

图 7-71 “目录安全性”选项卡

（1） 匿名验证

匿名访问其实也是要通过验证的，称为匿名验证。匿名验证使用户无需键入用户名或密码便可以访问 Web 网站的公共区域。当用户试图连接到公共 Web 网站时，Web 服务器将分配给用户一个名为 IUSR_computername（computername 是运行 IIS 的服务器名称）的 Windows 用户账户。

① 匿名验证的实现：默认情况下 IUSR_computername 账户包含在 Windows 用户组 Guests 中，该组具有安全限制，并指出了访问级别和可用于公共用户的内容类型。

如果服务器上有多个网站，或者网站上的区域要求不同的访问权限时，就可以创建多个匿名账户，分别用于 Web 或 FTP 网站、目录或文件。通过赋予这些账户不同的访问权限，或者将这些账户分配到不同的 Web 用户组，便可准许用户对公共 Web 和 FTP 内容的不同区域进行匿名访问。

IIS 以下列方式使用 IUSR_computername 账户。

- USR_computername 账户将添加到计算机上的 Guests 组。
- 收到请求时，IIS 执行代码或模拟 IUSR_computername 账户。IIS 可以模拟 IUSR_computername 账户，因为 IIS 知道该账户的用户名和密码。
- 在将页面返回到客户端之前，IIS 检查 NTFS 文件和目录权限，查看是否允许 IUSR_computername 账户访问该文件。
- 如果允许访问，验证完成后用户便可以得到这些资源。
- 如果不允许访问，IIS 将尝试使用其他验证方法。如果没有作出任何选择，IIS 则向浏览器返回“HTTP 403 访问被拒绝”的错误消息。

提示： *当启用匿名验证后，即使还启用了其他验证方法，IIS 也将首先使用匿名验证进行验证。*

② 更改用于匿名验证的账户：无论是在 Web 服务器的服务级，还是单独的虚拟目录和文件级，如果需要，可以更改用于匿名验证的账户。不过，修改后的匿名账户必须具有本地登录的用户权限，否则 IIS 将无法为任何匿名请求提供服务。需要注意的是，IIS 在安装时特别授予 IUSR_computername 账户“本地登录”权限。不过，在默认情况下，不为域控制器上的 IUSR_computername 账户授予 Guests 权限。因此，要允许匿名登录，必须更改为“本地登录”。

另外，也可以通过使用 MMC 的组策略管理器更改 Windows 中的 IUSR_computername 账户。但是，如果匿名用户账户不具有特定文件或资源的访问权限时，Web 服务器将拒绝建立与该资源的匿名连接。更改用于匿名验证的 Windows 账户的操作如下。

在“匿名访问和验证控制”栏中单击“编辑”按钮，显示“身份验证方法”对话框，如图 7-72 所示。

选择“启用匿名访问”复选框，单击“浏览”按钮，显示“选择用户”对话框，如图 7-73 所示。在该对话框中选择欲对应于匿名验证的 Windows 用户。

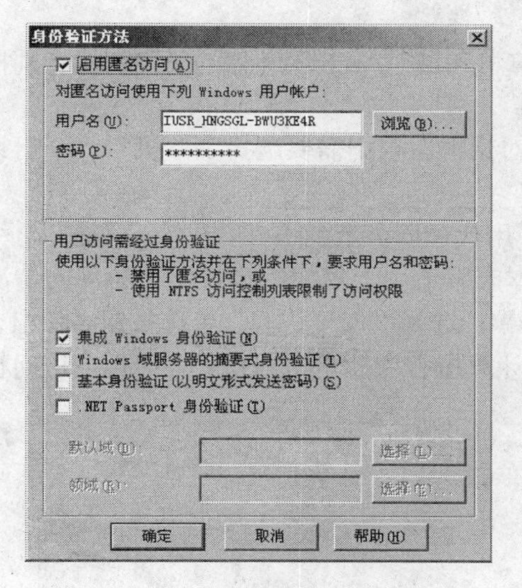

图 7-72 “身份验证方法”对话框

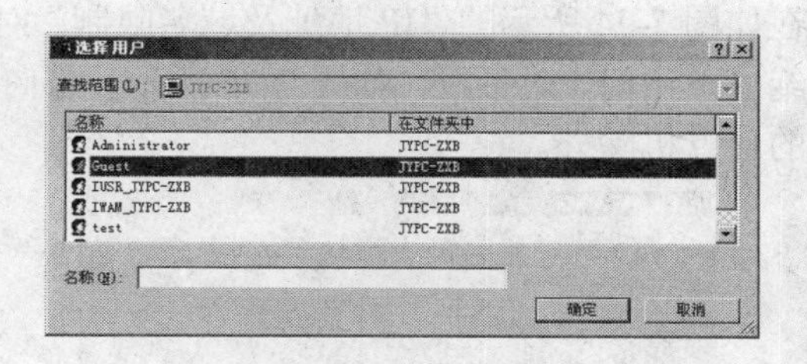

图 7-73 “选择用户”对话框

提示： 由于其他用户的权限往往较高，因此，建议不要修改用于匿名验证的 Windows 用户，以免增加对系统安全的威胁。

（2） 用户访问需要经过身份验证

① “集成 Windows 身份验证”复选框，当匿名访问被禁用时，IIS 将使用集成的 Windows 身份验证。该权限要求用户在与受限的内容建立连接之前，提供 Windows 用户名和密码。

② “Windows 域服务器的摘要式身份验证”复选框，将使用活动目录进行用户身份验证。该身份验证方式在网络上将发送哈希值而不是文明密码，并可以越过代理服务器和其他防火墙。

③ “基本身份验证（文明形式来发送密码）”复选框，系统将以文明方式通过网络发送

密码。但是由于用户名和密码并没有加密，因此可能存在安全性风险。

④“NET Passport 身份验证”复选框，将启用网站上的 NET Passport 身份验证服务，并在“默认域”框中键入用于用户身份验证控制的 Windows 域。

（3） IP 地址及域名限制

IP 地址及域名限制是指通过适当的配置，允许或拒绝特定计算机、计算机组或域访问 Web 网站、目录或文件。例如，可以防止 Internet 用户访问 Web 服务器，方法是仅授予 Intranet 成员访问权限而明确拒绝外部用户的访问。

当设置 Web 网站的安全属性时，系统自动为属于该网站的目录和文件设置同样的安全属性，除非某些单独目录和文件已经提前设置好了安全属性。

① 授予计算机（或组）域访问权限：该方案适用于仅授予少量用户以访问权限的情况。若欲授予大量用户访问权限，而只是阻止少量用户对该 Web 网站的访问，请使用“拒绝计算机、计算机组或域访问权限”中的设置。

在“IP 地址及域名限制”栏中单击“编辑”按钮，显示“IP 地址及域名限制”对话框，如图 7-74 所示。

选择“拒绝访问”单选按钮，将拒绝所有计算机和域对 Web 服务器的访问，但特别授予访问权限的计算机除外。

单击“添加”按钮，打开“授予以下访问”对话框。根据需要选择“单机”、“一组计算机”或“域名”选项。

通过代理服务器访问 Web 服务器的用户将使用代理服务器的 IP 地址。

② 拒绝计算机、计算机组或域访问权限：本方案适用于仅拒绝少量用户访问的情况。在如图 7-74 所示的“IP 地址及域名限制”对话框中，选择“授权访问”单选按钮，弹出“拒绝以下访问”对话框，如图 7-75 所示。将向所有计算机和域授予访问权限，但拒绝访问权限的计算机除外。

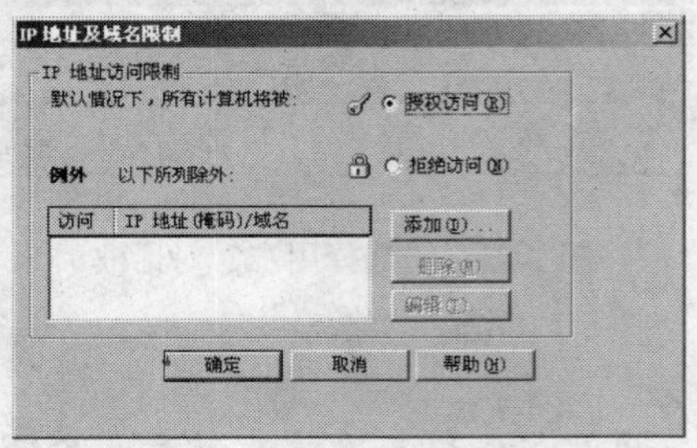

图 7-74 “IP 地址及域名限制”对话框

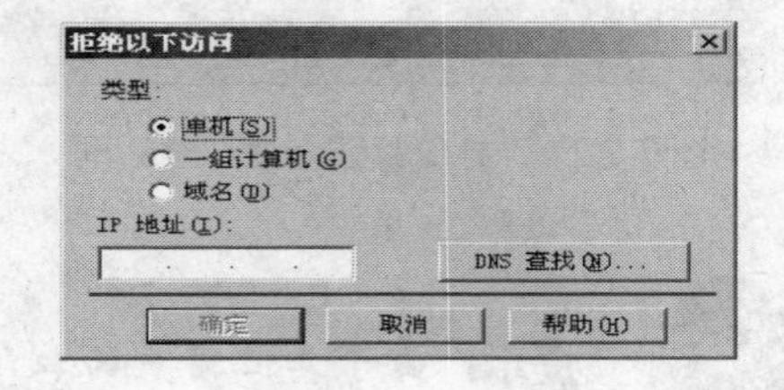

图 7-75 “拒绝以下访问”对话框

7.8.2 虚拟 Web 网站和虚拟目录

利用虚拟网站可以在一台计算机上实现多 IP 和多域名的 Web 服务，也就是说，可以把一台服务器变换成几台、几十台 Web 服务器，并且让每一台虚拟 Web 服务器都拥有自己的 IP 地址和域名。

1. 虚拟 Web 网站

（1） 虚拟 Web 网站的建立

虚拟 Web 网站的建立必须在“Internet 信息服务”对话框中完成。具体操作步骤如下。

① 在“Internet 信息服务”对话框中，单击“网站”目录下的“默认网站”，使用鼠标左键单击选择“新建→网站”，显示“欢迎使用网站创建向导”对话框，单击“下一步”按钮，打开“网站描述”对话框。在“说明”栏中键入对该网站的描述。该名称只显示在“Internet 信息服务”列表中，与浏览器访问时键入的 URL 无关。

② 单击“下一步”按钮，打开“IP 地址和端口设置”对话框，在此分配 IP 地址和端口号，不能使用“全部未分配”作为 IP 地址。

③ 单击“下一步”按钮，打开“网站主目录”对话框，在“路径”框中直接键入该网站主目录所在的磁盘和文件夹，如 F: \newweb，也可单击“浏览”查找并定位。

④ 单击“下一步”按钮，打开“网站访问权限”对话框，通常情况下，仅选中默认的允许“读取”访问和允许“脚本”访问两个复选框即可。如果欲在该 Web 网站上执行 ASP 或 CGI 程序，可同时选择“执行”和“写入”两个复选框。

⑤ 单击“下一步”按钮，完成 Web 网站创建向导。单击“完成”按钮，该虚拟 Web 网站将显示在“Internet 信息服务”的树状目录中。

⑥ 重复上述操作，可在该主机中添加多个虚拟服务器。

提示： 虚拟网站既可以建立在默认网站之下，也可以直接建立在其他虚拟网站之下，甚至可以建立在 IIS 服务器之下。只是当新的网站建立时，该 Web 网站将继承父网站的全部特性，即在“属性”对话框中配置的所有属性。

（2） 虚拟 Web 网站的配置

虚拟 Web 网站建立后，将自动开始运行。虚拟 Web 网站的配置方式与默认 Web 网站完全相同。

2. 虚拟目录

利用 IIS 的虚拟目录也可以提供个人主页服务。虚拟目录只是一个文件夹，并不真正位于 IIS 宿主文件夹内（默认为 C: \inetpub\wwwroot），但在访问 Web 网站的用户看来，则与位于 IIS 服务的宿主文件夹是一样的。

（1） 虚拟目录的建立

与虚拟 Web 网站类似，虚拟目录既可以建立在默认网站上，也可以建立在其他虚拟网站上，甚至可以建立在其他虚拟目录上。当新的虚拟目录建立时，将继承所属网站和虚拟目录中的所有属性。

① 在“Internet 信息服务”对话框中，单击“网站”目录下的“默认网站”，使用鼠标右键单击选择“新建→虚拟目录”，打开“虚拟目录创建向导”对话框。

② 单击“下一步”按钮，打开“虚拟目录别名”对话框，在“别名”框中输入该虚拟目录的名称。注意，别名与虚拟目录文件夹的真实名称没有任何关系，别名仅用于在 IIS 中识别虚拟目录。这样，看上去虚拟目录就好像是在主目录下以别名命名的实际文件夹一样。

③ 单击“下一步”按钮，打开“网站内容目录”对话框，在“目录”栏中输入该虚拟目录欲引用的文件夹，也可以单击“浏览”按钮指定虚拟目录所对应的实际文件夹。

④ 单击“下一步”按钮，打开“虚拟目录访问权限”对话框，选择该虚拟目录欲授予

用户的权限。再单击“下一步”按钮，完成虚拟目录创建。

⑤ 重复上述步骤，可在本地硬盘上建立多个虚拟目录。

（2） 虚拟目录的设置

虚拟目录建立后，也将自动开始运行。虚拟目录的配置方式与默认 Web 网站基本相同，也是在“Internet 信息服务”窗口的树状目录中进行。

使用鼠标右键单击欲设置的虚拟目录，选择“属性”命令，将显示目录属性对话框，如图 7-76 所示。该对话框与 Web 网站对话框有所不同，因为该对话框中只包含 5 个选项卡，分别是虚拟目录（相当于 Web 网站中的“Web 网站”属性页）、文档、目录安全性、HTTP 头和自定义错误信息。不过，在设置方法和设置技巧上却与 Web 网站的设置完全相同。因此，可以参照前述相关内容进行必要的设置。

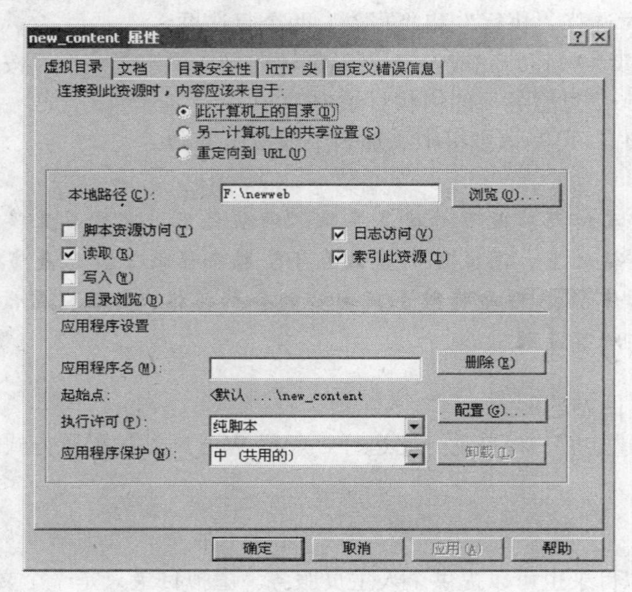

图 7-76 目录属性对话框

（3） 虚拟目录的浏览

打开 Web 浏览器，在地址栏中键入 http://10.10.7.214/new_content/default.htm，即可直接浏览建立的虚拟目录。该访问方式与访问 Web 网站下的某一目录时完全相同。

7.8.3 Web 网站的管理与维护

Web 网站建成之后，还有许多的后续工作需要做，那就是网站的管理与维护。

1. Web 网站的启动、停止和删除

默认情况下，Web 网站和虚拟目录会在创建成功后，或者在计算机重新启动时自动启动。

停止网站将停止 Internet 服务，并从计算机内存中卸载 Internet 服务。暂停网站将禁止 Internet 服务接受新的连接，但不影响正在进行处理的请求。启动网站将重新启动或恢复 Internet 服务。

（1） 开始、停止或暂停网站

开始、停止或暂停网站的操作如下。

① 在“Internet 信息服务”窗口中，选择网站或虚拟目录。

② 单击工具栏的“开始”→“停止”→“暂停”按钮。

使用鼠标右键单击网站或虚拟目标，在快捷菜单中选择相应的命令，也可以开始、停止或暂停网站。

（2） 重新启动 IIS

在 IIS 6.0 中，可以停止并重新启动所有 IIS 的 Internet 服务，而不必在应用程序运行不正常或变得不可用时重新启动计算机。

① 在“Internet 信息服务”窗门中，使用鼠标右键单击“计算机”图标，选择“所有任务→重新启动 IIS”，弹出“停止/启动/重启动”对话框，如图 7-77 所示。

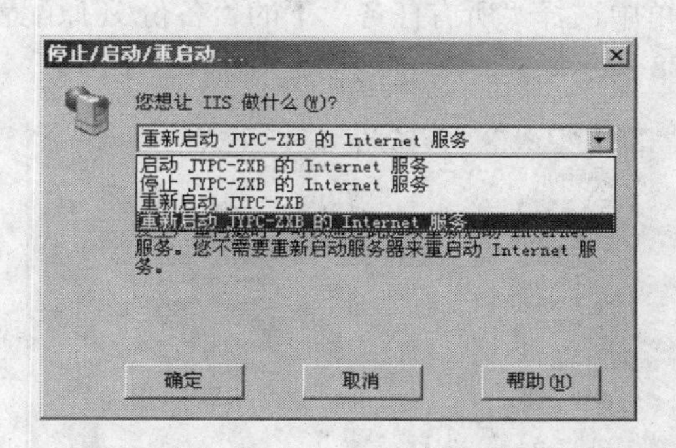

图 7-77 “停止/启动/重启动”对话框

② 根据需要，从下拉列表中选择“重新启动（计算机名）服务”、“停止（计算机名）服务”、“启动（计算机名）的 Internet 服务”或“重新启动计算机”。

- 重新启动（计算机名）服务：重新启动将关闭并重新开始所有的 Internet 服务。在重新启动 Internet 服务的过程中，Web 网站将无法访问，直至重新开始服务。同时，某些全局的变量如会话状态和应用程序状态等变量将丢失。
- 停止（计算机名）服务：如果需要安装注册新的 COM 组件或 ISAPI 筛选器，应关闭服务。在使用服务时无法进行这样的操作，Internet 服务将无法使用，所有的会话和应用程序状态都会丢失。
- 启动（计算机名）的 Internet 服务：启动 Internet 服务将启动在正常开机的所有服务。可以使用“计算机管理”管理单元中的“服务”节点更改自动的服务。如果 Internet 服务没有响应，则可以重新启动计算机。
- 重新启动计算机：如果成功重新启动了 Internet 服务，可以选择重新启动计算机。在大多数情况下重新启动 Internet 服务就足够了。

（3） 删除网站或虚拟目录

删除网站或虚拟目录时，操作如下。

① 在“Internet 信息服务”窗口中，选择欲删除的网站或虚拟目录。

② 单击工具栏中的“删除”按钮或者右击欲删除的网站或虚拟目录，在快捷菜单中选择“删除”选项。

提示： *无论是删除网站还是删除虚拟目录，其实并没有真正删除它们的主目录文件，而只是删除了从网站或虚拟目录到主目录的逻辑映射。*

2. 网站配置的备份与还原

无论是重装操作系统还是将 IIS 服务器中的配置应用到其他计算机，网站配置的备份和还原都很有用途。配置的备份与还原操作如下。

（1） 在“Internet 信息服务”窗口中选中“计算机”图标。

（2） 在“操作”菜单中选择“所有任务”下的“备份/还原配置”选项，打开“配置备份/还原”对话框如图 7-78 所示。

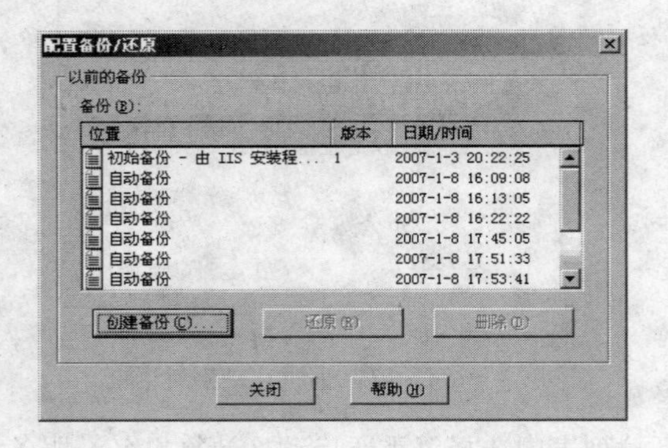

图 7-78 “配置备份/还原”对话框

（3） 单击“创建备份”按钮，显示“配置备份”对话框，键入该配置备份的文件名。

当建立多个配置文件时，将一一显示在“备份”列表中，选择相应的备份文件并单击“还原”按钮，即可还原原有的属性配置。

提示： *恢复配置要花费较长的时间，并且需要停止所有服务和重新启动。*

7.9 FTP 服务

FTP 服务是 IIS 服务的又一重要组成部分，其作用是用来在 FTP 服务器和 FTP 客户端之间完成文件的传输。传输是双向的，既可以从服务器下载到客户端，也可以从客户端上传到服务器。

7.9.1 FTP 服务工作过程

要使用 FTP 在两台计算机之间传输文件，两台计算机中的一台计算机必须是 FTP 客户端，而另一台则必须是 FTP 服务器。客户端与服务器的区别只在于计算机所安装的软件不同，安装 FTP 服务器软件的计算机为 FTP 服务器，安装 FTP 客户端软件（如著名的 CuteFTP、WSFTP 等）的计算机则为客户端。FTP 客户可以从客户端向服务器发出下载和上传文件，以及创建和更改服务器文件的命令。

下面简要介绍一下 FTP 会话的建立及传输文件的过程。

（1） FTP 客户端程序使用 TCP 的 3 次握手信号，形成一个和 FTP 服务器的 TCP 连接。

（2） 为了建立一个 TCP 连接，客户端和服务器必须打开一个 TCP 端口。FTP 服务器有两个预分配的端口号，分别是 20 和 21。

提示： 端口 20 用于发送和接收 FTP 数据，该数据端口只在传输数据时打开，并在传输结束时关闭。端口 21 用于发送和接收 FTP 会话信息。FTP 服务器通过侦听这个端口，以侦听请求连接到服务器的 FTP 客户。一个 FTP 会话建立后，端口 21 的连接在会话期间将始终保持打开状态。

（3） FTP 客户端程序在激发 FTP 客户端服务后，可动态分配其端口号，选择范围为 1 024～65 535。

（4） 当一个 FTP 会话开始后，客户端程序打开一个控制端口，该端口连接到服务器的端口 21 上。

（5） 需要传输数据时，客户端再打开并连接到服务端口 20 上。每当开始传输文件时，客户端程序都会打开一个新的数据端口，在文件传输完毕后，再将该端口自动释放。

7.9.2 创建 FTP 站点

在 IIS 6.0 中附有 FTP 服务器，需要通过“添加/删除 Windows 组件”的功能加入 FTP 服务。

与 Web 站点相同，FTP 站点同样需要自己的 IP 地址和 TCP 端口号。由于 FTP 服务的默认端口号是 21，而 WWW 服务是 80，所以一个 FTP 站点可以和一个 Web 站点共享同一个 IP 地址。事实上，安装 IIS 时自动生成的默认 Web 站点和默认 FTP 站点就是使用同一 IP 地址的。

当不使用默认的 21 作为 FTP 站点的 TCP 端口号时，客户机请求 FTP 站点时就需要在 FTP 服务器域名地址后面添加“：”和实际端口号。

创建 FTP 站点的工作要在 IIS 的 MMC 窗口中进行，这里使用 FTP 服务器创建向导新建一个示例 FTP 服务器，方法如下。

（1） 在 IIS 左侧的管理控制树中右击计算机图标，单击“FTP 站点”选项，打开“欢迎使用 FTP 站点创建向导”对话框。单击“下一步”按钮。打开“FTP 站点说明”对话框。

（2） 在“FTP 站点说明”对话框的“站点描述”框中输入用于在 IIS 内部识别站点的描述，该名称并非真正的 FTP 站点的域名。

（3） 单击“下一步”按钮，打开“IP 地址和端口设置”对话框，如图 7-79 所示。在该对话框中指定该站点使用的 IP 地址和 TCP 端口号，注意默认的端口号为 21，完成后单击“下一步”按钮。

（4） 打开“FTP 用户隔离”对话框，选择 FTP 用户的隔离方式，如图 7-80 所示。隔离方式分三种类型，主要用于规范同一 FTP 站点的多个用户的 FTP 主目录的访问控制，此处选择“不隔离用户”单选按钮。

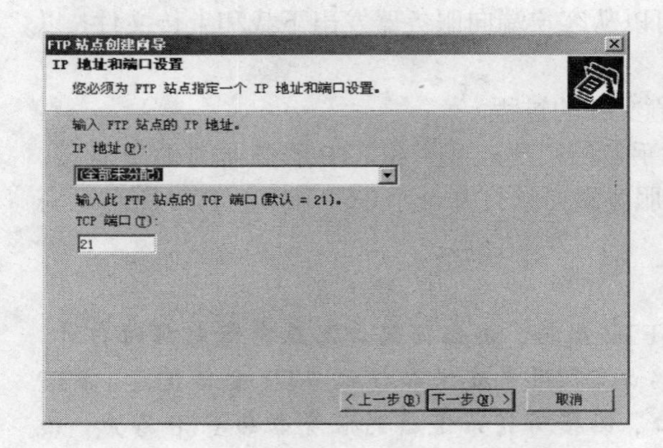

图 7-79 “IP 地址和端口设置”对话框

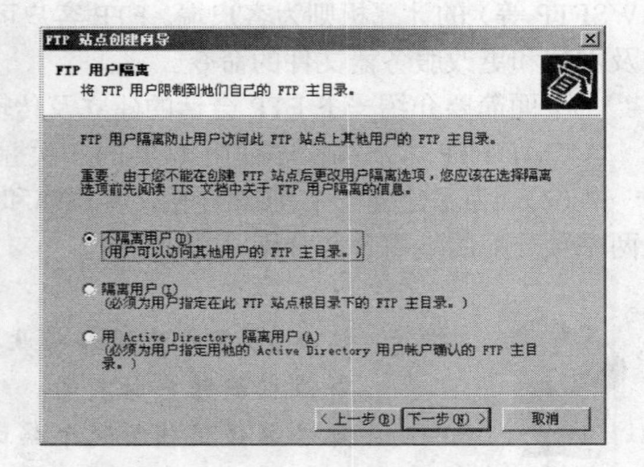

图 7-80 “FTP 用户隔离”对话框

（5） 单击“下一步”按钮，打开“FTP 站点主目录”对话框，在“FTP 站点主目录”对话框中指定站点主目录，主目录是用于存储站点文件的主要位置。虚拟目录以在主目录中映射文件夹的形式存储数据。

（6）单击“下一步”按钮，打开“FTP 站点访问权限”对话框，在“FTP 站点访问权限”对话框中指定站点权限。FTP 站点只有两种访问权限：读取和写入，前者对应下载权限，后者对应上传权限。单击“下一步”按钮继续。

（7） 单击“完成”按钮结束 FTP 站点创建。

（8） 回到 IIS 窗口中，在管理控制树中选择我们刚刚创建的 FTP 站点，单击工具条上的“启动项目”图标使之生效。

FTP 服务器完成安装后将自动开始运行。默认状态下，该 FTP 服务器的标识为“默认 FTP 站点”，主目录所在的文件夹为 C:\\inetpub\ftproot，IP 地址为“全部未分配”，允许来自任何 IP 地址的用户以匿名方式访问。

7.9.3 FTP 站点的配置

为了使 FTP 站点能够正常工作，还必须对 FTP 站点进行合理配置。

1. 配置 FTP 站点属性

FTP 站点的属性配置是在 FTP 站点属性对话框中进行的。

对 FTP 站点属性的配置步骤如下。

（1） 打开 IIS 管理界面，右击管理控制树中的 FTP 站点图标，从打开菜单中选择“属性”选项。

（2） 打开“默认 FTP 站点属性”对话框，如图 7-81 所示，默认打开“FTP 站点”选项卡。

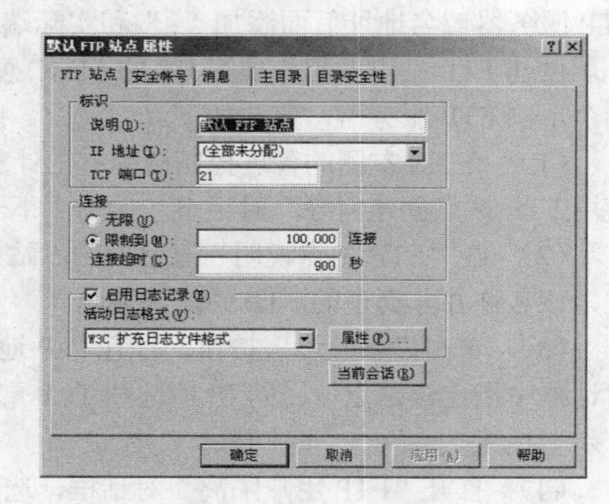

图 7-81 “默认 FTP 站点属性”对话框

（3） 在“FTP 站点”选项卡中可以对

站点的下述参数进行配置。

① 标识。这部分包括站点说明、IP 地址和 TCP 端口号 3 项。其中站点说明是在创建站点指定的，用于在 IIS 内部识别站点，并无其他用途，与站点的 DNS 域名也无任何关系。FTP 服务的默认 TCP 端口号为 21。由于 FTP 服务不支持主机头（HostHeader），所以不能以主机头方式配置虚拟服务器。也就是说，在网络中区分 FTP 站点的标识只有 IP 地址和端口号。

② 连接。FTP 站点的连接限制与 Web 站点的连接限制几乎完全相同。连接限制用于维护站点的可用性并改善站点的连接性能。这一点对 FTP 站来说尤为重要，因为几乎每个连到站点的用户都会进行或多或少的文件下载，下载对带宽的占用是非常巨大的。在“连接”栏中单击“限制到”并设置同时连接到该站点的最大并发连接数，默认限制为同时进行 100 000 个连接。在“连接超时”栏中，可以指定站点将在多长时间后断开无响应用户的连接。默认值设为 900 s，即一个用户在发呆 15 min 后将被 IIS 断开。

③ 日志。对于 FTP 站点而言，也可以配置其启用日志功能，使用户对站点的全部访问都记录在日志文件中。在“FTP 站点”选项卡中选择“启用日志记录”复选框。FTP 站点只有 3 种日志文件格式可用：Microsoft IIS 文件格式、ODBC 格式和 W3C 扩展日志文件格式，在“活动日志格式”下拉列表框中指定。

④ 当前会话。FTP 站点属性对话框中有一个独特的选项，单击“当前会话”按钮，打开“FTP 用户会话”对话框，在该对话框中列出当前连接到 FTP 站点的用户列表。从列表中选择用户，单击“断开”按钮可以断开当前用户的连接，单击“全部断开”可以使当前的全部用户从系统断开。“FTP 用户会话”对话框为站点管理员提供了更灵活的管理方式和控制方式，使管理员能够实时控制当前用户的连接状态。

（4） 配置完毕，单击“确定”按钮。

2. 设置站点安全访问

（1） 设置匿名账号

匿名账号的设置，可在“安全账户”选项卡中完成，如图 7-82 所示。

① 选中“允许匿名连接”复选框，任何用户都可以使用“匿名（anonymous）”作为用户名登录到 FTP 服务器。

② 用户名。该用户名为在匿名连接时使用的用户名，默认为 IUSR_computername。

③ 密码。在如图 7-82 所示的对话框中的“密码”文本框中输入匿名连接账号使用的密码。如果选中了“允许 IIS 控制密码”选项，密码将不能更改。

④ 只允许匿名连接。选中“只允许匿名连接”复选框之后，用户就不能使用用户名和密码登录。

（2） IP 地址访问控制

对于那些非常敏感的数据，或者欲通过 FTP 文件传输实现对 Web 站点更新的情况而言，仅有用户名和密码的身份验证恐怕还是不够的。利用 IP 地址进行访问限制也是一种非常重要的手段，这不仅有助于在局域网内部实现对 FTP 站点的访问控制，而且更有助于阻止来自 Internet 的恶意攻击。

对 IP 地址的访问控制可在“目录安全性”选项卡中设置，如图 7-83 所示。

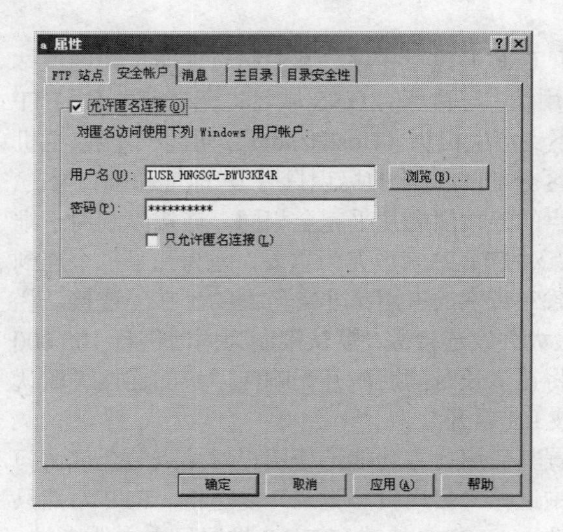

图 7-82 “安全账户”选项卡

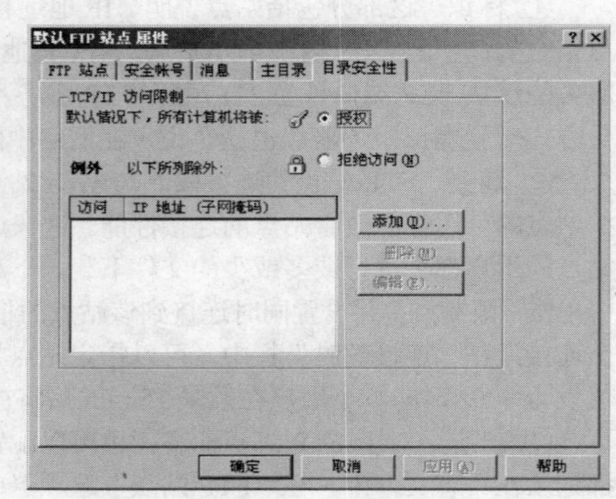

图 7-83 “目录安全性”选项卡

① 授予计算机或计算机组访问权限

该方案适用于仅授予少量用户访问权限的情况。若欲授予大量用户访问权限，而只是阻止少量用户对该 FTP 网站的访问，请使用“拒绝计算机、计算机组或域访问权限”中的设置。

② 拒绝计算机、计算机组或域的访问权限

该方案用于仅拒绝少量用户访问的情况。若欲拒绝大量用户访问该 FTP 站点，而只是授予少量用户以访问权限，请使用“授予计算机、计算机组域访问权限”中的设置。

3. FTP 站点信息

用户连入 FTP 站点时，应该得到对站点的相关介绍，此外，在用户离开站点时，以及因站点达到最大连接数而不能接受用户的访问请求时，都应该得到相应的提示信息。这些提示性的简要信息就是 FTP 服务的站点消息。站点消息要在“FTP 站点属性”对话框中的“消息”选项卡中进行指定，如图 7-84 所示。FTP 站点消息分为 3 种：欢迎、退出、最大连接数，分别在“消息”选项卡中的“标题”“欢迎”、“退出”和“最大连接数”栏中进行指定。

4. 配置 FTP 站点主目录

FTP 站点主目录是指映射为 FTP 根目录的文件夹，FTP 站点中的所有文件全部保存在该文件夹，而且当用户访问 FTP 站点时，也只有该文件夹中的内容可见，并且作为该 FTP 站点的根目录。

（1） 修改主目录位置

在 FTP 站点主目录的位置可以指定本地计算机中的其他文件夹，甚至是另一台计算机上的共享文件夹。

① 本地计算机上的目录。如图 7-85 所示，本地主目录的指定方法为：在“主目录”选项卡中选择主目录位置为“此计算机上的目录”；单击“浏览”按钮指定主目录位置，或者直接在“本地路径”文本框中输入主目录路径；单击“应用”按钮完成。

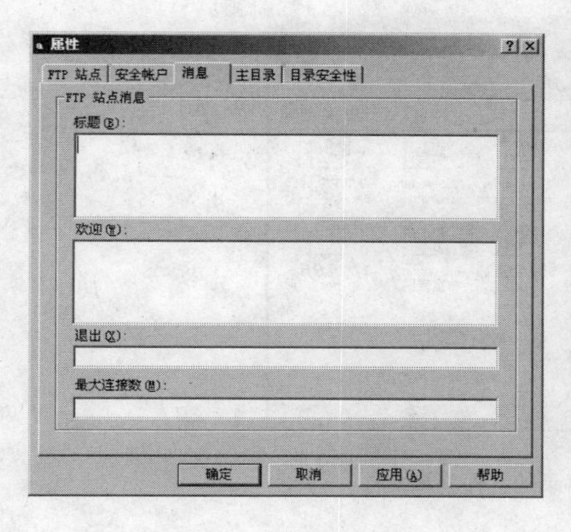

图 7-84 “消息”选项卡

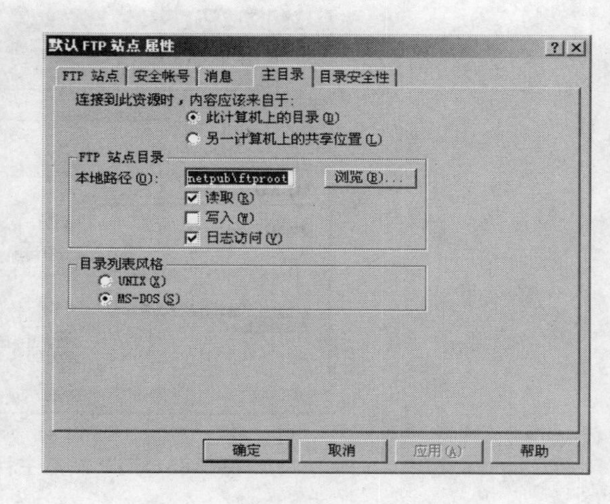

图 7-85 “主目录”选项卡

② 另一台计算机上的共享位置。在“主目录”选项卡中选择主目录位置为“另一计算机上的共享位置”，然后从“网络共享”栏中指定共享主目录的 UNC 路径。如果当前站点管理员没有访问所指定共享文件夹的权限，则单击“连接为”，打开“网络目录安全身份验证凭据”对话框，输入具有对该共享文件夹合适权限的账号和口令，单击“确定”按钮返回。单击“应用”按钮完成。

（2） 修改访问权限

① 选择“读取”选项，允许用户阅读或下载存储在主目录或虚拟目录中的文件。

② 选择“写入”选项，允许用户向服务器中已启用的目录上传文件。

③ 若欲将对目录的访问活动记录在日志文件中，需选中“日志访问”复选框

（3） 目录列表风格

“主目录”选项卡中还可以指定目录列表风格。可选的站点目录列表风格有 MS-DOS 和 UNIX 两种，在“主目录”选项卡中的“目录列表风格”栏中选择“MS-DOS”或“UNIX”。在主要针对 UNIX / Linux 用户群的站点中应设置为 UNIX 列表方式。

7.9.4 FTP 站点的访问

在建立 FTP 站点并提供 FTP 服务后，就可以为用户提供下载或上传服务。通常情况下，可采用两种方式访问 FTP 站点，一是利用标准的 Web 浏览器，二是利用专门的 FTP 客户端，两者均可实现浏览、下载和上传文件。下面是利用 Web 浏览器访问 FTP 站点的方法。

运行 Web 浏览器，如 Microsoft Internet Explorer，并在地址栏中键入欲连接的 FTP 站点的 Internet 地址或域名，例如 ftp://10.10.7.214。此时，将在浏览器中显示该 FTP 站点主目录中所有的文件夹和文件，如图 7-86 所示。

如果 FTP 站点采用 Windows 身份验证，而要求用户输入用户名和密码，则需要在地址中包括这些信息，格式为“ftp://用户名:密码@IP 地址”。

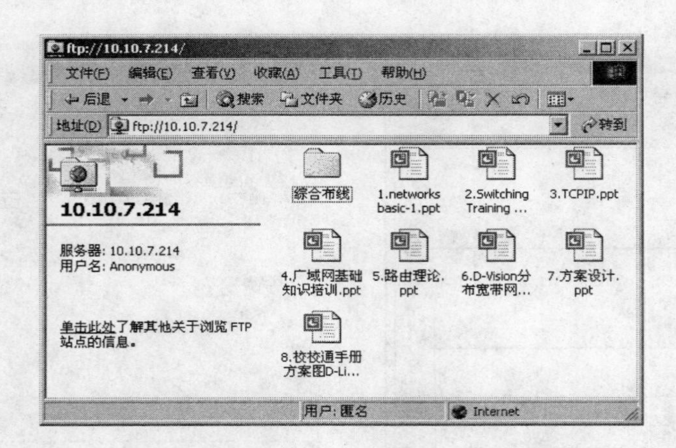

图 7-86　FTP 站点主目录的文件夹和文件

（1）　浏览和下载

当该 FTP 站点只被授予“读取”权限时，则只能浏览和下载该站点中的文件夹和文件。

① 浏览的方式非常简单，只需双击即可打开相应的文件夹和文件。

② 若欲下载，只需单击鼠标右键，并在打开的快捷菜单中选择“复制”命令，而后打开 Windows 资源管理器，将该文件或文件夹粘贴到欲保存的位置即可。

（2）　重命名、删除、新建文件夹和文件上传

当该 FTP 站点被授予“读取”和“写入”权限时，则不仅能够浏览和下载该站点中的文件夹和文件，而且还可以直接在 Web 浏览器中实现新文件的建立，以及对文件夹和文件的重命名、删除和文件的上传。

上传文件以及新建、重命名、删除 FTP 站点中文件夹和文件的方法与在 Windows 资源管理器中相同。

7.10　项目实训——Windows Server 2003 的使用及网络服务的设置

7.10.1　实训准备工作

一台运行 Windows Server 2003 的计算机（可以是虚拟 PC），并将其配置为域上的成员服务器。

7.10.2　实训步骤

1.　用户和组的管理

1）　熟悉 Active Directory 的用户界面和功能

（1）　以网络管理员（Administrator）身份登录到域控制器，单击“开始→程序→管理工具→Active Directory 用户和计算机管理器”，进入管理界面。

（2）　观察该“用户和计算机管理器”界面的特性与所提供的功能菜单的作用。例如，在上面窗口中，左半部分为活动目录，右半部分为目录对应结点中的资源，通过该管理器可以组织、管理用户及其他计算机资源。在默认情况下，用户和用户组被安排在 Bultin 和 Users

结点下。

（3） 观察现有的用户及属性，记录于表 7-1 中，并说明哪些用户是系统默认用户。

表 7-1 现有用户情况

用户描述	用 户 名	所 属 组	登录时数限制	登录机器限制

2） 创建、规划和管理用户账户

完整的用户创建过程包括用户规划、用户账户创建和用户工作环境定制三方面的工作。

（1） 在 PDC 上创建用户之前，首先要根据用户访问网络的需求进行用户规划。要求规划三四个新用户，其中至少有一个为超级用户，其余为普通用户，并为不同的普通用户赋予不同的网络访问策略（如所属的组、登录属性和账户限制等）。规划工作要求在实验预习过程中完成，并将规划结果填写到表 7-2 中。

表 7-2 用户规划表

用户描述	用 户 名	密 码	登录时数限制	登录机器限制	账户限制	用户主目录

（2） 用户创建。在 PDC 上以网络管理员（Administrator）身份打开“Active Directory 用户和计算机”管理器界面。右击“Users”结点，选择“新建用户”，根据前面的用户规划表，依次输入用户描述、用户登录名等相关信息，然后单击“下一步”按钮，再输入密码和确认密码及其他选项，在确认后即可完成新建用户的工作。学生根据自己所规划的用户特性，参照上述步骤完成对所有新用户的创建工作。当把所需的用户创建完毕以后，关闭新用户对话框。

（3） 用户工作环境的定制。在“Active Directory 用户和计算机管理器”中，双击已存在的用户，在出现的用户属性对话框中对用户网络环境进行设置，通过多个选项卡，可以进行多方面的环境设置。

① 成员属于。单击该项可将用户加入某个组或从某个组中删除。

② 配置文件。为已有的用户账户创建一个主目录，用户对用户主目录具有完全的权限。建议在服务器磁盘上建立一个目录，如 Users，把它设置为共享。然后把所有的用户主目录放在 Users 目录下，用户主目录的名称可以为用户账户名。例如，要创建用户名 xyz，则 xyz 的用户主目录为\\servername\users\xyz。

③ 账户。进行账户的相关设定。

（4） 用户测试。完成上述用户创建和用户网络环境的定制后，分别用新建的用户在服务器与工作站上登录，观察、测试有什么不同的结果，并记录下来。

3） 规划和创建本地、全局组

（1） 观察系统预定义组

在 PDC 上以 Administrator 登录，打开“Active Directory 用户和计算机管理器”，观察系统默认的组及属性，包括全局组 Domain Admins（域管理员）、本地组 Administrators、全局组 Domain Users、全局组 Domain Guests、本地组 Guests、本地组 Users 等，并记录于表

7-3 中。

表 7-3　系统默认组

组　名	组 描 述	组 成 员	访问权限

（2）　规划并创建若干个新组

以前面的用户规划为基础，在实训前先完成组的规划，并将规划结果记录于表 7-4 中。

表 7-4　新用户规划表

用户组名	用户组描述	组的成员

（3）　用户组权限的测试

请学生以本地组 Administrators 为例，对用户组的权限进行有关测试，以进一步理解用户组。参考的操作步骤如下。

① 在 PDC 上创建一个用户账户（参见上述创建用户账户步骤）。

② 以所创建的新用户账户登录。

③ 试图创建另一个新的用户账户，看是否能创建，将结果记录下来。

④ 重新以 Administrator 登录。

⑤ 把刚才所创建的用户账户添加到预定义组 Administrators 中。

⑥ 再重新以新创建的用户账户登录。

⑦ 再试图创建一个新用户，看是否能创建，将结果记录下来。

⑧ 单击“取消”按钮，返回到域用户管理窗口。

⑨ 将测试结果记录下来，并对结果加以解释。

（4）　用户组的删除

打开“Active Directory 用户和计算机”管理器，在用户组列表中，选定要删除的用户组，在“操作”菜单中，单击“删除”命令，确认后即可完成删除用户组的操作。

2.　文件系统的使用

1）　NTFS 权限的使用

配置服务器上的 NTFS 文件和文件夹，使其以通过网络来访问的用户的需要为根据来分配权限。用户可以保存和修改他们自己的文件夹，但不能修改属于其他用户的文件。

（1）　以阻止继承的方式来删除默认权限

目标：以 Admin*xx* 账号登录，以阻止继承的方式来删除默认权限。其中 *xx* 是你的学号。具体步骤如下。

① 以 Admin*xx* 账号登录。

② 在 Windows 资源管理器中，浏览到实训用的文件夹 Apps，然后打开 Apps 文件夹的对话框。

③ 在“Data 属性”对话框的“安全”选项卡下，查看 Data 文件夹的权限。

思考：现存的文件夹权限是什么，为什么它们是灰色的？

④ 在名称下，选中“Everyone”，然后单击“删除”按钮。
⑤ 清除允许将来自父系的可继承权限传播给该对象的复选框，来防止权限继承。
⑥ 在“安全”对话框内，单击“删除”按钮。
（2） 向 Users 组分配权限

目标：向 Users 组分配对 Data 文件夹的权限。具体步骤如下。

① 在“Data 属性”对话框中，单击“添加”按钮。
② 在选择“用户、计算机或组”对话框中的“查找范围”一栏中，确认域服务器。
③ 在“名称”一栏下，选中“Domain Users”，单击“添加”按钮，然后单击“确定”按钮。

思考：现有的文件夹权限有哪些？

④ 在“Data 属性”对话框中，选中“Domain Users”，然后允许“写入”权限。

思考：如何让用户只能修改自己创建的文件？

（3） 向 Creator Owner 组分配权限

目标：向 Creator Owner 组分配对 Data 文件夹的“完全控制”权限。具体步骤如下。

① 在“Data 属性”对话框内，单击“添加”按钮。
② 在“选择用户、计算机或组”对话框中的“查找范围”一栏中，确认域服务器。
③ 在“名称”一栏下，选中“Creator Owner”，单击“添加”按钮，然后单击“确定”按钮。
④ 在“Data 属性”对话框中，选中“Creator Owner”，然后允许“完全控制”权限。

注意：尽可能使用“修改”权限，少使用“完全控制”权限。

（4） 向本地 Administrators 组分配权限

目标：向本地的 Administrators 组分配对 Data 文件夹的“完全控制”权限，并创建一个名为 Admin.txt 的文件。具体步骤如下。

① 在“Data 属性”对话框内，单击“添加”按钮。
② 在选择“用户、计算机或组”对话框中的“查找范围”一栏中，选中“Server”，其中 Server 是自己的计算机名。
③ 在“名称”一栏下，选中“Administrators”，单击“添加”按钮，然后单击“确定”按钮。

④ 在“Data 属性”对话框中，选中“Creator Owner”，然后允许“完全控制”权限。

⑤ 单击“确认”按钮，并关闭“Data 属性”对话框。

⑥ 在实训文件夹下的 Data 文件夹下，创建一个名为 Admin.txt 的文本文件，该文件将用于测试权限。

⑦ 关闭所有打开的窗口，然后注销。

（5） 登录并检查文件夹权限

目标：以 Student*xx* 账号登录到 Nwtraders 并检查对 Data 文件夹分配的文件夹权限。具体步骤如下。

① 用 Student*xx* 账号登录到 Nwtraders，其中 *xx* 是你的学号。

② 在 Windows 资源管理器中，浏览到实训用的文件夹 Data。

③ 在 Data 文件夹内，尝试建立一个名为 Student.txt 的文本文件。

④ 在 Student.txt 上尝试完成以下任务，即打开文件、修改文件、保存文件、删除文件，注意哪些任务是可以完成的？

⑤ 尝试在 Admin.txt 文件上完成以下任务，即打开文件、修改文件、保存文件、删除文件，注意哪些任务是可以完成的？

⑥ 关闭所有打开的窗口，然后注销。

2） 共享和保护网络资源

完成该实训后，将达到能够共享文件夹、授予用户账户和组共享文件夹权限、连接到共享文件夹、停止共享文件夹、确定共享文件夹权限和 NTFS 文件系统权限的效果。

（1） 共享文件夹

目标：共享 Apps 文件夹并为其配置权限，以使用户可以通过网络访问它。具体步骤如下。

① 以 Admin*xx* 账号登录到服务器，其中 *xx* 是你的学号。

② 在 Windows 资源管理器中，浏览到实训用的文件夹 Apps。

③ 打开 Apps 文件夹的“属性”对话框，切换到“共享”选项卡。

思考：Windows 资源管理器如何改变 Apps 文件夹的外观，来表明它是共享文件夹？

（2） 分配共享文件夹权限

目标：修改 Apps 文件夹的默认权限来限制特定组或用户对 Apps 文件夹的访问。具体步骤如下。

① 确定 Apps 共享文件夹当前的权限。打开 Apps 文件夹的“属性”对话框，在“共享”选项卡中，单击“权限”按钮。

思考：Apps 共享文件夹的默认权限是什么？

② 删除默认权限，并将“完全控制”权限授予本地的 Adninistrators 组。在“Apps 的权限”对话框中，选中 Everyone，然后单击“删除”按钮。

③ 单击“添加”按钮。在“查找范围”框内，选中 Server，其中 Server 是你的计算机名。

④ 在“名称”一栏下，选中“Administrators”，单击“添加”按钮，单击“确定”按钮。
⑤ 在“权限”一栏下，允许 Administrators 组拥有“完全控制”权限，单击“确定”按钮。
⑥ 关闭“Apps 属性”对话框，然后关闭 Windows 资源管理器。

思考：Administrators 组拥有什么权限？

（3） 连接到共享文件夹

目标：以一个用户的身份登录以便确认访问受到了的限制。该用户应当对前面练习中的建立的共享拥有限制访问权限。具体步骤如下。

① 连接到 Apps 共享文件夹。单击“开始”按钮，然后单击“运行”按钮。在打开的对话框内，输入\\Server，然后单击“确定”按钮，其中 Server 是你的计算机名。
② 双击“Apps”来确认你可以访问该文件夹。关闭 Server 上的窗口（Server 是你的计算机名）。

思考：当前可用的共享文件夹有哪些？

提示：一般应当连接到另一台计算机来确认共享文件夹的功能。在本实训中，你是连接到自己的计算机。

③ 用“映射网络驱运器”在教师机\\Teacher 上对该共享文件夹映射一个网络驱动器。右击“网上邻居”，然后单击“映射网络驱动器”。在驱动器框内，选中“Z”。在“文件夹”框内，输入\\MyServer\TestData。清除“登录时重新连接”复选框。单击“完成”按钮。

注意：禁用重新连接的选项，可以确保 Windows Server 2003 以后不会自动尝试重新连接该共享文件夹。

④ 打开 Windows 资源管理器，显示了新共享文件夹的内容。注意标题栏显示的内容。
⑤ 关闭位于 MyServer 窗口上的“TestData”。
⑥ 打开“我的电脑”，然后找到“TestData（位于 LoadData 上）（Z:）”。

思考：“我的电脑”如何表明该驱动器指向远程共享文件夹？

⑦ 使用“我的电脑”，从教师机的 TestData 共享文件夹断开映射的网络驱动器（当不再需要网络驱动器时，可以将其断开）。右击“我的电脑”，选择“断开网络驱动器”命令。选择要断开的网络驱动器，单击“确定”按钮即可。
⑧ 以 Student*xx* 的账号登录到服务器（其中 *xx* 是你的学号），并尝试连接教师机上的 TestData 共享文件夹。右击“网上邻居”，然后单击“映射网络驱动器”，在“驱动器”框内，单击“Z”。在“文件夹”框内，输入\\Teacher\TestData。
⑨ 清除“登录时重新连接”复选框。此时，Windows Server 2003 弹出消息框，提示访

问被拒绝。关闭消息框。

思考：为什么你对 TestData 共享文件夹的访问被拒绝了？

⑩ 以 Adminxx 账号连接到文件夹 TestData。右击“网上邻居”，然后单击“映射网络驱动器”，在“驱动器”框内，单击“Z:\\Teacher\TestData”。在“文件夹”框内，输入\\Teacher\TestData。选中“使用其他用户名进行连接”。使用 Adminxx 账号的相关信息完成连接，其中 xx 是你的学号，输入用户名和密码后，单击“确定”按钮。

⑪ 清除“登录时重新连接”复选框，单击“完成”按钮，如果出现消息框表明驱动器 Z 已经连接，可以单击“是”按钮来替换现有连接。这是因为先前已经尝试了一次 IPC 连接。

思考：在 Windows 资源管理器中，可以访问驱动器 Z 吗？为什么？

⑫ 关闭所有打开的窗口，然后注销。

（4） 删除文件夹的共享

目标：以 Adminxx 账号登录，并停止共享服务器上的 Apps 文件夹。具体步骤如下。

① 用 Adminxx 账号登录到服务器，其中 xx 是你的学号。

② 在 Windows 资源管理器中，浏览到实训用的文件夹 Apps。

③ 打开 Apps 文件夹的“属性”对话框，切换到“共享”选项卡。

④ 在“共享”选项卡下，选中“不共享该文件夹”，然后单击“确定”按钮，Windows Server 2003 不再使用共享文件夹图标来显示 Apps。

⑤ 关闭 Windows 资源管理器。

⑥ 单击“开始”，然后单击“运行”。

⑦ 在“运行”对话框中，输入\\Server\Apps，其中 Server 是你的计算机名，然后单击“确定”按钮。

思考：能够连接到\\Server\Apps 吗？

⑧ 关闭各窗口，然后注销。

3. DNS 服务器

1） DNS 服务器的安装

完成该实验后，将能够完成“域名系统”（DNS）服务器的安装，为其承载可从外部访问（即从 Internet 访问）的 Web 站点做好准备。操作步骤如下。

① 运行 Windows Server 2003 的独立服务器成为网络的 DNS 服务器。

② 为该服务器分配一个静态 Internet 协议（IP）地址。DNS 服务器不应该使用动态分配的 IP 地址，因为地址的动态更改会使客户端与 DNS 服务器失去联系。

（1） 配置服务器的 TCP/IP

以管理员的身份登录到服务器，在服务器上完成以下操作。

① 打开网络连接，在左窗格中选择“查看网络连接”，然后使用右键查看本地连接的“属性”。

② 选中“Internet 协议（TCP/IP）”，单击“属性”按钮。然后在弹出的对话框中选择“常

规”选项卡。

③ 选中“使用下面的 IP 地址”，然后在相应的框中键入 IP 地址、子网掩码和默认网关地址。其中 IP 地址是 192.168.0.*xx*，*xx* 表示实验小组号；子网掩码是 255.255.255.0。

④ 选中“使用下面的 DNS 服务器地址”，在“首选的 DNS 服务器”中，键入 IP 地址为 192.168.0.*xx*。

⑤ 单击“高级”按钮，在“DNS”选项卡下，选中“附加这些 DNS 后缀（按顺序）”，并在列表中添加域名为 demo.edu.cn，不选择“在 DNS 中注册此连接的地址”复选框。

⑥ 确认输入无误后，单击“确定”按钮，直至返回到“网络和拨号连接”窗口中。

注意：运行 Windows Server 2003 的 DNS 服务器必须将其 DNS 服务器指定为它本身。如果该服务器需要解析来自它的 Internet 服务提供商（ISP）的名称，则必须配置一台转发器。

（2） 在服务器上安装 Microsoft DNS 服务器

单击“开始→设置→控制面板”，在弹出的窗口中双击“添加 / 删除程序”，选择左侧列表中的“添加 / 删除 Windows 组件”。

① 滚动列表并选定“网络服务”，单击“详细信息”按钮。

② 选定“域名系统（DNS）”，单击“确定”按钮。安装完成后关闭“添加或删除程序”窗口。

（3） 配置本地计算机名

① 双击“控制面板”中的“系统”图标，在“网络标识”选项卡下单击“属性”按钮，打开“标识更改”窗口。

② 单击“其他”按钮。在新出现的对话框中输入 DNS 后缀为 demo.edu.cn，更改计算机名为 WWW*xx*，单击“确定”按钮关闭“系统属性”对话框。

③ 重新启动计算机，继续配置 DNS 服务器组件。

（4） 启动 DNS 服务

① 打开 DNS 控制台。在桌面的任务栏上，依次选择“开始→程序→管理工具→DNS”。

② 开始 DNS 服务。DNS 控制台窗口打开后，在左侧控制台目录树中的 DNS 根下，单击 WWW*xx* 的服务器图标，在主菜单上单击“操作”按钮选择“所有任务”。在弹出的菜单中，如果“停止”和“暂停”处于使用状态，表明服务器已启动。如果要启动服务，可单击“开始”按钮，如果要恢复已被暂停的服务，单击“恢复”按钮。

③ 为 DNS 服务器绑定网络接口。在控制台目录树中，单击 WWW*xx*192.168.0.*xx* 服务器。在主菜单上单击“操作”按钮，单击“属性”按钮。然后在“WWW*xx* 属性”对话框中的“接口”选项卡下，选中“所有 IP 地址”。

2） 配置 Windows Server 2003 的 DNS 服务器

完成该实验后，将能够配置域名系统（DNS）服务器，使其承载可从外部访问（即从 Internet 访问）的 Web 站点。操作步骤如下。

（1） 准备工作

① 获取 IP 地址。若要承载可从外部访问的 Web 站点，必须从您的 Internet 服务提供商（ISP）那里获取一个公用 IP 地址，并将此 IP 地址指定到 DNS 服务器所连接的防火墙或路由

器的外部接口。

② 注册域名。通过 Internet 域名注册管理机构（这样的管理机构被称为注册机构）为您的组织注册一个父级或二级 DNS 域名。

在本实训中，可按提供的 IP 来模拟设置。

（2） 创建新区域，并进行配置

① 配置 DNS 服务器区域。在控制台目录树中，单击 WWW*xx*192.168.0.*xx* 服务器。在主菜单上单击“操作”按钮，选择“配置服务器”。按照“配置 DNS 服务器向导”中的提示设置参数，在“这是网络上第一个 DNS 服务器”栏中选择“是，创建正向搜索区域”，及“标准主要区域”，输入 demo.edu.cn，demo.edu.cn.dns，选择“是，创建反向搜索区域”，然后选择“标准主要区域”，在网络 IP 输入 192.168.0.

② 添加资源记录。在控制台目录树中，单击“正向搜索区域”分支下新出现的“demo.edu.cn”。在右侧的详细信息区域中，若存在一条名称为“WWW”的记录，则选中它，按 Delete 键将其删除。再单击“demo.edu.cn”，在主菜单上单击“操作”按钮，然后选择“新建主机”。输入主机名称 WWW*xx*，IP 地址为 192.168.0.*xx*，选中“创建相关的指针（ptr）记录”复选框，单击“添加主机”按钮，此后，会出现添加成功的提示信息。继续在“新建主机”对话框中再添加新的主机，输入新的主机名称为 client*xx*，IP 地址为 192.168.0.1*xx*，选中“创建相关的指针（ptr）”复选框，单击“添加主机”按钮，此后，会出现添加成功的提示信息。

③ 检查设置结果。在控制台目录树中，单击“正向搜索区域”分支下的“demo.edu.cn”。在右侧的详细信息区域中，应存在两条新记录 WWW*xx* 和 client*xx*。再单击“反向搜索区域”分支下的“192.168.0.*x*subnet”。在右侧的详细信息区域中，应存在两条新记录 192.168.0.*xx* 和 192.168.1.1*xx*。

（3） DNS 服务器的测试

① 确认服务器的工作状况。WWW*xx* 的服务器已启动，并与客户网络连接正常，DNS 服务监听这些连接的服务请求，已按实训要求定义了正向搜索区域和反向搜索区域，并对其进行了设置。

② 设置客户机 TCP / IP 属性。在 TCP / IP 属性对话框的“IP 地址”选项卡下，选中“使用下面的 IP 地址”，输入 IP 地址为 192.168.0.1*xx*，输入子网掩码 255.255.255.0。在“DNS 配置”选项卡下，选中“启用 DNS”，输入主机名为 client*xx*，在“DNS 服务器搜索顺序”中，添加 192.168.0.*xx*，在“域后缀搜索顺序”中，添加 demo.edu.cn。然后单击“TCP / IP 属性”对话框中的“确定”按钮。客户机将检测系统设置更改，并自动进行重新配置。重新配置完成后，按要求重新启动系统，使配置生效。

③ 执行 ping.exe，测试连通性。单击“开始→运行”，在弹出的窗口中键入 cmd，单击“确定”按钮。DOS 窗口打开，在此 DOS 提示符下依次输入：

ping WWW*xx*
ping client*xx*
ping www*xx*.demo.edu.cn
ping client*xx*.demo.edu.cn

观察测试是否成功。

3） DNS 服务器的管理

（1） 管理 DNS

① 测试 DNS 服务是否停止。在服务器端，打开 DNS 控制台，在控制台目录树中，单击 WWW*xx* 服务器，在主菜单上选择“操作→所有任务→停止”。回到服务端，重复上述 Ping 操作，观察哪些命令测试正常。

② 再次启动DNS服务。在服务器端，打开DNS控制台，在控制台目录树中，单击WWW*xx* 服务器，在主菜单上选择“操作→所有任务→开始”命令，启动被停止的 DNS 服务器。

③ 查看服务器属性。在服务器端，打开 DNS 控制台，在控制台目录树中，单击 WWW*xx* 服务器，在主菜单上选择“操作→所有任务→属性”命令，根据需要查看或修改服务器属性。

④ 显示更多的高级信息。在控制台目录树中，单击服务器 WWW*xx*。在主菜单上选择“查看→高级”命令。

⑤ 保存刚才设置的主机信息。在控制台目录树中，单击服务器 WWW*xx*。在主菜单上选择“操作→更新服务文件”命令。

⑥ 删除服务器。在控制台目录树中，单击服务器 WWW*xx*。在主菜单上选择“操作→删除”命令，出现提示时，单击“确定”按钮，删除服务器。

⑦ 连接服务器。在控制台目录树中，选定“DNS”，在主菜单上选择“操作→连接到计算机→选择目标对话框→这台计算机”命令，单击“确定”按钮。

⑧ 记录当前配置的数据。在控制台目录树中，选定服务器 WWW*xx* 所属的 demo.edu.cn，在主菜单上选择“操作→属性”命令，记录“属性”对话框中的全部当前配置，然后关闭属性对话框。记录 DNS 控制台主窗口右侧详细信息显示列表中当前的内容。在控制台目录树中，单击服务器 WWW*xx* 所属的 0.168.192.in-addr.arpa，记录右侧详细信息显示列表中的内容。

⑨ 读取并理解 DNS 配置文件的内容。启动记事本后，从 Winnt 的安装目录的子目录 System32\dns 下，读入文件 demo.edu.cn.dns。利用记事本打开文件 0.168.192.in-addr.arpa.dns。请比较文件中的内容与①中记录信息之间的差异，并分析其对应关系。

注意：在不理解文件内容前，千万不要修改或保存文件。

⑩ 按照前面的操作步骤，添加其他资源记录。在“正向搜索区域”的 demo.edu.cn 中，选择“新建主机→新建别名→新建邮件交换器”命令。在“反向搜索区域”的 0.168.192. in-addr.arpa.dns 中，选择“新建指针”命令。读取文件 demo.edu.cn.dns.0.168.192.in-addr.arpa.dns，在 demo.edu.cn.dns 文件中包括如下记录。

@ MX 10 mail*xx*.demo.edu.cn
Client*xx* A 192.168.0.1*xx*
Ftp*xx* CNAME WWW*xx*.demo.edu.cn
WWW*xx* A 192.168.0.*xx*
Mail*xx* A 192.168.0.*xx*

在服务器上，使用 nslookup 进行测试。

注意：要及时使用“更新服务器数据文件”功能。

（2） 使用DNS管理单元配置DNS服务器

要使用Microsoft管理控制台（MMC）中的DNS管理单元配置DNS，请按照下列步骤操作。

① 选择“开始→程序→管理工具→DNS”。

② 右击“正向搜索区域”，选择“新建区域”。

③ 当“新建区域向导”启动后，单击“下一步”按钮，将提示选择区域类型。

- 主要区域：创建可以直接在此服务器上更新的区域的副本。此区域信息存储在一个.dns文本文件中。
- 辅助区域：标准辅助区域从它的主DNS服务器复制所有信息。主DNS服务器可以是为区域复制而配置的Active Directory区域、主要区域或辅助区域。注意，您无法修改辅助DNS服务器上的区域数据。所有数据都是从主DNS服务器复制而来的。
- 存根区域：存根区域只包含标识该区域的权威DNS服务器所需的资源记录。这些资源记录包括名称服务器（NS）、起始授权机构（SOA）和可能的glue主机（A）记录。

DNS服务器可以解析两种基本的请求：正向搜索请求和反向搜索请求，正向搜索更普遍一些。正向搜索将主机名称解析为一个带有“A”或主机资源记录的IP地址。反向搜索将IP地址解析为一个带有PTR或指针资源记录的主机名称。如果已配置了反向DNS区域，则可以在创建原始正向记录时自动创建关联的反向记录。

（3） 移除根DNS区域

运行Windows Server 2003的DNS服务器名称解析的步骤如下：DNS服务器首先查询它的高速缓存，然后检查它的区域记录，接下来将请求发送到转发器，最后使用根服务器尝试解析。

默认情况下，Microsoft DNS服务器连接到Internet以便用根服务器进一步处理DNS请求。当使用dcpromo工具将服务器提升为域控制器时，域控制器需要DNS。如果在提升过程中安装DNS，会创建一个根区域。这个根区域向您的DNS服务器表明，它是一个根Internet服务器。因此，您的DNS服务器在名称解析过程中并不使用转发器或根提示。

① 选择“开始→程序→管理工具→DNS”。

② 展开ServerName，单击“属性”按钮，然后展开正向搜索区域。其中ServerName是服务器的名称。

③ 右击“.”区域，选择“删除”按钮。

（4） 配置转发器

Windows Server 2003可以充分利用DNS转发器的转发功能。该功能将DNS请求转发到外部服务器。如果DNS服务器无法在其区域中找到资源记录，可以将请求发送给另一台DNS服务器，以进一步尝试解析。常见情况是转发到您的ISP的DNS服务器的转发器。

① 选择“开始→程序→管理工具→DNS”。

② 右击ServerName，然后切换到“转发器”选项卡，其中ServerName是服务器的名称。

③ 单击 DNS 域列表中的一个 DNS 域。

④ 在所选域的转发器 IP 地址框中，键入希望转发到的第一个 DNS 服务器的 IP 地址，然后单击“添加”按钮。

⑤ 重复步骤④，添加希望转发到的其他 DNS 服务器。

⑥ 单击“确定”按钮。

（5） DNS 客户端的设置

在安装 Windows 2000 Professional、Windows 2000 Server 和 Windows Server 2003 的客户机上，运行控制面板中的“网络和拨号连接”，在打开的窗口中使用鼠标右键单击“本地连接”，选择“属性”按钮，在本地对话框中选择“Internet（TCP/IP）”/“属性”，在打开的对话框中的“首选 DNS 服务器”文本框中输入 DNS 服务器的 IP 地址，如果还有其他的 DNS 服务器提供服务的话，在“备用 DNS 服务器”处输入另外一台 DNS 服务器的 IP 地址。如果有多台 DNS 服务器，可单击“高级”按钮，在 DNS 选项卡下逐一添加多个 DNS 服务器的 IP 地址，DNS 客户端会依序向这些 DNS 服务器查询。以上操作也可通过“网上邻居”的属性来进行设置。

4. DHCP 服务器

1） DHCP 服务器的安装与配置

（1） 设置服务器的 TCP/IP 属性

设置服务器的 IP 地址为 192.168.0.*xx*，*xx* 表示实验小组号；子网掩码是 255.255.255.0。

（2） 在服务器上安装 DHCP 服务

① 单击“开始→设置→控制面板”，在弹出的窗口中双击“添加 / 删除程序”，选择左侧列表中的“添加 / 删除 Windows 组件”。

② 在列表中选择“网络服务”，单击“详细信息”按钮。

③ 选定“动态主机配置协议 DHCP”，单击“确定”按钮。安装完成后关闭“添加或删除程序”窗口。重新启动服务器，继续配置 DHCP 服务器组件。

（3） 启动 DHCP 服务

① 在控制台目录树中，单击 WWW*xx*192.168.0.*xx* 服务器。在主菜单上选择“操作→属性→高级→绑定”。

② 在“连接和服务器绑定”列表中应出现 192.168.0.*xx*，左侧复选框应被选中，否则，选中该复选框，并单击“确定”按钮。然后，为这些网络接口启用 DHCP 功能。

（4） 新建作用域，并对其进行必要的配置

在 DHCP 服务器内，需要设定一段 IP 地址的范围（可用的 IP 作用域），当 DHCP 客户端请求 IP 地址时，DHCP 服务器将从此范围提取一个尚未使用的 IP 地址分配给 DHCP 客户端。

① 新建作用域。在控制台目录树中，单击 WWW*xx* 192.168.0.*xx* 服务器。在主菜单上选择“操作→新建作用域”。在“新建作用域向导”中，进行下列参数设置。

名称：Internet

说明：为空

作用域的起始 IP 地址：192.168.0.1

作用域的结束 IP 地址：192.168.0.254

子网掩码：255.255.255.0

IP 地址排除范围：192.168.0.1 和 192.168.0.100

租约期限：1 天，选择“否，我想稍后配置这些选项”。

② 授权。DHCP 服务器安装好后并不能提供服务，它必须经过一个“授权”的过程。选择“开始→程序→管理工具→DHCP 管理工具”，打开 DHCP 管理窗口。右击要授权的 DHCP 服务器，选择“管理授权的服务器→授权”菜单，输入要授权的 DHCP 服务器的 IP 地址，单击“确定”按钮。

③ 激活作用域。在控制台目录树中，选定 WWW*xx*192.168.0.*xx*，单击“作用域 192.168.0.0 Internet”。服务器。在主菜单上选择“操作→激活”。“激活”的目的是允许为客户动态分配 IP 地址。

2） 测试 DHCP 服务器功能

（1） 确认服务器的工作状况

WWW*xx*192.168.0.*xx* 的服务器已启动，至少实训中定义的作用域 192.168.0.0Internet 已被激活，并且已按实训中给定的参数进行了设置。

（2） 配置客户机 TCP / IP 属性

将 Windows 客户端的 IP 地址设置为“自动获取 IP 地址”。

（3） 客户端检查获得的地址信息

① 用 Windows 客户端运行命令 Winipcfg /all 或命令 Ipconfig /all，查看获取的 IP 地址。

② 记录已被设定的设置值，即适配卡地址、IP 地址、子网掩码、DHCP 服务器、网关、DNS 服务器的具体数值。

（4） 从服务端检查客户机租约信息

① 在服务器端，打开 DHCP 控制台，展开作用域 192.168.0.0 Internet，选择“地址租约”。

② 在右侧详细信息窗口中，可找到地址租约信息。利用主菜单“操作→刷新”，可以显示当前客户机的租约信息。

③ 比较租约信息中新记录的客户 IP 地址、租约截止日期及唯一 IP 与客户端操作中记录的信息是否一致。

（5） 从服务器删除客户租约

在控制台目录树中，单击作用域 192.168.0.0 Internet 所属的“地址租约”，在右侧详细信息窗口中，单击要删除的客户 IP 地址。在主菜单上选择“操作→删除”。

重新启动客户机。回到服务器的 DHCP 控制台，刷新并查看“地址租约”的右侧详细信息窗口，观察是否有变化。

3） DHCP 服务器的管理

IP 作用域的管理主要是指修改、停用、协调、与删除 IP 作用域，这些操作都在 DHCP 控制台中完成。使用鼠标右键单击要处理的 IP 作用域，选择弹出菜单中的“属性”、“停用”、“协调”、“删除”选项可完成修改 IP 范围、停用、协调与删除 DHCP 服务等操作。

（1） 查看作用域的属性

在控制台目录树中，单击作用域 192.168.0.0 Internet。在主菜单上选择“操作→属性”，根据需要查看或修改作用域属性。

（2） 停用作用域

在控制台目录树中，单击作用域 192.168.0.0 Internet。在主菜单上选择“操作→停用”，在本实训中，不要求必须完成此操作。

（3） 删除作用域

在控制台目录树中，单击作用域 192.168.0.0 Internet。在主菜单上选择“操作→删除”。当出现删除提示后，单击“是”按钮删除作用域。在本实训中，不要求必须完成此操作。

（4） 从作用域中排除地址

注意：在一台 DHCP 服务器内，只能针对一个子网设置一个 IP 作用域。例如：不能建立一个 IP 作用域 210.43.23.1~210.43.23.60 后，再建立另一个 IP 作用域 210.43.23.100~ 210.43.23.160。解决方法是先设置一个连续的 IP 作用域 210.43.23.1~210.43.23.160，然后将中间的 210.43.23.61~210.43.23.99 添加到排除范围。

① 在控制台目录树中，选择作用域 192.168.0.0 Internet，单击“地址池”，在主菜单上选择“操作→新建排除范围”。

② 在“添加排除”对话框中，键入你想从该作用域中排除的“起始 IP 地址”和“结束 IP 地址”。例如，可输入 192.168.0.201 和 192.168.0.254，然后单击“添加”按钮。

（5） 配置作用域选项

① 在控制台目录树中，选择作用域 192.168.0.0 Internet，单击“作用域选项”，在主菜单上选择“操作配置选项”。

② 出现作用域对话框后，从“常规”选项卡的“可选项”列表中，查找 3 路由器、6 DNS 服务器、12 主机名、15 DNS 域名、44 WINS 服务器，并用下列值分别对它们进行设置。

192.168.0.*xx*

192.168.0.*xx*

client*xx*

demo.edu.cn

192.168.0.*xx*

（6） 从客户端测试作用域选项功能

① 上述设置完成之后，在客户端先记录 IP 配置窗口中显示的项目当前值，包括主机名、DNS 服务器、默认网关、主控 WINS 服务器。

② 然后单击“更新”按钮，会重新获得动态 IP 地址，比较前后的变化，分析与作用域选项设置的相关性。

（7） 添加客户保留

可以保留特定的 IP 地址给特定的客户端使用，以便该客户端每次申请 IP 地址时都拥有相同的 IP 地址。另一方面可以通过此功能逐一为用户设置固定的 IP 地址，即所谓“IP-MAC”绑定，这样会减少不少维护工作量。

① 删除掉客户机获得的 IP 地址。在服务器端，打开 DHCP 控制台目录树。单击作用域 192.168.0.0 Internet 分支下的“保留”。在主菜单上单击“选择→新建保留”。键入客户保留所需的信息，包括名称 client*xx*，IP 地址 192.168.0.2*xx*，MAC 地址为前面记录的客户端的“适配卡地址”。单击“添加”按钮，然后单击“关闭”按钮。

② 回到客户端，先记录 IP 配置窗口中显示的 IP 地址当前值，然后单击“更新”按钮，重新获得动态 IP 地址。比较前后的变化，分析与“保留”设置的相关性。此外，还可以为每

个保留地址设置相应的配置选项（客户选项）。

5. FTP 服务器

1） 安装、配置与访问 FTP 服务器

（1） 在服务器上安装 FTP 信息服务组件

以管理员的身份登录到服务器，在服务器上完成以下操作。

① 依次选择“开始→设置→控制面板”菜单项，在弹出的窗口中双击“添加 / 删除程序”，选择左侧列表中的“添加 / 删除 Windows 组件”。

② 滚动列表并选定“Internet 信息服务（IIS）”按钮，单击“详细信息”按钮。

③ 选定“文件传输协议（FTP）服务器”，单击“确定”。安装完成后关闭“添加或删除程序”窗口。

重新启动计算机，继续配置 FTP 服务器组件。

（2） 启动默认 FTP 站点

① 打开 Internet 信息服务管理器。在桌面的任务栏上，依次选择“开始→程序→管理工具→Internet 信息服务器”菜单项。

② 开始启动 FTP 服务。在主菜单上选择“重新启动 IIS”。在随后弹出的对话框中，选择“重新启动 WWW*xx* 的 Internet 服务”，单击“确定”按钮。

③ 观察 FTP 是否已启动。在主菜单上选择“操作”菜单项，此时，“启动”菜单项应处于未用状态。

（3） 查看默认 FTP 站点设置

① 查看默认 FTP 站点属性。在左侧目录树中的，展开 WWW*xx* 的服务器，单击 WWW*xx* 服务器分支下的“默认 FTP 站点”。在主菜单上选择“操作→属性”，根据需要查看或修改服务器的属性。

② 查看默认 FTP 站点与 TCP / IP 的关系。在“默认 FTP 站点属性”对话框中，切换到“FTP 站点”选项卡，在出现的“IP 地址”下拉列表中，显示了可使用的 IP 地址，默认为服务器可使用的全部 IP 地址。“TCP 端口”显示了 FTP 服务器端口号，默认为 21 端口。把默认的“全部未指定”项目，更改为 IP 地址 192.168.0.*xx*。

③ 查看有多少客户能同时连接到服务器上。在“默认 FTP 站点属性”对话框中，切换到“FTP 站点”选项卡，默认情况为“限制到”已被选择，指定为 100 000 个，如果客户处于连续空闲的状态超过 900 s，服务器会自动断开这些客户的连接。

（4） 查看默认 FTP 站点如何控制客户使用

① 查看哪些客户是合法的。在“默认 FTP 站点属性”对话框中，单击“安全账户”选项卡，可以控制允许哪些客户（IP 地址标识）使用或拒绝，使用“添加”、“删除”和“编辑”可对列表进行修改。

② 识别客户身份。在“默认 FTP 站点属性”对话框中，切换到“安全账户”选项卡，默认情况为“允许匿名连接”已被选择，其中包括“用户名”和“密码”输入域。

③ 查看允许客户对文件操作的类型。在“默认 FTP 站点属性”对话框中，切换到“主目录”选项卡，默认情况为“此计算机上的目录”已被选择，本地路径为“盘符:\inetpub\ftproot”，允许的操作有“读取”和“日志”。

（5） 配置 FTP 站点

① 新建一个文件夹。使用资源管理器，建立“盘符：\inetpub\myweb”。

② 复制测试文件。使用资源管理器，复制“盘符：\inetpub\wwwroot*”到“盘符：\inetpub\ftproot”。

复制“盘符：\inetpub\wwwroot*.asp”到“盘符：\inetpub\myweb”。

③ 建立虚拟目录。打开 Internet 信息服务管理器，在左侧目录树中，选择服务器 WWW*xx* 分支下的“默认 FTP 站点”，选择主菜单“操作→新建→虚拟目录”，弹出“虚拟目录创建向导”。按屏幕提示，设置别名为 myweb，路径为“盘符：\inetpub\myweb”，权限为“读取”和“写入”。

④ 查看虚拟目录配置。在左侧目录树中，选择“默认 FTP 站点”下的新节点“myweb”，选择 “操作→属性”。

（6） 访问默认 FTP 站点

在 Windows 客户端的地址栏，输入“ftp://用户名:密码@IP 地址:端口”，便可以打开 FTP 站点窗口进行文件的下载和上传。其中用户名、密码、IP 地址及端口都是在 FTP 站点设置的。

2） 管理默认 FTP 站点

（1） 更改客户端显示风格

① 在 Internet 信息管理器树中，选择服务器 WWW*xx* 分支下的“默认 FTP 站点”，选择“操作→属性”，弹出“默认 FTP 站点属性”对话框。

② 切换到“消息”选项卡，设置“欢迎”中的内容为“欢迎使用默认 FTP 站点”，“退出”中的内容为“谢谢使用!”，“最大连接数为”中的内容为“对不起，目录用户数已满，请稍后再试”。

③ 切换到“主目录”选项卡，选择“UNIX”单选按钮，单击“确定”按钮。

（2） 设置只允许匿名（anonymous）用户使用

① 在 Internet 信息管理器树中，选择服务器 WWW*xx* 分支下的“默认 FTP 站点”，选择“操作→属性”，弹出“默认 FTP 站点属性”对话框。

② 切换到“安全账户”选项卡，选择“只允许匿名连接”。

（3） 观察与服务器的连接

在“默认 FTP 站点属性”对话框中，切换到“当前会话”选项卡，查看“FTP 用户会话”对话框中的内容。

3） 使用 Serv-U 建立 FTP 服务器

（1） 安装、设置 Serv-U FTP 服务器

① 下载最新版本的 Serv-U 服务器软件。该软件是共享软件，可免费试用，各版本有所差别，但基本功能及设置类似。

② 运行下载的 Serv-U 服务器安装软件，按照安装向导安装 Serv-U 服务器软件。

③ 安装完成后，单击“Close”，选择以管理员“Administrator”身份开始运行 Serv-U，自动打开运行向导，根据提示输入 FTP 服务器的 IP 地址为 192.168.0.*xx*。

④ 为 FTP 服务器设置任意一个域名，若允许，在是否允许匿名登录处选择“Yes”，其中，匿名访问是以“Anonymous”为用户名称登录的。

⑤ 选择匿名用户可访问的 FTP 服务器的主目录，这里可以指定一个硬盘上已存在的目录，例如“E：\inetpub\ftproot”。

⑥ 询问是否要锁定该目录，锁定后，匿名登录的用户将只能访问指定的主目录，也就是说只能访问这个目录下的文件和文件夹，这个目录之外就不能访问，对于匿名用户一般选择“Yes”。

⑦ 询问是否创建命名的账号，可以为每个人都创建一个账号，每个账号的权限不同，这里选择“Yes”；输入用户登录的账号名称和密码，例如账号和密码均为 admin。

⑧ 为账号 Admin 选择可以访问 FTP 服务器的主目录。

⑨ 设置需要用户名登录的用户权限，询问是否要锁定该目录，选择“No”。单击“Finish”。

⑩ 接下来询问这次创建的用户的管理员权限，有无权限、组管理员、域管理员、只读管理员和系统管理员，每项的权限各不相同；这里可以选择系统管理员。

⑪ 至此，已建立了一个域，一个匿名账户 Anonymous 和一个账号 admin。可以看到所建立的域已处在运行状态。

（2） 账号管理

① 新建账号。在 Serv-U 管理器的左窗格中，右击“Users”，选择“New User”，建立一个新登录账号，按照上述操作步骤（1）～（10），进行相关设置。

② 删除账号。在 Serv-U 管理器的左窗格中，右击一个账号，选择“Delete User”（删除用户）。

③ 复制账号。在 Serv-U 管理器的左窗格中，右击一个账号 *xx*，选择“Copy User”（复制用户）。则会多出一个名字如 Copy of *xx* 格式的新账号，它除了账号名和原来的不同外，其他部分（包括密码、主目录、目录权限等）均与原来的完全一致。

④ 禁用账号。在 Serv-U 管理器的左窗格中，选定一个账号，然后在右窗格中单击“Account”（账户）标签，勾选“Disable account”（禁止账户），单击“Apply”按钮。

（3） 对目录权限的管理

① 增加、删除或更改账号的访问目录。在 Serv-U 管理器的左窗格中，选定一个账号，在右窗格中单击“Dir Access”（目录存取）标签。分别单击“Add”、“Delete”或“Edit”，可以增加、删除或更改账号的访问目录。

② 设置账号对目录或文件的访问权限。在 Serv-U 管理器的左窗格中，选定一个账号，在右窗格中单击“Dir Access”（目录存取）标签。然后在列表中选中相应目录，在窗口右侧更改当前用户对它的访问权限，最后单击“Apply”按钮。

对文件的访问权限如下。

READ：允许用户下载文件。

WRITE：允许用户上传文件，但无权对文件进行更改、删除或重命名。

APPEND：允许用户对已有的文件进行附加。

DELETE：允许用户对文件进行改动、重命名或删除。

EXECUTE：允许用户通过 FTP 运行可执行文件。

对目录的访问权限如下。

LIST：允许用户取得目录列表。

MAKE：允许用户在根目录下建立新的子目录。

REMOVE：允许用户删除根目录下的子目录。

INHERIT：对某一目录设置的访问权限将自动被该目录下的所有子目录继承，否则就只对其当前 Path（目录）有效。

（4） 使用磁盘限额

随着用户数量的增加，一个非常实际的问题就是如何既能够确保每个用户都有足够的硬盘空间可用，同时又防止 FTP 服务器吞食整个机器的硬盘资源。同样，在这个问题上 Serv-U 提供了有力的解决方案。操作步骤如下：在 Serv-U 管理器的左窗格中，选定一个账号，在右窗格中单击“QUATO”标签，出现设置窗口，根据具体的情况设置账号所能支配的最大硬盘空间，从而有效地解决硬盘空间不足的问题。

（5） 基于 IP 地址授予或拒绝访问权限

基于 IP 地址授予或拒绝访问权限设置如下。

在 Serv-U 管理器的左窗格中，选定一个账号，在右窗格中单击“IP ACCESS”标签，当前所有的访问规则将会显示在右边的列表中。通过右侧 IP ACCESS 窗格，可以对 IP 地址进行授予或拒绝访问权限的设置。

Serv-U 提供了两种基本的访问规则，分别为“拒绝访问”规则和“允许访问”规则。在“拒绝访问”规则下，所有来自用户输入的 IP 地址的访问者都将被拒绝访问，而来自其他 IP 地址的用户都将被授予访问权限。同理，如果用户选择了“允许访问”规则，那么所有来自用户输入的 IP 地址的访问者都将被授予访问权限，而来自其他 IP 地址的用户将无权访问 FTP 服务器。

通过以上服务的设置，用户可以针对不同的 IP 地址，设置不同的权限，从而有效地保障 FTP 服务器免受非法访问者的侵害。

小结

本章主要介绍 Windows Server 2003 的基本概念、基本操作及其所能提供的网络服务。文件共享和用户账户管理则是文件服务器配置的两项主要内容。任何一个用户想要登录到 Windows Server 2003 服务器上，都必须要拥有一个属于自己的账户。要能够设置和管理用户账户及其权限设置。

Windows Server 2003 在磁盘管理方面提供了强大的功能。磁盘管理任务位于“计算机管理”控制台中，包括查错程序、磁盘碎片整理程序、磁盘整理程序等，可以通过“计算机管理”控制台设置和管理。

DHCP 是通过服务器动态分配客户端 IP 地址、集中管理网络上使用的 IP 地址及其他相关配置信息，以减少管理 IP 地址配置的复杂性。Windows Server 2003 允许服务器履行 DHCP 的职责并且在网络上配置启用 DHCP 的客户机。

DNS 提供了网络访问中域名到 IP 地址的自动转换。当 DNS 用户提出 IP 地址查询请求时，可以由 DNS 服务器中的数据库提供所需的数据。DNS 技术目前已广泛应用于 Internet 中。

IIS 6.0 集成了安装向导、集成的安全性和身份验证应用程序、Web 发布工具和对其他基于 Web 的应用程序的支持等附加特性，可以充当利用 Windows 中 NTFS 文件系统内置的安全性来保证 IIS 的安全，从而提高 Internet 的整体性能。Web 服务的实现采用客户端/服务器模型。Web 服务器保存大量的公用信息。客户端通过 Web 浏览器从 Web 服务器中浏览或获取信息。

FTP 服务是 IIS 服务的又一重要组成部分，其作用是用来在 FTP 服务器和 FTP 客户端之间完成文件的传输。传输是双向的，既可以从服务器下载到客户端，也可以从客户端上传到

服务器。

熟练掌握 Windows Server 2003 网络服务的安装与配置，才能够利用 Windows Server 2003 架设并维护局域网上的常用服务。

习题

1. Windows Server 2003 中提供了哪几种用户账户类型？
2. Windows Server 2003 中有几种组类型？分别说明它们的作用域。
3. 如何设置资源共享？如何给用户分配访问权限？
4. 设置磁盘配额的意义什么？
5. 简述 Windows Server 2003 中 DHCP 服务的工作过程。
6. 简述建立与配置 DHCP 服务器的步骤。
7. 简述 Windows Server 2003 中 DNS 服务的解析过程。
8. 简述 Web 服务器响应 Web 请求分哪几步？如何添加默认文档。
9. 简述如何建立虚拟 Web 站点和虚拟目录。
10. 简述如何远程管理 Web 站点。
11. 简述 FTP 会话建立的过程？
12. 简述 FTP 站点的配置。
13. 简述客户端如何访问 FTP 站点。
14. 简述建立与配置 Windows Media 服务的步骤。

项目八　网络安全

随着网络应用的普及和电子商务、电子政务的开展、实施和应用，网络安全已经不再仅仅为科学研究人员和少数黑客所涉足，日益庞大的网络用户群同样需要掌握网络安全知识。如何更有效地保护重要的信息数据、提高计算机网络系统的安全性已经成为所有计算机网络应用必须考虑和必须解决的一个重要问题。

本章主要学习网络安全概述、防火墙技术、信息加密技术、网络攻击与防范。

项目学习目标

- 熟悉网络安全的概念和网络安全威胁。
- 了解网络安全的层次、安全组件与安全策略。
- 了解防火墙技术和信息加密技术。
- 了解网络攻击与防范的基本知识。
- 能够进行计算机网络常用的安全防护。

8.1　网络安全概述

网络安全概念及分类、网络安全威胁、网络安全的结构层次与主要组成、网络安全组件、安全策略的制定与实施。

8.1.1　网络安全的概念

计算机安全应包括单一环境下的计算机安全和整个计算机网络的安全。所有安全上的风险都与访问计算机的用户有关，也就是攻击者来自于具有访问计算机权限的用户或者是通过一些用非法手段访问计算机的人。任何一台连接到网络上的计算机都有可能被其他人滥用或误用。没有一种完全可靠的方法确保计算机网络的安全，即使今天最昂贵、最先进的硬件和软件安全解决方案也如此。然而，采取预防性的安全措施并始终关注计算机网络领域的安全问题可以大大降低安全风险。

从本质上来讲，网络安全就是网络上的信息安全，是指网络系统的硬件、软件及其系统中的数据受到保护，不受偶然的或者恶意的原因而遭到破坏、更改和泄露，系统能够连续、可靠、正常地运行，网络服务不中断。广义地说，凡是涉及到网络上信息的保密性、完整性、可用性、真实性和可控性的相关技术和理论都是网络安全所要研究的领域。网络安全涉及的内容既有技术方面的问题，也有管理方面的问题，两方面相互补充，缺一不可。技术方面主要侧重于防范外部非法用户的攻击，管理方面则侧重于内部人为管理的因素。

8.1.2　网络安全的分类

（1）　运行系统安全

即保证信息处理和传输系统的安全。它侧重于保证系统正常运行，避免因为系统的崩溃和损坏而对系统存储、处理和传输的信息造成破坏和损失，避免由于电磁泄露，产生信息泄露，干扰他人或受他人干扰。

（2） 网络上系统信息的安全

包括用户口令鉴别。用户存取权限控制、数据存取权限、方式控制，安全审计，安全问题跟踪、计算机病毒防治、数据加密。

（3） 网络上信息传播安全

即信息传播后果的安全，包括信息过滤等。它侧重于防止和控制非法、有害的信息传播的后果，避免公用网络上大量自由传输的信息失控。

（4） 网络上信息内容的安全

它侧重于保护信息的保密性、真实性和完整性。避免攻击者利用系统的安全漏洞进行窃听、冒充、诈骗等有损于合法用户的行为，本质上是保护用户的利益和隐私。

8.1.3 网络中存在的威胁

目前网络中存在的威胁主要表现在以下几个方面。

（1） 非授权访问

没有预先经过同意就使用网络或计算机资源被看作是非授权访问，如有意避开系统访问控制机制，对网络设备及资源进行非正常使用，或擅自扩大权限，越权访问信息。非授权访问主要包括以下几种形式：假冒、身份攻击、非法用户进入网络系统进行违法操作、合法用户以未授权方式进行操作等。

（2） 泄露或丢失信息

泄露或丢失信息指敏感数据被有意泄露出去或丢失，通常包括，信息在传输中丢失或泄露（如“黑客”们利用电磁泄露或搭线窃听等方式可截获机密信息，或通过对信息流向、流量、通信频度和长度等参数的分析，得到用户密码、账号等重要信息），信息在存储介质中丢失或泄露，敏感信息被隐蔽隧道窃取等。

（3） 破坏数据完整性

指以非法手段窃得对数据的使用权，删除、修改、插入或重发某些重要信息，以取得有益于攻击者的响应；恶意添加、修改数据，以干扰用户的正常使用等。

（4） 拒绝服务攻击

通过不断对网络服务系统进行干扰，改变其正常的作业流程，执行无关程序响应来减慢甚至使网络服务瘫痪，影响正常用户的使用，导致合法用户被排斥而不能进入计算机网络系统或不能得到相应的服务等。

（5） 利用网络传播病毒

通过网络传播计算机病毒，其破坏性大大高于单机系统，而且用户很难防范。

8.1.4 网络安全的结构层次

网络安全的结构层次主要包括：物理安全、安全控制和安全服务。

1. 物理安全

物理安全是指在物理介质层次上对存储和传输的网络信息的安全保护。也就是保护计算机网络设备、设施以及其他媒体免遭地震、水灾、火灾等环境事故以及人为操作失误或错误及各种计算机犯罪行为导致的破坏过程。物理安全是网络信息安全的最基本保障，是整个安全系统不可缺少和忽视的组成部分。它主要包括以下三个方面。

（1） 环境安全。对系统所在环境的安全保护，如区域保护和灾难保护。

（2） 设备安全。主要包括设备的防盗、防电磁信息辐射泄露、防止线路截获、抗电磁干扰及电源保护等。

（3） 媒体安全。包括媒体数据的安全及媒体本身的安全。目前，该层次上常见的不安全因素包括三大类：自然灾害（比如，地震、火灾、洪水等）、物理损坏（比如，硬盘损坏、设备使用寿命到期、外力破损等）、设备故障（比如，停电断电、电磁干扰等）。此类不安全因素的特点是：突发性、自然性、非针对性。这种不安全因素对网络信息的完整性和可用性威胁最大，而对网络信息的保密性影响却较小，因为在一般情况下，物理上的破坏将销毁网络信息本身。解决此类不安全隐患的有效方法是采取各种防护措施、制定安全规章制度等。

2. 安全控制

安全控制是指在网络信息系统中对存储和传输信息的操作和进程进行控制和管理，重点是在网络信息处理层次上对信息进行初步的安全保护。安全控制可以分为以下三个层次。

（1） 操作系统的安全控制。对用户的合法身份进行核实，如开机时要求键入口令、对文件的读写存取的控制；如文件实行属性控制机制，此类安全控制主要是保护被存储数据的安全。

（2） 网络接口模块的安全控制。在网络环境下对来自其他机器的网络通信进程进行安全控制。此类控制主要包括身份认证、客户权限设置与判别、审计日志等。

（3） 网络互连设备的安全控制。对整个子网内的所有主机的传输信息和运行状态进行安全监测和控制，此类控制主要通过网管软件或路由器配置实现。

需要指明的是，安全控制主要通过现有的操作系统或网管软件、路由器配置等实现。安全控制只提供了初步的安全功能和网络信息保护。

3. 安全服务

安全服务是指在应用层对网络信息的保密性、完整性和信源的真实性进行保护和鉴别，满足用户的安全需求，防止和抵御各种安全威胁和攻击手段。安全服务可以在一定程度上弥补和完善现有操作系统和网络信息系统的安全漏洞。

安全服务的主要内容包括：安全机制、安全连接、安全协议、安全策略等。

（1） 安全机制。安全机制是利用密码算法对重要而敏感的数据进行处理。比如，以保护网络信息的保密性为目标的数据加密和解密；以保证网络信息来源的真实性和合法性为目标的数字签名和签名验证；以保护网络信息的完整性为目标的，防止和检测数据被修改、插入、删除和改变的信息认证等。安全机制是安全服务乃至整个网络信息安全系统的核心和关键。现代密码学在安全机制的设计中扮演着重要的角色。

（2） 安全连接。安全连接是在安全处理前与网络通信方之间的连接过程。它为安全处理作了必要的准备工作。安全连接主要包括会话密钥的分配、生成和身份验证。后者旨在保护信息处理和操作的对等双方的身份真实性和合法性。

（3） 安全协议。安全协议使网络环境下互不信任的通信方能够相互配合，并通过安全连接和安全机制的实现来保证通信过程的安全性、可靠性和公平性。

（4） 安全策略。安全策略是安全体制、安全连接和安全协议的有机组合方式，是网络

信息系统安全性的完整的解决方案。安全策略决定了网络信息安全系统的整体安全性和实用性。不同的网络信息系统和不同的应用环境需要不同的安全策略。

8.1.5 网络安全组件

网络的整体安全是由安全操作系统、应用系统、防火墙、网络监控、安全扫描、信息审计、通信加密、灾难恢复、网络反病毒等多个安全组件共同组成的，每一个单独的组件只能完成其中的部分功能，而不能完成全部功能。

1. 防火墙

防火墙是指在两个网络之间加强访问控制的一整套装置，是软件和硬件的组合体，通常被比喻为网络安全的大门，用来鉴别什么样的数据包可以进出企业内部网。在可信任的内部网和不可信任的外部网之间构造一个保护层。防火墙可以阻止基于 IP 包头的攻击和非信任地址的访问，但无法阻止基于数据内容的黑客攻击和病毒入侵，同时也无法控制内部网络之间的攻击行为。

2. 扫描器

扫描器是一种自动检测远程或本地主机安全性弱点的程序，通过使用扫描器可以自动发现系统的安全缺陷。但是，扫描器无法发现正在进行的入侵行为，而且它也可以被攻击者加以利用。扫描器可以分为主机扫描器和网络扫描器。

3. 防毒软件

防毒软件可以实时检测、清除各种已知病毒，具有一定的对未知病毒的预测能力，利用代码分析等手段能够检查出最新病毒。在应对网络入侵方面，它可以查杀特洛伊木马和蠕虫等病毒程序，但不能有效阻止基于网络的攻击行为。

4. 安全审计系统

安全审计系统对网络行为和主机操作提供全面详实的记录，其目的是测试安全策略是否完善，证实安全策略的一致性，方便用户分析与审查事故原因，协助攻击的分析，收集证据以用于起诉攻击者。

前 4 种安全组件对正在进行的外部入侵和网络内部攻击缺乏检测和实时响应功能。所有这些在 IDS 上得到了圆满的解决。

5. IDS

由于防火墙所暴露出来的不足和弱点，引发了人们对 IDS（入侵检测系统）技术的研究和开发。它被认为是防火墙之后的第二道安全闸门，在不影响网络性能的情况下对网络进行检测，从而提供对内部攻击、外部攻击和误操作的实时保护。

（1） IDS 的主要功能

① 监控、分析用户和系统的活动。

② 检查系统配置和漏洞。

③ 评估关键系统和数据文件的完整性。

④ 识别攻击的活动模式，并向网管人员报警。

⑤ 对异常活动的统计分析。

⑥ 操作系统审计跟踪管理，识别违反政策的用户活动。

⑦ 评估重要系统和数据文件的完整性。

（2） IDS 可分为主机型和网络型两种

① HIDS

主机型入侵检测系统（Host Intrusion Detection System，HIDS）主要用于保护运行关键应用的服务器，它通过监视与分析主机的审计记录和日志文件来检测入侵。

HIDS 的优点有：确定攻击是否成功、监控粒度更细、配置灵活、可用于加密和交换的环境、对网络流量不敏感和不需要额外的硬件。

HID 的缺点有：占用主机资源，在服务器上产生额外负载缺乏平台支持，可移植性差。

② NIDS

网络入侵检测系统（Network Intrusion Detection System，NIDS）主要用于实时监控网络关键路径信息，它通过侦听网络上的所有分组来采集数据，分析可疑现象。NIDS 通常利用一个运行在混杂模式下的网络适配器来实时监视并分析通过网络的所有通信业务。

NIDS 的优点有：检测速度快、隐蔽性好、视野更宽、较少的检测器、攻击者不易转移证据、操作系统无关性和配置在专用机器而不占用额外资源。

NIDS 的缺点有：只能监视本网段的活动，精确度不高；在交换环境下难以配置；防入侵欺骗的能力较差；难以定位入侵者。

提示： 由于每个网络安全组件自身的限制，不可能把入侵检测和防护做到一应俱全。所以不能指望通过使用某一种网络安全产品实现绝对的安全。只有根据具体的网络环境，有机整合这些网络安全组件才能最大限度地满足用户的安全需求。

8.1.6 安全策略的制定与实施

安全的基石是社会法律、法规与手段，即通过建立与信息安全相关的法律、法规，使非法分子慑于法律，不敢轻举妄动。先进的安全技术是信息安全的根本保障，用户对自身面临的威胁进行风险评估，决定其需要的安全服务种类。选择相应的安全机制，然后集成先进的安全技术。使用计算机网络的机构、企业和单位应建立相应的信息安全管理办法，加强内部管理，建立审计和跟踪体系，提高整体信息安全意识。

1. 安全工作目的

安全工作的目的就是在法律、法规、政策的支持与指导下，通过采用合适的安全技术与安全管理措施，达到以下目的。

（1） 使用访问控制机制，阻止非授权用户进入网络，从而保证网络系统的可用性。

（2） 使用授权机制，实现对用户的权限控制，同时结合内容审计机制，实现对网络资源及信息的可控性。

（3） 使用加密机制，确保信息不暴露给未授权的实体或进程，从而实现信息的保密性。

（4） 使用数据完整性鉴别机制，保证只有得到允许的人才能修改数据，从而确保信息的完整性。

（5） 使用审计、监控、防抵赖等安全机制，并进一步对网络出现的安全问题提供调查

依据和手段，实现信息安全的可审查性。

2. 安全策略

安全策略是指在某个特定的环境中，为达到一定级别的安全保护需求所必须遵守的诸多规则和条例。安全策略包括 3 个重要组成部分：安全立法、安全管理和安全技术。安全立法是第一层，相关网络安全的法律法规可以分为社会规范和技术规范；安全管理是第二层，主要指一般的行政管理措施；安全技术是第三层，它是网络安全的物质技术基础。

3. 安全策略的实施

（1） 重要的商务信息和软件的备份应当存储在受保护、限制访问且距离源地点足够远的地方，这样备份数据就能逃脱本地的灾害。因此需要将关键的生产数据安全地存储在相应的位置。这一策略要求将最新的备份介质存放在距离资料地较远的地方。同样，规定只有被授权的人才有权限访问存放在远程的备份文件。在某些情况下，为了确保只有被授权的人可以访问备份文件中的信息，需要对备份文件进行加密。

（2） 需要给网络环境中系统软件打上最新的补丁。各公司的联网系统应当具备一套可供全体员工使用的方法，以方便定期检查最新的系统软件补丁、漏洞修复程序和升级版本。当需要时，此方法必须能够为连接 Internet 和其他公用网络的计算机迅速安装这些新的补丁、漏洞修复程序和升级版本。

（3） 安装入侵检测系统并实施监视。为了让企业能快速响应攻击，所有与 Internet 连接的、设置多用户的计算机必须安装一套信息安全部门认可的入侵检测系统。

入侵检测系统不同于漏洞识别系统，前者在防御措施遭受破坏时向工作人员发出警报，后者是告诉工作人员有哪些漏洞需要修复以支撑防御系统。通常入侵检测系统会通过一个网络管理系统或其他通知手段实时向负责人员报警并采取应对措施。例如，计算机紧急响应小组（CERT）的成员可根据入侵检测系统的手机报警采取行动。这一策略的目的是确保内部网络外围设备上的所有系统都具备适当的入侵检测系统。

（4） 启动最小级别的系统事件日志。计算机系统在处理一些敏感、有价值或关键的信息时必须可靠地记录下重要的、与安全有关的事件。与安全有关的事件包括：企业猜测密码、使用未经授权的权限、修改应用软件以及系统软件。

此策略可为所有生产系统采用，而不只是那些需要处理敏感的、价值高的或关键信息的系统。不管怎样，企业实施此策略可确保此类日志被记录下来，并在一段时期内保存在一个安全的地方。在许多情况下会运用哈希算法或数字签名来判断系统日志记录之后是否被改动过。

8.2 防火墙技术简介

8.2.1 防火墙的概念及其技术现状

防火墙（Firewall）是指隔离在本地网络与外界网络之间的一道防御系统，是这一类防范措施的总称。在互联网上防火墙是一种非常有效的网络安全模型，通过它可以隔离风险区域（即 Internet 或有一定风险的网络）与安全区域（局域网）的连接，同时不会妨碍人们对风险区域的访问，如图 8-1 所示。防火墙也是各企业网络中实施安全保护的核心，管理员有选择地拒绝进出网络的数据流量，其功能也是由防火墙来完成的。

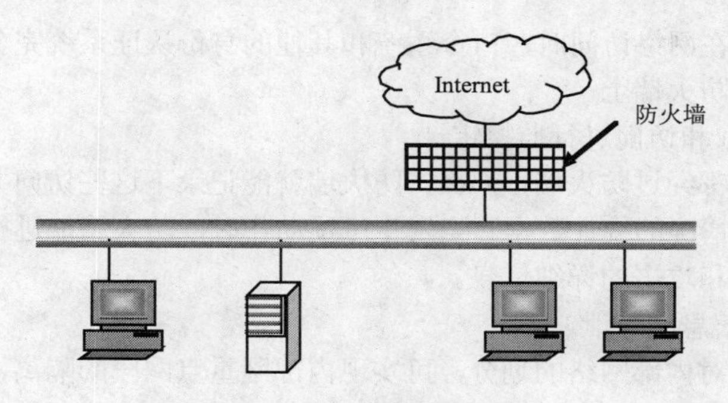

图 8-1　防火墙技术

在逻辑上，防火墙是一个分离器，一个限制器，也是一个分析器，它有效地监控了内部网和 Internet 之间的任何活动，保证了内部网络的安全。

自从 1986 年美国 Digital 公司在 Internet 上安装了全球第一个商用防火墙系统后，防火墙技术得到了飞速的发展。目前有几十家公司推出了功能不同的防火墙系统产品。

第一代防火墙，又称包过滤防火墙，主要通过对数据包源地址、目的地址、端口号等参数来决定是否允许该数据包通过，但这种防火墙很难抵御 IP 地址欺骗等攻击，而且审计功能很差。

第二代防火墙，也称代理服务器，它用来提供网络服务级的控制，起到外部网络向被保护的内部网络申请服务时的中间转接作用，这种方式可以有效地防止对内部网络的直接攻击，安全性较高。

第三代防火墙有效地提高了防火墙的安全性，称为状态监控功能防火墙，它可以对每一层的数据包进行检测和监控。

第四代防火墙。随着网络攻击手段和信息安全技术的发展，新一代功能更强大、安全性更强的防火墙已经问世，这个阶段的防火墙已超出了原来传统意义上防火墙的范畴，已经演变成一个全方位的安全技术集成系统，我们称之为第四代防火墙，它可以抵御目前常见的网络攻击，如 IP 地址欺骗、特洛伊木马攻击、Internet 蠕虫、口令探寻攻击、邮件攻击等。

从早期的简单包过滤技术到应用代理技术，再到状态包过滤技术，防火墙技术总共经历了三个发展阶段。其中，状态包过滤技术因为安全性和性能都比较好，得到了广泛的应用。

8.2.2　防火墙的功能

（1）　防火墙是网络安全的屏障

一个防火墙（作为阻塞点、控制点）能极大地提高一个内部网络的安全性，并通过过滤不安全的服务而降低风险。由于只有经过精心选择的应用协议才能通过防火墙，所以网络环境变得更安全。如防火墙可以禁止诸如众所周知的不安全的 NFS 协议进出受保护网络，这样外部的攻击者就不可能利用这些脆弱的协议来攻击内部网络。防火墙同时可以保护网络免受基于路由的攻击，如 IP 选项中的源路由攻击和 ICMP 重定向中的重定向路径。防火墙应该可以拒绝所有以上类型攻击的报文并通知防火墙管理员。

（2）　防火墙可以强化网络安全策略

通过以防火墙为中心的安全方案配置，能将所有安全软件（如口令、加密、身份认证、审计等）配置在防火墙上。与将网络安全问题分散到各个主机上相比，防火墙的集中安全管

理更经济有效。例如在网络访问时，口令系统和其他的身份认证系统完全可以不必分散在各个主机上，而集中在防火墙上。

（3） 对网络存取和访问进行监控审计

如果所有的访问都经过防火墙，那么，防火墙就能记录下这些访问并进行日志记录，同时也能提供网络使用情况的统计数据。当发生可疑动作时，防火墙能进行适当的报警，并提供网络是否受到监控和攻击的详细信息。

（4） 防止内部信息的外泄

通过利用防火墙对内部网络的划分，可实现内部网重点网段的隔离，从而限制了局部重点或敏感网络安全问题对全局网络造成的影响。同时，隐私是内部网络非常关心的问题，一个内部网络中不引人注意的细节可能包含了有关安全的线索而引起外部攻击者的兴趣，甚至因此而暴露了内部网络的某些安全漏洞。防火墙可以同样阻塞有关内部网络中的DNS信息，这样一台主机的域名和IP地址就不会被外界所了解。

除了安全作用，防火墙还支持具有Internet服务特性的企业内部网络技术体系VPN。通过VPN，将企事业单位在地域上分布在全世界各地的LAN或专用子网有机地连接成一个整体。不仅省去了专用通信线路，而且为信息共享提供了技术保障。

8.2.3 防火墙的种类

防火墙技术可根据防范的方式和侧重点的不同而分为很多种类型，但总体来讲可分为两大类：包过滤和应用代理。

1. 包过滤型防火墙

包过滤也称为分组过滤，是一种通用、廉价、有效的安全手段。它不针对各个具体的网络服务采取特殊的处理方式，大多数路由器都提供分组过滤功能，它能很大程度地满足企业的安全要求。

（1） 包过滤的工作原理

包过滤在网络层和传输层起作用。它根据分组包的源地址、宿地址，端口号及协议类型、标志确定是否允许分组包通过。所根据的信息来源于IP、TCP或UDP包头。

包过滤防火墙设置在网络层，可以在路由器上实现包过滤。首先应建立一定数量的信息过滤表，信息过滤表是以其收到的数据包头信息为基础而建成的。数据包头含有数据包源IP地址、目的IP地址、传输协议类型（TCP、UDP、ICMP等）、协议源端口号、协议目的端口号、连接请求方向、ICMP 报文类型等。当一个数据报满足过滤表中的规则时，则允许数据报通过，否则禁止通过。这种防火墙可以用于禁止外部不合法用户对内部的访问，也可以用来禁止访问某些服务类型。但包过滤技术不能识别有危险的信息包，无法实施对应用级协议的处理，也无法处理UDP、RPC或动态的协议。

（2） 包过滤防火墙的优缺点

包过滤防火墙的优点是：不用改动客户机和主机上的应用程序，因为它工作在网络层和传输层，与应用层无关。

包过滤防火墙的缺点是：在许多过滤器中，过滤规则的数目是有限制的，且随着规则数目的增加，性能会受到很大地影响；由于缺少上下文关联信息，不能有效地过滤UDP、RPC等协议；另外，大多数过滤器中缺少审计和报警机制，且管理方式和用户界面较差；对安全管理人员素质要求高，建立安全规则时，必须对协议本身及其在不同应用程序中的作用有较深入的理解。因此，过滤器通常是和应用网关配合使用，共同组成防火墙系统。

2. 应用代理型防火墙

应用代理型防火墙是内部网与外部网的隔离点，起着监视和隔绝应用层通信流的作用。它工作在OSI模型的应用层，掌握着应用系统中可用作安全决策的全部信息。

代理防火墙又称为应用层网关级防火墙，它由代理服务器和过滤路由器组成，是目前较流行的一种防火墙，它将过滤路由器和软件代理技术结合在一起，过滤路由器负责网络互连，并对数据进行严格选择，然后将筛选过的数据传送给代理服务器。代理服务器起到外部网络申请访问内部网络的中间转接作用，其功能类似于一个数据转发器，它主要控制哪些用户能访问哪些服务类型。当外部网络向内部网络申请某种网络服务时，代理服务器接受申请，然后它根据其服务类型、服务内容、被服务的对象、服务者申请的时间、申请者的域名范围等来决定是否接受此项服务，如果接受，它就向内部网络转发这项请求。代理防火墙无法快速支持一些新出现的业务（如多媒体）。现在较流行的代理服务器软件是WinGate和Proxy Server。

3. 复合型防火墙

由于对更高安全性的要求，常把基于包过滤的方法与基于应用代理的方法结合起来，形成复合型防火墙产品。这种结合通常是以下两种方案。

（1） 屏蔽主机防火墙体系结构

在该结构中，分组过滤路由器或防火墙与Internet相连，同时一个堡垒机安装在内部网络，通过在分组过滤路由器或防火墙上过滤规则的设置，使堡垒机成为Internet上其他节点所能到达的唯一节点，这确保了内部网络不会受到未授权外部用户的攻击。

（2） 屏蔽子网防火墙体系结构

堡垒机放在一个子网内，形成非军事化区，两个分组过滤路由器放在这一子网的两端，使这一子网与Internet及内部网络分离。在屏蔽子网防火墙体系结构中，堡垒主机和分组过滤路由器共同构成了整个防火墙的安全基础。

8.3 信息加密技术

8.3.1 信息加密的概念

密码技术分为加密和解密（密码学和密码分析学）两部分。

数据加密就是对原来为明文的文件或数据按某种算法进行处理，使其成为不可读的一段代码，通常称为“密文”，密文只能在输入相应的密钥之后才能显示出本来内容，通过这样的途径来达到保护数据不被非法用户窃取、阅读的目的。该过程的逆过程为解密，即将该编码信息转化为原来数据的过程。

密码技术是网络安全最有效的技术之一。一个加密网络，不但可以防止非授权用户的搭线窃听和入网，而且也是对付恶意软件的有效方法之一。

8.3.2 加密系统的组成

加密系统由加密和解密过程组成。明文与密文总称为报文，任何加密系统，不管形式多么复杂，至少包括以下4个组成部分：待加密的报文（明文）、加密后的报文（密文）、加密

（解密）装置或算法，以及用于加密和解密的钥匙。

加密是在不安全的环境中实现信息安全传输的重要方法。例如，当你要发送一份文件给别人时，先用密钥将其加密成密文，当对方收到带有密文的信息后，也要用钥匙将密文恢复成明文。即使发送的过程中有人窃取数据了，得到的也是一些无法理解的密文信息。

8.3.3 常用的加密方法及应用

按照收发双方密钥是否相同来分类，可以将这些加密算法分为常规密码算法（对称式加密法）和公钥密码算法（非对称式加密法）。

1. 常规加密

在常规密码中，收发双方使用相同的密钥，即加密密钥和解密密钥是相同的。常规密码的优点是有很强的保密强度，且能经受住时间的检验和攻击，但其密钥必须通过安全的途径传送。因此，其密钥管理成为系统安全的重要因素。

比较著名的常规密码算法是DES。

2. 公钥加密

在公钥密码中，收发双方使用的密钥互不相同，而且几乎不可能从加密密钥推导出解密密钥。比较著名的公钥密码算法有：RSA、背包密码、McEliece密码、Diffe-Hellman等。最有影响的公钥密码算法是RSA，它能抵抗到目前为止已知的所有密码攻击。

非对称式加密在加密和解密时所使用的不是同一个密钥，通常有两个密钥，称为“公钥”和“私钥”，“公钥”是指可以对外公布的，“私钥”则只能由持有人知道。它们两个必须配对使用，否则不能打开加密文件。它的优越性就在这里，因为对称式的加密方法如果是在网络上传输加密文件就很难把密钥告诉对方，不管用什么方法都有可能被别人窃听到。而非对称式的加密方法有两个密钥，且其中的“公钥”是可以公开的，也就不怕别人知道，收件人解密时只需用自己的私钥即可，这样就很好地避免了密钥的传输安全性问题。

公钥密码的优点是可以适应网络的开放性要求，且密钥管理问题也较为简单，尤其可以方便地实现数字签名和验证。但其算法复杂，加密数据的速率较低。尽管如此，随着现代电子技术和密码技术的发展，公钥密码算法将是一种很有前途的网络安全加密算法。

当然在实际应用中人们通常将常规密码和公钥密码结合在一起使用。比如：利用DES或者IDEA来加密信息，而采用RSA来传递会话密钥。

3. 数字签名

数字签名是基于加密技术的，它的作用就是用来确定用户是否是真实的。应用最多的还是电子邮件，如当用户收到一封电子邮件时，邮件上面标有发信人的姓名和信箱地址，很多人可能会简单地认为发信人就是信上说明的那个人，但实际上伪造一封电子邮件对于一个普通人来说是极为容易的事。在这种情况下，就要用到加密技术基础上的数字签名，用它来确认发信人身份的真实性。

4. 身份认证技术

有些站点提供入站FTP和WWW服务，当然用户通常接触的这类服务是匿名服务，用户的权限要受到限制，但也有这类服务不是匿名的，如某公司为了信息交流提供用户的合作伙伴非匿名的FTP服务，或开发小组把他们的Web网页上传到用户的WWW服务器上。现在的问题就是，用户如何确定正在访问用户的服务器的人就是用户认为的那个人，身份认证技术就是一个好的解决方案。

8.3.4　加密技术的应用

加密技术的应用是多方面的，但最为广泛的还是在电子商务和VPN上的应用。

1.　在电子商务方面的应用

电子商务（E-business）要求顾客可以在网上进行各种商务活动，不必担心自己的信用卡会被人盗用。在过去，用户为了防止信用卡的号码被窃取到，一般是通过电话订货，然后使用用户的信用卡进行付款。现在，人们开始用RSA（一种公开/私有密钥）的加密技术，提高信用卡交易的安全性，从而使电子商务走向实用成为可能。

2.　在VPN中的应用

现在，越多越多的公司走向国际化，一个公司可能在多个国家都有办事机构或销售中心，每一个机构都有自己的局域网（Local Area Network，LAN），用户希望将这些LAN连接在一起组成一个公司的广域网，一般使用租用专用线路来连接这些局域网，主要需要考虑的就是网络的安全问题。现在具有加密/解密功能的路由器很多，这就使人们通过互联网连接这些局域网成为可能，这就是我们通常所说的虚拟专用网（Virtual Private Network ，VPN）。当数据离开发送者所在的局域网时，该数据首先被用户端连接到互联网上的路由器进行硬件加密，数据在互联网上是以加密的形式传送的，当达到目的 LAN 的路由器时，该路由器就会对数据进行解密，这样目的LAN中的用户就可以看到真正的信息了。

8.4　网络攻击与防范

攻防即攻击与防范。攻击是指任何的非授权行为，攻击的程度从使服务器无法提供正常的服务到完全破坏和控制服务器。在网络上成功实施的攻击级别依赖于用户采用的安全措施。

根据攻击的法律定义，攻击仅仅发生在入侵行为完全完成而且入侵者已经在目标网络内。但专家的观点是：可能使一个网络受到破坏的所有行为都被认定为攻击。

网络攻击可以分为被动攻击（Passive Attacks）和主动攻击（Active Attacks）两类。

（1）　被动攻击。在被动攻击中，攻击者简单地监听所有信息流以获得某些秘密。这种攻击可以是基于网络（跟踪通信链路）或基于系统（秘密抓取数据的特洛伊木马）的，被动攻击是最难被检测到的。

（2）　主动攻击。攻击者试图突破用户的安全防线。这种攻击涉及到数据流的修改或创建错误流，主要攻击形式有假冒、重放、欺骗、消息篡改、拒绝服务等。例如，系统访问尝试——攻击者利用系统的安全漏洞获得用户或服务器系统的访问权限。

8.4.1　网络攻击的一般目标

从黑客的攻击目标上分类，攻击类型主要有两类：系统型攻击和数据型攻击，其所对应的安全性也涉及系统安全和数据安全两个方面。从比例上分析，前者占据了攻击总数的30%，造成损失的比例也占到了30%；后者占到攻击总数的70%，造成的损失也占到了70%。系统型攻击的特点是：攻击发生在网络层，破坏系统的可用性，使系统不能正常工作。可能留下

明显的攻击痕迹，用户会发现系统不能工作。数据型攻击主要来源于内部，该类攻击的特点是：发生在网络的应用层，面向信息，主要目的是篡改和偷取信息（这一点很好理解，数据放在什么地方，有什么样的价值，被篡改和窃用之后能够起到什么作用，通常情况下只有内部人员知道），不会留下明显的痕迹（原因是攻击者需要多次地修改和窃取数据）。

从攻击和安全的类型分析，得出一个重要结论：一个完整的网络安全解决方案不仅能防止系统型攻击，也能防止数据型攻击，既能解决系统安全，又能解决数据安全两方面的问题。这两者当中，应着重强调数据安全，重点解决来自内部的非授权访问和数据的保密问题。

8.4.2 网络攻击的原理及手法

1. 密码入侵

所谓密码入侵是指使用某些合法用户的账号和密码登录到目的主机，然后再实施攻击活动。这种方法的前提是必须先得到该主机上的某个合法用户的账号，然后再进行合法用户密码的破译。

2. 特洛伊木马程序

特洛伊木马程序可以直接侵入用户的电脑并进行破坏，它常伪装成工具程序或者游戏等诱使用户打开带有特洛伊木马程序的邮件附件或从网上直接下载，一旦用户打开了这些邮件的附件或者执行了这些程序，它们就会像古特洛伊人在敌人城外留下的藏满士兵的木马一样留在自己的电脑中，并在自己的计算机系统中隐藏一个可以在 Windows 启动时悄悄执行的程序。当用户连接到因特网上时，这个程序就会通知攻击者，报告用户的 IP 地址及预先设定的端口。攻击者在收到这些信息后，再利用这个潜伏的程序，任意修改用户计算机的参数设定、复制文件、窥视整个硬盘中的内容，从而达到控制用户计算机的目的。Back Orifice2000、冰河等都是比较著名的特洛伊木马，它们可以非法取得用户电脑的超级用户级权限，可以对其进行完全控制，除了可以进行文件操作外，还可以进行对方桌面的捕获图像、取得密码等操作。这些黑客软件分为服务器端程序和用户端程序，当黑客进行攻击时，会使用用户端程序登录已安装好服务器端程序的电脑，这些服务器端程序都比较小，一般会随附带于某些软件上。有可能当用户下载了一个小游戏并运行时，黑客软件的服务器端就安装完成了，而且大部分黑客软件的重生能力比较强，给用户进行清除造成一定的麻烦。

3. 电子邮件攻击

电子邮件是互联网上运用得十分广泛的一种通信方式。攻击者可以使用一些邮件炸弹软件或 CGI 程序向目标邮箱发送大量内容重复、无用的垃圾邮件，从而使目标邮箱被撑爆而无法使用。当垃圾邮件的发送流量特别大时，还有可能造成邮件系统正常工作反映缓慢，甚至瘫痪。相对于其他攻击手段来说，这种攻击方法具有简单、见效快等特点。

电子邮件攻击主要表现为邮件炸弹和电子邮件欺骗两种方式。

（1） 邮件炸弹。指的是用伪造的 IP 地址和电子邮件地址向同一信箱发送数以千计、万计甚至无穷多次的内容相同的垃圾邮件，致使受害人邮箱被“炸”。

（2） 电子邮件欺骗，攻击者佯称自己为系统管理员（邮件地址和系统管理员完全相同），给用户发送邮件要求用户修改密码（密码可能为指定字符串）或在貌似正常的附件中加载病毒或其他木马程序。

4. 通过傀儡机攻击其他节点

攻击者在突破一台主机后，往往以此主机作为根据地，攻击其他主机（以隐蔽其入侵路径，避免留下蛛丝马迹）。它们可以使用网络监听方法，尝试攻破同一网络内的其他主机；也可以通过 IP 欺骗和主机信任关系，攻击其他主机。

这类攻击很狡猾，如 TCP/IP 欺骗攻击。攻击者通过外部计算机伪装成另一台合法机器来实现。它能破坏两台机器间通信链路上的数据，其伪装的目的在于哄骗网络中的其他机器误将其攻击者作为合法机器加以接受，诱使其他机器向它发送数据或允许它修改数据。TCP/IP 欺骗可以发生在 TCP/IP 系统的所有层次上，包括数据链路层、网络层、传输层及应用层都容易受到影响。如果底层受到损害，则应用层的所有协议都将处于危险之中。另外由于用户本身不直接与底层相互交流，因而对底层的攻击更具有欺骗性。

5. 网络监听

网络监听是主机的一种工作模式，在这种模式下，主机可以接收到本网段在同一条物理通道上传输的所有信息，而不管这些信息的发送方和接收方是谁。因为系统在进行密码校验时，用户输入的密码需要从用户端传送到服务器端，而攻击者就能在两端之间进行数据监听。此时若两台主机进行通信的信息没有加密，只要使用某些网络监听工具（如 NetXRay、Sniffit、Solaries 等）就可轻而易举地截取包括密码和账号在内的信息资料。

6. 安全漏洞攻击

许多系统都有这样那样的安全漏洞。其中一些是操作系统或应用软件本身具有的，如缓冲区溢出攻击。由于很多系统在不检查程序与缓冲之间变化的情况下，就接受任意长度的数据输入，把溢出的数据放在堆栈里，系统还照常执行命令。这样攻击者只要发送超出缓冲区所能处理的长度的指令，系统便进入不稳定状态。若攻击者特别配置一串准备用作攻击的字符，它甚至可以访问根目录，从而拥有对整个网络的绝对控制权。另一些是利用协议漏洞进行攻击的。如 ICMP 协议也经常被用于发动拒绝服务攻击。它的具体手法就是向目的服务器发送大量的数据包，几乎占了该服务器所有的网络宽带，从而使其无法对正常的服务请求进行处理，从而导致网站无法进入、网站响应速度大大降低或服务器瘫痪。现在常见的蠕虫病毒或与其类似的病毒都可以对服务器进行拒绝服务攻击的进攻。它们的繁殖能力极强，比如可以通过 Microsoft 的 Outlook 软件向众多邮箱发出带有病毒的邮件，使邮件服务器无法承担如此庞大的数据处理量而瘫痪。对于个人上网用户而言，也有可能遭到大量数据包的攻击使其无法进行正常的网络操作。

8.4.3 网络攻击的步骤及过程分析

1. 隐藏自己的位置

攻击者可以利用别人的电脑当“肉鸡”，隐藏他们真实的 IP 地址。

2. 寻找目标主机并分析目标主机

攻击者首先要寻找目标主机并分析目标主机。在 Internet 上能真正标识主机的是 IP 地址，而域名是为了便于记忆主机的 IP 地址而另起的名字，只要利用域名和 IP 地址就可以顺利地找到目标主机。当然，知道了要攻击目标的位置还远远不够，还必须对主机的操作系统类型及其所提供的服务等资料做全面的了解。攻击者可以使用一些扫描器工具，轻松获取目

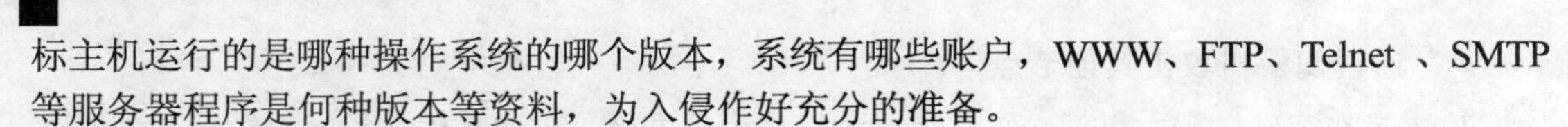

标主机运行的是哪种操作系统的哪个版本，系统有哪些账户，WWW、FTP、Telnet 、SMTP 等服务器程序是何种版本等资料，为入侵作好充分的准备。

3. 获取账号和密码，登录主机

攻击者要想入侵一台主机，首先要有该主机的一个账号和密码，否则连登录都无法进行。他们先设法盗窃账户文件，进行破解，获取某用户的账户和密码，再寻找合适时机以此身份进入主机。

4. 获得控制权

攻击者用 FTP、Telnet 等工具利用系统漏洞进入目标主机系统获得控制权之后，还要做两件事：清除记录和留下后门。它会更改某些系统设置、在系统中植入特洛伊木马或其他一些远程操纵程序，以便日后可以不被觉察地再次进入系统。

5. 窃取网络资源和特权

攻击者找到攻击目标后，会继续下一步的攻击，如下载敏感信息等。

8.4.4 网络攻击的防范策略

在对网络攻击进行上述分析的基础上，我们应当认真制定有针对性的策略。明确安全对象，设置强有力的安全保障体系。有的放矢，在网络中层层设防，使每一层都成为一道关卡，从而让攻击者无隙可钻。还必须做到未雨绸缪，预防为主，备份重要的数据，并时刻注意系统运行状况。以下是针对众多令人担心的网络安全问题所提出的几点建议。

1. 提高安全意识

（1） 不要随意打开来历不明的电子邮件及文件，不要随便运行不太了解的人给你的程序，“特洛伊”类黑客程序就是骗你运行的。

（2） 尽量避免从 Internet 下载不知名的软件、游戏程序。即使从知名的网站下载的软件也要及时用最新的病毒和木马查杀软件对软件和系统进行扫描。

（3） 密码设置尽可能使用字母数字混排，单纯的英文或者数字很容易穷举。将常用的密码设置为不同，防止被人查出一个，连带到重要密码。重要密码最好经常更换。

（4） 及时下载安装系统补丁程序。

（5） 不随便运行黑客程序，许多这类程序运行时会发出用户的个人信息。

（6） 在支持 HTML 的 BBS 上，如发现提交警告，要先看源代码，很可能是骗取密码的陷阱。

2. 使用防病毒和防火墙软件

防火墙是一个用以阻止网络中的黑客访问某个机构网络的屏障，也可称之为控制进/出两个方向通信的门槛。在网络边界上通过建立起来的相应网络通信监控系统来隔离内部和外部网络，以阻挡外部网络的侵入。

3. 安装网络防火墙或代理服务器，隐藏自己的 IP 地址

保护自己的 IP 地址是很重要的。事实上，即便用户的机器上安装了木马程序，若没有该用户的 IP 地址，攻击者也是没有办法的，而保护 IP 地址的最好方法就是设置代理服务器。代理服务器能起到外部网络申请访问内部网络的中间转接作用，其功能类似于一个数据转发

器，它主要控制哪些用户能访问哪些服务类型。当外部网络向内部网络申请某种网络服务时，代理服务器接受申请，然后根据其服务类型、服务内容、被服务的对象、服务者申请的时间、申请者的域名范围等来决定是否接受此项服务。如果接受，就向内部网络转发这项请求。另外，用户还要将防毒当成日常例行工作，定时更新防毒组件，将防毒软件保持在常驻内存状态，以彻底防毒。由于黑客经常会针对特定的日期发动攻击，计算机用户在此期间应特别提高警戒。对于重要的个人资料做好严密的保护，并养成备份资料的习惯。

8.5 项目实训——Windows 防火墙的配置

8.5.1 实训准备工作

两台安装有 Windows Server 2003 的电脑，并且其 IP 地址设置在同一个网段内，能互相通信。或者准备一台有 Windows Server 2003 电脑，再在其上安装一个虚拟的 Windows Server 2003 系统。

8.5.2 实训步骤

1. 基本设置

（1） 在某一台机器上，右击“网上邻居”，选择“属性”命令。

（2） 双击“本地连接”，打开“本地连接状态”对话框。

（3） 单击“属性”按钮，打开“本地连接属性”对话框。

（4） 切换到“高级”选项卡，在“Internet 连接防火墙”中，单击“设置…”按钮。打开“Windows 防火墙”对话框，如图 8-2 所示。

（5） 在“常规”选项卡下，选择“启用”单选按钮，单击“确定”按钮，防火墙便起作用了。

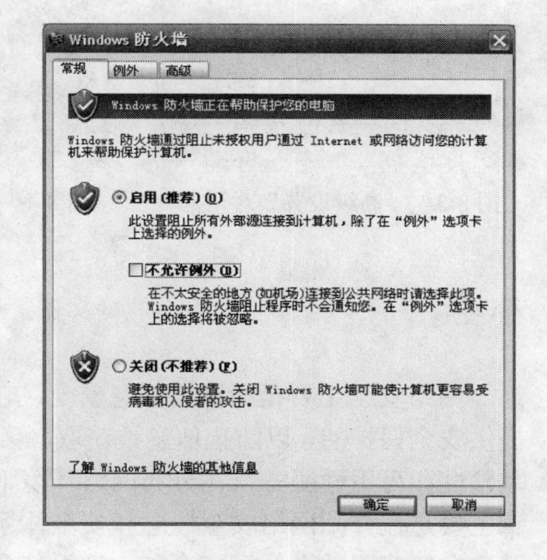

图 8-2 “Windows 防火墙”对话框

2. 测试基本设置

（1） 在另外一台机器上 Ping 已经启用了防火墙的计算机，出现 Request timed out，表示 Ping 不通。

（2） 在另外一台机器上用漏洞扫描工具扫描启用了防火墙的计算机，发现没有打开的端口。

这两种测试通过后，说明防火墙已经起了作用。

3. 高级设置

（1） 切换到“高级”选项卡，在网络连接设置中，单击“设置…”按钮，出现如图 8-3 所示的“高级设置”对话框。

（2） 如果选中某项服务，则本机就开通相应的服务，例如选中 FTP 服务，此时 21 端口是开放的，单击“添加”按钮，还可以增加相应的服务端口。这样从其他机器就可以利用 FTP 服务，登录到本机。

（3） 设置日志。在“高级设置”对话框中，切换“安全日志”选项卡，如图 8-4 所示，选择要记录的项目，防火墙将记录相应的数据，日志默认在 C:\WINDOWS\pfirewall.log 中存储，用记事本就可以打开。

（4） 设置 ICMP 协议。切换到“ICMP”选项卡，如图 8-5 所示，就可以进行 ICMP 协议的相关设置了。最常用的 Ping 命令就是利用 ICMP 协议的，默认设置完后 Ping 不通本机就是因为屏蔽了 ICMP 协议，如果想 Ping 通本机只需将“允许传入响应请求”复选框选中即可。

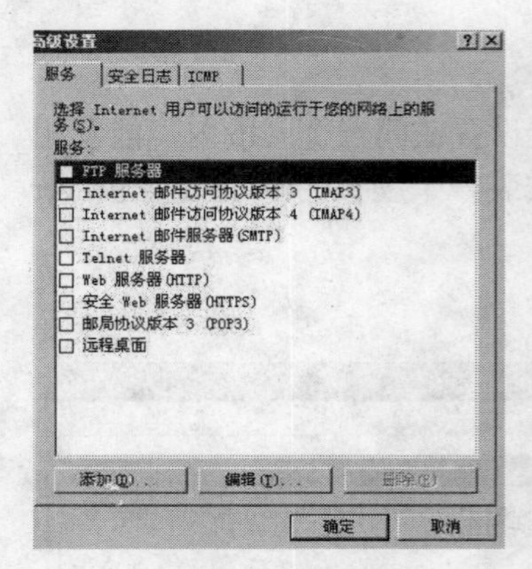

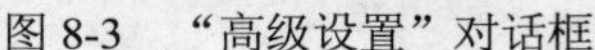

图 8-3 “高级设置”对话框

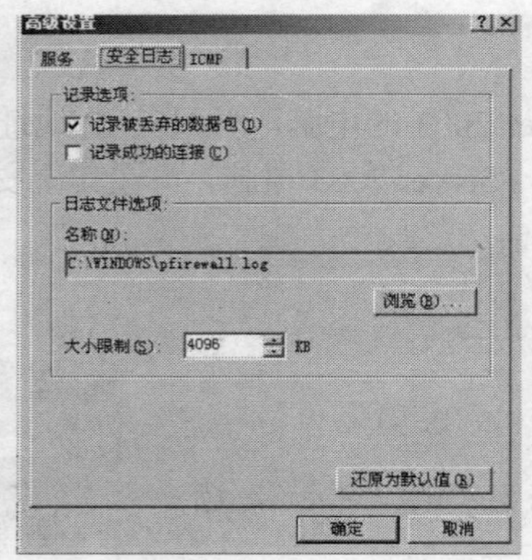

图 8-4 “安全日志”选项卡

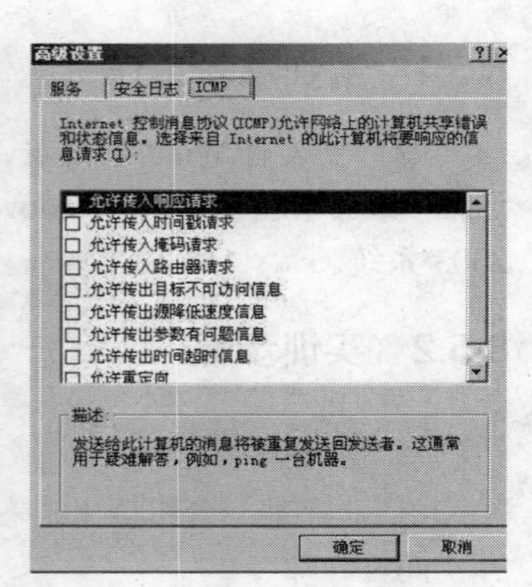

图 8-5 “ICMP”选项卡

小结

网络安全主要是指网络信息安全，它是在分布式计算环境中对信息的传输、存储、访问提供安全保护的，以防止信息被窃取、篡改和非法操作。信息安全的三个基本要素是保密性、完整性和可用性服务，在分布网络环境下还应提供鉴别、访问服务和抗否认等安全服务。本章主要是在介绍网络安全概念和安全体系的结构层次的基础上，重点分析了网络安全技术以及安全策略，并介绍了安全防火墙系统和信息加密技术。

习题

1. 何谓网络安全？结合实际举例说明。
3. 网络安全威胁主要来自哪些方面？
2. 网络安全结构层次主要包含哪些方面？具体实现的方法如何？
4. 设置防火墙的主要功能是什么？其主要技术分为哪几种类型？它有哪些缺点？
5. 访问控制是保证网络安全的重要手段，试述访问控制的安全策略。
6. 什么是对称加密？什么是公钥加密？二者有何区别？
7. 端口都封住了怎么与别的计算机通信?
8. 防火墙技术有什么作用？防火墙能防病毒吗？